数字图像处理实践
——基于 Python

主　编　郭　锐　杨成义

副主编　黎江枫　陈丽虹

清華大學出版社

北　京

内 容 简 介

本教材秉承理论结合实践的教学理念，旨在通过系统且深入的内容，帮助读者快速掌握数字图像处理的核心技术，为未来的工作、科研或深造奠定坚实基础。本教材共分 10 章，主要内容涵盖了数字图像的基本概念、数字图像处理的重要意义以及当前常用的处理工具，并介绍了 Python 在数字图像处理中的应用、图像的基本运算、图像变换领域，以及图像增强技术、图像复原技术、图像压缩编码技术、图像分割技术、彩色图像处理技术、图像表示与描述技术等。本教材以实战为导向，每章均配有大量可执行的代码与实例演示，确保读者能够边学边做，快速掌握数字图像处理的精髓。

本教材内容全面，层次分明，不仅适合作为应用型本科生的教材使用，也适合作为数字图像处理领域其他初学者的自学参考书。

图书在版编目(CIP)数据

数字图像处理实践 ：基于 Python / 郭锐，杨成义主编. -- 北京 ：清华大学出版社, 2025. 6. -- ISBN 978-7-302-69174-7

Ⅰ. TN911.73

中国国家版本馆 CIP 数据核字第 2025GH6517 号

责任编辑：王　定
封面设计：周晓亮
版式设计：思创景点
责任校对：马遥遥
责任印制：宋　林

出版发行：清华大学出版社
网　　址：https://www.tup.com.cn，https://www.wqxuetang.com
地　　址：北京清华大学学研大厦 A 座　　**邮　　编：**100084
社 总 机：010-83470000　　**邮　　购：**010-62786544
投稿与读者服务：010-62776969，c-service@tup.tsinghua.edu.cn
质 量 反 馈：010-62772015，zhiliang@tup.tsinghua.edu.cn
印 装 者：三河市君旺印务有限公司
经　　销：全国新华书店
开　　本：185mm×260mm　　**印　　张：**21.5　　**字　　数：**507 千字
版　　次：2025 年 6 月第 1 版　　**印　　次：**2025 年 6 月第 1 次印刷
定　　价：79.80 元

产品编号：110901-01

前言

PREFACE

党的二十大报告指出："加快发展数字经济，促进数字经济和实体经济深度融合，打造具有国际竞争力的数字产业集群。"在当今数字化时代，图像数据的规模呈爆炸式增长，其应用场景也日益广泛。从医疗领域的疾病诊断、远程医疗，到工业生产中的质量检测、自动化控制；从智能安防的监控识别、智能交通的车辆检测，到文化娱乐的影视特效、虚拟现实；从农业生产的作物监测、病虫害防治，到电子商务的商品展示、图像搜索，数字图像处理技术无处不在。它为我们提供了更高效、更准确、更智能的信息获取、分析和处理手段，推动着各个领域的创新与进步，已然成为现代社会不可或缺的一部分。

本书秉承理论结合实践的教学理念，旨在通过系统且深入的内容，帮助读者快速掌握数字图像处理的核心技术，为未来的工作、科研或深造奠定坚实基础。本书共分为 10 章，第 1 章绪论，概述了数字图像的基本概念、数字图像处理的重要意义以及数字图像常用的处理工具。通过这章学习，读者将对数字图像有一个初步认识，并了解数字图像处理在各领域中的广泛应用，为后续章节的学习打下基础。第 2 章介绍 Python 在数字图像处理中的应用，详细介绍 Pillow 库、NumPy 库、scikit-image 库和 OpenCV 库这四大常用库的安装及基本功能，为后续章节的实战操作做好准备。第 3~6 章构成数字图像处理的核心技术体系：第 3 章详细讲解图像的基本运算，包括点运算、算术运算和几何运算，这些都是图像处理中最基础、最重要的操作。第 4 章深入探讨图像变换，重点介绍傅里叶变换及其频谱分析应用，让读者了解图像在频率域中的表示和处理方法。第 5 章探讨图像增强技术，包括直方图处理、空间域与频率域滤波等，这些方法能够改善图像的质量，使其更加清晰、易于分析。第 6 章研究图像复原技术，涉及退化模型、噪声模型及滤波复原等原理与方法，帮助读者掌握恢复受损图像、还原图像真实面貌的方法。第 7 章介绍图像压缩编码技术，讲解经典压缩方法如霍夫曼编码、算术编码等，并通过代码实现让读者掌握压缩原理。第 8 章专注于图像分割技术，详细介绍阈值分割、边缘检测等多种方法，并通过实例代码展示图像分割的实现方法。第 9 章探讨彩色图像处理技术，介绍彩色图像的基础、伪彩色与全彩色图像处理技术，并通过编程实例加深读者对彩色图像处理的理解。第 10 章关注图像描述技术，包括颜色、纹理、边界和区域描述等关键技术，为读者进一步掌握图像的分析与识别奠定基础。

本书以实战为导向，每章均配有大量可执行的代码与实例演示，确保读者能够边学边做，熟练运用 Python 进行数字图像处理，掌握数字图像处理的核心技术和方法。本书不仅适合作为应用型本科生的教材使用，也适合作为数字图像处理领域初学者的自学参考书。

本书由广东理工学院信息技术学院的教师共同编写。各章编写分工如下：第 1、第 3、第 8 章由郭锐编写，第 4、第 5、第 6 章由杨成义编写，第 2、第 7 章由黎江枫编写，第 9、第 10 章由陈丽虹编写。在此，我们向每一位参与编写的教师表示衷心的感谢，他们凭借丰富的教学经验和专业知识，为本书的质量提供了坚实的保障。同时感谢学院领导和同事们的支持与帮助，他们在教学和科研工作中给予了我们很多启发和鼓励。

尽管我们在编写过程中竭尽全力，但由于数字图像处理技术的不断发展和我们自身有限的水平，书中难免存在不足之处。我们真诚地希望读者能够批评指正，提出宝贵的意见和建议。我们将虚心接受并积极改进，以便在后续的版本中不断完善本书，为读者提供更优质的学习资源。

最后，希望本书能够帮助读者在数字图像处理领域迈出坚实的步伐，为未来的学习和研究打下良好的基础，共同推动数字图像处理技术的发展与应用。

本书提供教学大纲、教学课件、电子教案、习题参考答案和模拟试卷，读者可扫下列二维码进行下载。

教学大纲

教学课件

电子教案

习题参考答案

模拟试卷

编　者

2025 年 1 月

CONTENTS

第 1 章 绪论 …… 1

1.1 认识数字图像 …… 2

1.1.1 数字图像的起源 …… 2

1.1.2 数字图像基本概念 …… 2

1.1.3 数字图像的分类 …… 3

1.1.4 数字图像的采样与量化 …… 5

1.2 认识数字图像处理 …… 6

1.2.1 数字图像处理的含义 …… 7

1.2.2 数字图像处理的应用领域 …… 7

1.2.3 常见的数字图像处理技术 …… 8

1.2.4 数字图像处理的基本步骤 …… 9

1.2.5 数字图像文件格式 …… 10

1.3 认识数字图像处理工具 …… 11

1.3.1 MATLAB …… 11

1.3.2 Visual C++ …… 13

1.3.3 Python …… 16

1.4 思考练习 …… 18

第 2 章 Python 与数字图像处理 …… 19

2.1 Python 环境部署 …… 20

2.1.1 Python 安装 …… 20

2.1.2 Pychram 安装 …… 20

2.2 了解 Pillow 库 …… 22

2.2.1 Pillow 库的基本信息 …… 22

2.2.2 Pillow 库的安装方法 …… 22

2.2.3 Pillow 库的主要作用 …… 23

2.3 了解 NumPy 库 …… 25

2.3.1 NumPy 库概述 …… 25

2.3.2 NumPy 库的安装方法 …… 26

2.3.3 NumPy 库的应用 …… 26

2.4 了解 scikit-image 库 …… 30

2.4.1 scikit-image 库的基础概念 …… 30

2.4.2 scikit-image 库的安装方法 …… 30

2.4.3 scikit-image 库的作用 …… 30

2.5 熟悉 OpenCV 库 …… 34

2.5.1 什么是 OpenCV …… 34

2.5.2 OpenCV 的历史与发展 …… 35

2.5.3 OpenCV 的应用领域 …… 35

2.5.4 OpenCV 安装 …… 35

2.5.5 OpenCV 基础操作 …… 36

2.6 python 其他的有关图像处理库 …… 42

2.6.1 Matplotlib 库 …… 42

2.6.2 PyTorch 库 …… 45

2.6.3 TensorFlow 库 …… 46

2.7 思考练习 …… 47

第 3 章 图像基本运算 …… 49

3.1 点运算 …… 50

3.1.1 线性点运算 …… 50

3.1.2 非线性点运算 …… 55

3.2 算术运算 …… 64

3.2.1 加法运算 …… 65

3.2.2 减法运算 …… 68

3.2.3 乘法运算 …… 70

3.2.4 除法运算 …… 71

3.3 几何运算 …… 73

3.3.1 仿射变换 …… 73

3.3.2 平移变换 …… 75

3.3.3 旋转变换 …… 77

3.3.4 镜像变换……78
3.3.5 缩放变换……80
3.3.6 透视变换……83
3.4 思考练习……85

第 4 章 图像变换……86
4.1 图像变换概述……87
4.1.1 图像变换的主要作用……87
4.1.2 图像变换的方法……87
4.1.3 图像变换的步骤……88
4.1.4 实例及代码实现……89
4.2 离散傅里叶变换……90
4.2.1 离散傅里叶变换的定义……90
4.2.2 离散傅里叶变换的特点……90
4.2.3 实例及代码实现……91
4.2.4 应用领域……95
4.3 图像傅里叶变换频谱分析……96
4.3.1 基本原理……96
4.3.2 常用的频谱分析方法……96
4.3.3 实例及代码实现……97
4.4 离散余弦变换……103
4.4.1 定义和原理……103
4.4.2 特点和优势……104
4.4.3 实例及代码实现……104
4.5 思考练习……107

第 5 章 图像增强……108
5.1 图像增强概述……109
5.1.1 图像增强的主要作用……109
5.1.2 图像增强的方法……111
5.1.3 图像增强的步骤……112
5.2 直方图均衡……113
5.2.1 直方图均衡的原理……113
5.2.2 直方图均衡的特点……114
5.2.3 实例及代码实现……115
5.3 空间域滤波增强……118
5.3.1 平滑滤波……119
5.3.2 锐化滤波……126
5.4 频率域平滑滤波器……133
5.4.1 概述……133
5.4.2 理想低通滤波器……133
5.4.3 Butterworth 低通滤波器……136
5.4.4 高斯低通滤波器……138
5.5 频率域锐化滤波器……140
5.5.1 概述……141
5.5.2 理想高通滤波器……141
5.5.3 Butterworth 高通滤波器……143
5.5.4 高斯高通滤波器……144
5.6 思考练习……146

第 6 章 图像复原……148
6.1 图像复原及退化模型……149
6.1.1 图像复原及相关概念……149
6.1.2 图像复原的方法和步骤……149
6.1.3 退化模型的表示……150
6.1.4 常见退化模型及形式……151
6.2 图像噪声……152
6.2.1 图像噪声的分类……152
6.2.2 图像噪声模型应用领域……153
6.2.3 实例及代码实现……153
6.3 空间域滤波复原……158
6.3.1 基本原理……158
6.3.2 空间域滤波复原的基本步骤……158
6.3.3 空间域滤波复原的分类……159
6.4 频率域滤波复原……177
6.4.1 主要原理……177
6.4.2 滤波方法及实现步骤……177
6.4.3 频率域滤波的特点……177
6.4.4 带通滤波器……178
6.4.5 带阻滤波器……180
6.4.6 陷波滤波器……184
6.5 估计退化函数……185
6.5.1 常见估计退化函数的方法……186
6.5.2 考虑因素……186
6.6 逆滤波和维纳滤波……189

6.6.1 逆滤波 190
6.6.2 维纳滤波 194
6.7 思考练习 197

第 7 章 图像压缩编码 199
7.1 数字图像压缩编码基础 200
7.1.1 图像压缩的定义和分类 200
7.1.2 冗余与压缩效率 203
7.1.3 信源编码与信道编码的区别与联系 208
7.2 变长编码 211
7.2.1 霍夫曼编码 211
7.2.2 游程编码 219
7.2.3 字典编码 222
7.2.4 LZW 算法 223
7.3 算术编码 226
7.3.1 算术编码原理 226
7.3.2 算术编码算法实现 227
7.3.3 算术编码的优势和挑战 230
7.4 变换编码 231
7.4.1 DCT 的应用 232
7.4.2 小波变换 235
7.4.3 其他变换方法 236
7.5 思考练习 237

第 8 章 图像分割 239
8.1 阈值分割 240
8.1.1 基本原理 240
8.1.2 阈值的选择 240
8.1.3 阈值分割的类型 240
8.1.4 代码实现 241
8.1.5 应用领域 243
8.2 边缘分割 243
8.2.1 基本原理 243
8.2.2 常用的边缘检测算法 243
8.2.3 代码实现 248
8.2.4 形态学运算函数 252
8.2.5 边缘分割的优缺点分析 254
8.2.6 边缘分割的应用场景 254
8.3 区域分割 254
8.3.1 区域生长法 255
8.3.2 区域分裂与合并法 260
8.4 聚类分割 264
8.4.1 基本原理 264
8.4.2 常用聚类算法在图像分割中的应用 264
8.5 思考练习 268

第 9 章 彩色图像处理 269
9.1 彩色图像基础 270
9.2 彩色模型 271
9.2.1 彩色模型分类 272
9.2.2 RGB 模型 272
9.2.3 CMY 模型与 CMYK 模型 275
9.2.4 HSI 模型和 HSV 模型 276
9.2.5 CIELab 模型 279
9.2.6 YCbCr 模型和 YUV 模型 279
9.3 伪彩色处理 284
9.3.1 伪彩色图像处理基础 284
9.3.2 灰度级到彩色变换 285
9.4 全彩色图像处理 288
9.4.1 全彩色图像处理基础 288
9.4.2 彩色图像增强 288
9.4.3 彩色图像平滑 297
9.4.4 彩色图像锐化 300
9.5 思考练习 305

第 10 章 图像表示与描述 307
10.1 图像表示描述的作用及应用场景 308
10.1.1 图像表示与描述的作用 308
10.1.2 图像表示描述的应用场景 308
10.2 颜色描述 309
10.2.1 颜色矩 309

10.2.2 颜色直方图 …………… 311
10.2.3 颜色集 …………………… 313
10.3 纹理描述 …………………… 315
10.3.1 矩分析法 ………………… 315
10.3.2 灰度差分统计 ………… 316
10.3.3 灰度共生矩阵 ………… 318
10.3.4 局部二值模式 ………… 318
10.4 边界描述 …………………… 322
10.4.1 链码描述 ………………… 322
10.4.2 傅里叶描述 …………… 323
10.5 区域描述 …………………… 326
10.5.1 几何特征 ………………… 326
10.5.2 不变矩 …………………… 330
10.6 思考练习 …………………… 332
参考文献 ……………………………… 333

第1章

绪　论

随着互联网和大数据技术的不断发展，其应用场景不断拓展，社会对数字图像数据的需求与依赖日益增长，在航天、遥感、工业检测、农业生产、智能安防、医疗健康、零售和娱乐等多个领域中，图像数据均占据了核心地位，而针对这些图像所运用的处理技术，无疑为这些领域提供了宝贵的信息支撑和深入分析的基础。本章将介绍与数字图像相关的基本概念、图像处理的基本步骤及方法，并介绍数字图像处理的工具。

本章学习目标

◎　理解数字图像的构成、表示和存储方式，以及它们在不同领域的应用背景和重要性。

◎　掌握数字图像处理的基本步骤，包括图像的读取、预处理、核心处理、保存、显示结果等关键步骤。

◎　了解数字图像数据在航天、遥感、医学成像、工业检测、农业生产、智能安防、零售和娱乐等领域的核心作用和具体应用案例。

◎　熟悉当前流行的数字图像处理工具的特点和适用场景，以及运用这些工具进行图像处理的基本代码结构。

素质要点

◎　培养跨学科整合能力:在学习了数字图像相关的基本概念、应用领域和数字图像处理工具后，会发现数字图像处理与计算机科学、数学、物理学等多个学科是息息相关的，其应用也与这些学科领域紧密相连。高层次人才只有形成跨学科的知识体系，才能使技术在社会发展中发挥更大功效。

◎ 培养创新思维：积极运用创新思维，探索数字图像处理技术在新兴领域(如人工智能、大数据、虚拟现实等)的应用潜力，有意识地为解决复杂问题提供新颖的解决方案。这有利于学生提高个人能力和竞争力，为未来的发展奠定坚实基础。

1.1 认识数字图像

数字图像作为现代信息处理的重要部分，其基本的概念及涉及的原理和技术是理解后续图像处理技术的基础。本节将对数字图像的起源、基本概念、分类，以及数据图像的采样与量化过程进行全面介绍，以使读者清晰地认识到数字图像在现代社会中的重要地位，并掌握数字图像的基本属性和特点。

1.1.1 数字图像的起源

广义上讲，所有具有视觉效果的画面都可以称为图像。普通人接触到的原始的和自然的图像，是通过接受客观世界物体反射光或投射光在其视觉系统的成像而获取的，这些视觉信息约占其各个感官所能获取信息的 83%。

除了绘画的方式，人们一直在寻找能真实记录人物和场景的方式。公元前 5 世纪，古希腊哲学家亚里士多德描述了通过小孔在暗箱中成倒像的照相原理。据记载，世界上第一张记录实景的相片诞生于 19 世纪 20 年代，此后，随着科学技术和摄像技术的不断发展，照相机、录像机等能记录图像的机器不断被发明和升级。1975 年，柯达公司开发出了世界上第一台数码相机。

然而数字图像的出现却比数码相机早得多，数字图像最早诞生于电报业，随着 19 世纪电力时代的到来，电报、电缆被发明和使用，人们开始尝试通过采样、量化等方式将图像以数字的形式表达和传输，据记载，第一张通过海底电缆传输的数字新闻图像是 Bartlane 系统于 1921 年横跨大西洋传送的。此后，随着科技的发展和各领域的需求，为了提高图像的传输效率和图像质量，人们发明了一系列图像与数字的转译方法和设备。

1.1.2 数字图像基本概念

人们常说的数字图像一般指以有限的数值表示各像素值的二维图像，即一幅数字图像可以对应一个描述各坐标位置像素值的二维数组。

$$I_{\mathrm{n\times m}}=\begin{bmatrix} f(0,0) & f(0,1) & \cdots & f(0,m-1) \\ f(1,0) & f(1,1) & \cdots & f(1,m-1) \\ & & \vdots & \\ f(n-1,0) & f(n-1,1) & \cdots & f(n-1,m-1) \end{bmatrix} \tag{1.1}$$

式(1.1)中，I为一幅二维图像对应的二维数组，将其以指定大小的单元进行纵向和横向划分，得到n行m列个单元，每个单元即为一个像素(pixel)，每个像素对应一个坐标位置(i, j)，该位置的数值称为像素值，可以表示图中该位置的亮暗程度，即灰度(gray)，用$f(i, j)$表示。由于每个二维图像各坐标对应的灰度为有限的离散值，因此可以用以坐标(x, y)为自变量的二维离散函数$f(x, y)$表示此图像。

1.1.3　数字图像的分类

上节中用$f(x, y)$表示的数字图像为一般意义上的数字图像，即静态图像。若要表示动态的数字图像，则需要增加一个时间变量t，即$f(x, y, t)$，本教材主要介绍对静态图像的处理方法。

对静态图像来说，通常按图像能表现的颜色范围可以将图像分为二值图像(Binary Image)、灰度图像(Gray Scale Image)和 RGB 彩色图像(RGB Image)。

对一幅图像来说，每个像素的灰度值都有一个固定的取值范围，这个范围即每个像素能表达的灰度范围。

(1) 当图像为二值图像时，图像只能区分为两种颜色，即各像素的灰度取值范围仅有两个值。常见的仅有黑白两色的图像即为二值图像；0-1 二值图像的图像灰度为 0 或 1，则在计算机中存储时可以用 1 个 bit(比特)位表示一个像素的颜色。

(2) 当图像为灰度图像时，相当于增加了图像的颜色区分级别，即从二值图像的两种颜色扩展到多种颜色，这些颜色通常显示为从最暗的黑色到最亮的白色之间的渐变色，即不同强度的灰色，每种灰色称为一个灰度级，为便于表示及存储，一幅图像的灰度级一般表示为 2k，图像的灰度值取值范围为[0, 2k-1]。当 k=8 时，其能表达的颜色为 256 种(0~ 255)不同的灰度，即我们常见的灰阶丰富的 256 色灰度图，存储这种图的一个像素就需要 8 个 bit 位，即一个字节。

(3) 当图像为 RGB 图像时，则图像可以表示的颜色更加丰富。当计算机显示彩色图像时，通常采用以红色(R)、绿色(G)、蓝色(B)三原色按不同比例组成各种颜色的 RGB 模型。此类图像各像素点的灰度以红色分量、绿色分量及蓝色分量组成的三元组(R，G，B)表示，每个分量的取值范围也是 0~255，因此用此模型表示的颜色种类有 $2^8 \times 2^8 \times 2^8 = 2^{24}$ 种。存储 RGB 图像时，则至少需要 24 个 bit 位，即 3 个字节，每个颜色都可以以其十六进制代码表示。图 1-1 所示为电脑的颜色面板，在 RGB 模式下，每个颜色可以用三通道的分量值来指定，其中黑色(0，0，0)的十六进制代码为 0x000000。此类图像又称为 24 位真彩色图像。

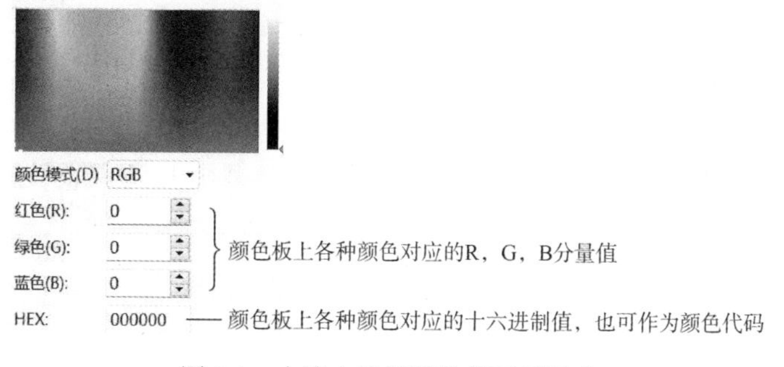

图 1-1

图 1-1　电脑中设置颜色的面板组成

常见的颜色名、对应代码、RGB 值见表 1-1，其中左列颜色与右列颜色属于补色关系。

表 1-1　常见颜色的 RGB 取值表

表 1-1

颜色	(R,G,B)	显示及代码	显示及代码	(R,G,B)	颜色
黑色	(0, 0, 0)	0x000000	0xFFFFFF	(255,255,255)	白色
红色	(255, 0, 0)	0xFF0000	0x00FFFF	(0,255,255)	青色
绿色	(0,255, 0)	0x00FF00	0xFF00FF	(255, 0, 255)	洋红
蓝色	(0, 0,255)	0x0000FF	0xFFFF00	(255,255, 0)	黄色

根据不同的需要，彩色图像可以被分解为不同通道的图像分别处理，更常见的处理方法是将其转换为灰度图进行处理，用 Gray 表示灰度值，R，G，B 分别表示红、绿、蓝分量值，则 RGB 图到灰度图的转换公式如式(1.2)所示：

$$\text{Gray} = \omega 1 \times \text{R} + \omega 2 \times \text{G} + \omega 3 \times \text{B} \tag{1.2}$$

其中，$\omega 1$，$\omega 2$，$\omega 3$ 为三颜色通道分量值的权值，其取值可以根据需要进行人为调整，若无特殊需求，则一般默认取值为 $\omega 1 = 0.299$，$\omega 2 = 0.587$，$\omega 3 = 0.114$，这是根据人眼对红、绿、蓝三种颜色的感知程度取值的。由于默认情况下绿色分量的权值较高，因此用此权值转换得到的灰度图在视觉上与绿色通道的图更接近。

图 1-2 所示为对一幅原图进行三通道分离并分别显示的效果图，图 1-3 为将原图 1-2(a)按公式(1.2)转换成的灰度图。

图 1-2

(a) 原图

(b) 红色通道图

(c) 绿色通道图

(d) 蓝色通道图

图 1-2　彩色原图与 RGB 三通道图

为了减少数字图像的存储空间，一种索引图像(Indexed Image)被提出，用到了调色板(palatte)或称为颜色查找表(Look Up Table，LUT)技术，此类图像用颜色查找表存储当前图像用到的颜色对应的真实 RGB 值，而在表示图像的数组或矩阵中只用简单的序号指明各像素对应的颜色在查找表中的序号，从而大大缩减了图像数组的存储空间，很多图像采用索引方式存储。

图 1-3 图 1-2(a)转换得到的灰度图

除了 RGB 模型，彩色图像还可以根据需要采用其他彩色图像模型表示，如 HSV(Hue，Saturation，Value)、HSI(Hue，Saturation，Intensity)、HSL(Hue，Saturation，Lightness)颜色空间，具体的概念及各种模型之间的对应转换方法将在第 9 章详细介绍。

1.1.4 数字图像的采样与量化

图像的数字化一般指将连续图像在空间上分割为 M×N 个方格，每个方格称为一个像素，每个像素用一个灰度值表示，这样就使连续图像变成了离散的数字图像。采样(Sampling)与量化(Quantization)技术与图像数字化的质量有直接的关联。

图像数字化过程中，单位距离内取的像素点越多，则采样率(Sampling Rate)越高，图像的分辨率(Resolution)也越高，图像的细节保留越多，画质越细腻。反之，则图像画质越粗糙。为确定采样点位置，常见的采样方法包括最近邻插值(Nearest Neighbor Interpolation)、双线性插值(Bilinear Interpolation)和双立方插值(Bicubic Interpolation)等。

量化的方法决定了每个像素范围内的灰度取值，为使量化后的图像尽可能保留图像的颜色信息，常见的图像量化方法包括最近邻法(Nearest Neighbor Method，NNM)、误差扩散法(Error Diffusion Method，EDM)、中位值切割法(Median Cut Algorithm，MCA)、矢量量化法(Vector Quantization, VQ)和小波变换法(Wavelet Transform Method，WTM)等。这些方法各有优缺点，适用于不同的应用场景。

图 1-4 为采用不同的采样率对同样的图像进行数字化的效果对比，下面图像的采样频率高于上面图像的采样频率，可以明显看出采样频率高的图像能保留更多原图中颜色和位置的细节。

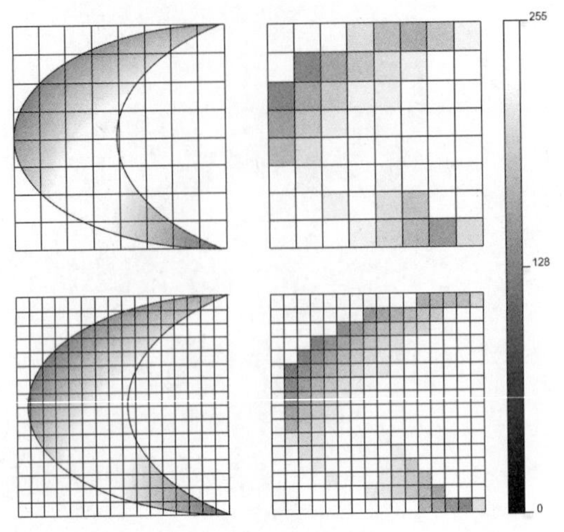

图 1-4　采样频率不同时采样效果对比图

量化后，灰度图像和 RGB 彩色图像均可用二维数组或矩阵表示，只是各元素的结构和所占存储空间有所不同，图 1-5 和图 1-6 分别展示了对单通道灰度图像和三通道 RGB 图像的量化结果。

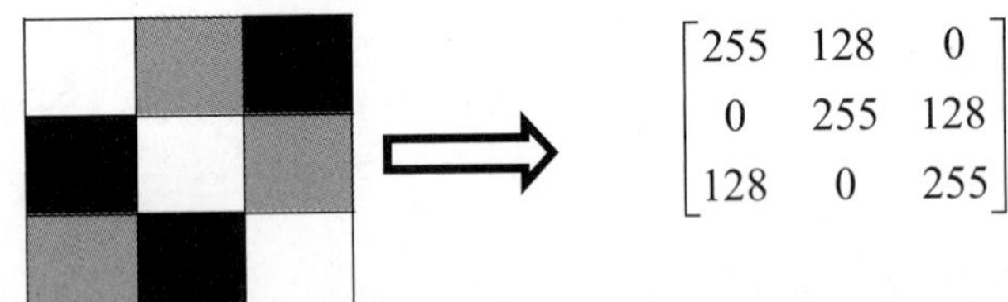

图 1-5　单通道灰度图像的量化表示

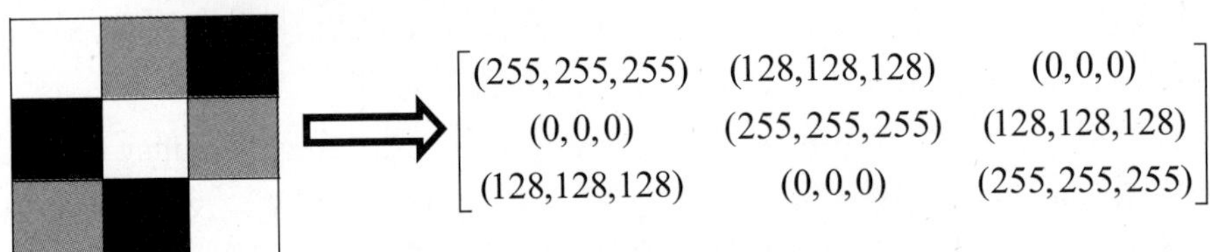

图 1-6　三通道 RGB 图像的量化表示

1.2 认识数字图像处理

数字图像处理作为现代信息处理的关键技术之一，其应用广泛且深入。本节将介绍数字图像处理的含义、应用领域、常见技术、基本步骤及数字图像文件格式，以使读者明确数字图像处理的目标和任务，了解其在各个领域的应用价值，并掌握常见的图像处理技术和基本处理步骤。

1.2.1 数字图像处理的含义

数字图像处理(Digital Image Processing，DIP) 指通过计算机对图像进行包括但不限于去除噪声、增强、压缩、复原、分割、提取特征等数学运算或加工处理的方法和技术，广泛意义上，利用计算机对图像进行的操作均可称为数字图像处理，但我们重点关注的是那些以达到提高图像视觉质量、提高图像可理解性、提取图像信息及减少图像存储空间等为目的的操作。

1.2.2 数字图像处理的应用领域

为了方便、准确地获取各类图像蕴含的重要信息，人们开始尝试用计算机处理图像。随着计算机技术不断发展，20 世纪 60 年代出现了具备处理数字图像能力的大型计算机，数字图像处理发展为一门学科。其技术第一次的成功运用也是在那时被记载下来的：美国喷气推进实验室(Jet Propulsion Laboratory，JPL)对1964 年传回的月球照片进行了畸变矫正、去除噪声、灰度变换等操作，获取了月面信息，这是数字图像处理技术被应用到了空间探索领域的重要里程碑。在此之后，数字图像处理的应用很快扩展到了天文学、遥感监测和医学成像等领域。

(1) 在空间探索、天文、遥感、航天航空领域，数字图像作为研究对象信息的重要来源，其处理技术的应用是各项研究的基础。例如，通过分析获取的太空影像，可以分析月球(图 1-7)、火星等其他星球的地形、地貌，辅助太空探索；通过分析卫星图像或航空摄影图像(图 1-8)，监测环境变化、农业发展、城市扩张、气候变化等情况，并监控土地使用、森林砍伐和自然灾害等现象；飞机遥感技术和卫星遥感技术也在很大程度上依赖数字图像处理技术。

图 1-7 月背地表照片

图 1-8 地球地貌照片

图 1-8

(2) 在医学成像领域，数字图像处理技术自从在 1972 年发明的计算机断层技术(CT 技术)中起到了重要作用开始，就一直在现代医学无损诊断中发挥着不可替代的作用；医学影像的处理、分析及智能诊断一直是数字图像处理领域关注的一个重要分支；数字图像处理技术在分析药物对细胞和组织的影响方面起到的作用，使其在药物研发和监测过程中也是必不可少的。

(3) 工业检测领域涉及的图像处理技术包括应用日益广泛的自动检测、无损检测、智能生产、质量控制等技术。数字图像处理技术既能在军工、电力等人工检测不便的场景下顺利、准确地完成检测任务，也能帮助普通工厂大幅度提高常规生产线的检测效率和产品质量。火炮身管缺陷检测、深海沉管质量检测、产品表面缺陷检测、零件标准测量等均属数字图像处理应用的常规场景。

(4) 在农业领域，通过对农田图像、农作物图像进行分析，可以监测农作物健康和产量、识别农作物病害以及时采取防治措施；通过对农产品图像的分析，还可以实现对农产品的质量检测和分级。

(5) 在智能安防领域，人脸识别、指纹识别等技术依赖于对摄像头实时拍摄的人脸图像进行特征提取和匹配等数字图像处理技术，它们是目前流行的智能安防领域的核心技术；监控视频的内容分析和行为识别也依赖于图像数据的处理和分析。

(6) 在零售业领域，对商品图像进行识别和检测，可以实现商品的自动识别、计数和分类，可以实现自动结账和库存管理等功能；大型商场通过对人流监控摄像头拍摄的人群图像进行识别和分析，可以实现对客流量、年龄、性别等信息的自动统计。

(7) 在娱乐及社交媒体领域，数字图像处理技术可以帮助实时识别和分析玩家动作以完成游戏互动；通过脸部表情识别技术还能实现情感交互和个性化推荐。

总之，从高空到深海、从生产到生活，图像数据为多个领域提供了关键信息，数字图像处理的技术触角几乎深入了人类社会的方方面面。近年来，计算机技术和人工智能的迅速发展，推动了智能化服务的进步，对数字图像处理技术的研究也向更深、更高的层次发展，目前热度逐年攀高的**计算机视觉**(Computer Vision，CV)的研究目标就是在对图像进行一系列处理的基础上，深入分析、理解和解释图像信息，以模拟人类视觉系统。

1.2.3 常见的数字图像处理技术

数字图像处理技术涵盖了一系列用于改善、分析和理解图像的方法。随着数字图像技术的发展，人们一直在研究图像处理的新方法和新技术。以下列出最基本、最重要的数字图像处理技术。

(1) 图像的基本运算。图像的基本运算包括点运算、算术运算、几何运算，可以用以改善图像质量、提取信息或根据特定的应用需求调节图像，是许多高级图像处理任务的基础。

(2) 图像变换。图像变换包括傅里叶变换(Fourier Transform,FT)、沃尔什变换(Walsh Transform，WT)、离散余弦变换(Discrete Cosine Transform，DCT)等，用于将图像在空域与频域中的转换及处理，以提取特征、改善质量或实现压缩。例如，在频域中利用数学方法改变图像数据的排列或表示可以很方便地过滤掉在空间域中不便处理的规律噪声等。

(3) 图像增强。图像增强旨在改善图像质量，增强图像中的有用信息，抑制不感兴趣的信息，以便于后续的分析和处理。图像增强包括去除噪声、提高清晰度等，是图像处理与分析中的重要处理步骤。

(4) 图像复原。图像复原旨在恢复图像的原始状态，消除由各种原因(如噪声、模糊、退化等)导致的图像质量下降。常见的图像复原方法是根据退化的先验知识或降质过程建立模型，并据此模型对图像进行恢复或重建。图像复原广泛应用于医学成像、卫星图像处理、视频增强和历史文献的数字化恢复等领域。

(5) 图像编码压缩。图像编码压缩是减少图像数据量的技术，目的是在保证可接受的图像质量的前提下，提升数字图像的传输效率、处理效率和存储效率，优化资源使用率和用户体验。图像编码压缩广泛应用于多媒体通信、互联网传输、数字存储、视频监控、医学影像、卫星遥感、移动设备及云计算等多个领域。

(6) 图像分割。图像分割旨在分离图像中的目标与背景，以便于后续的分析和处理。它通过图像分割将图像分成若干个具有特定性质的区域或对象，并从图像中提取有意义的特征部分，如边缘、区域等，是图像识别和分析的基础。图像分割广泛应用于智能识别、无人驾驶、医学影像分析等各类图像处理领域。

(7) 彩色图像处理。彩色图像处理是图像处理领域的一个重要分支，它专注于对图像中的颜色信息进行专门处理。该技术涉及色度学和编码学的知识，可以实现图像颜色校正、颜色空间转换、颜色量化、色彩恢复等操作，可有效支持进一步的图像分析和识别任务。

(8) 图像表示与描述。图像表示与描述是指根据图像的区域特性及区域间的联系(如几何特性或纹理特征等)，使用特定的数据结构来反映区域、边界等图像信息，一般包括纹理描述、边界描述和区域描述等。好的表示与描述方法能显著提高图像处理的效率和准确性。

除上述图像处理技术外，还有一些与大数据、大模型关系密切的新兴技术，这些技术既可以单独使用，也可以组合使用，以满足特定的应用需求。本教材将着重介绍上述技术的具体应用。

1.2.4　数字图像处理的基本步骤

一般来说，数字图像处理包括读取图像、预处理、核心处理、保存、显示结果等步骤，步骤是通用的。本节采用通用的伪码[1]形式说明数字图像处理的过程。

```
/*****************************************
    程序名：eg 1.1
    描　述：数字图像处理的一般过程伪码示例
*****************************************/
BEGIN
    // 步骤 1：输入图像
    image = READ_IMAGE(image_path)

    IF image IS NOT FOUND THEN
        PRINT "Image not found or the path is incorrect"
```

① 伪码是一种描述算法或过程的高级抽象语言，它不依赖于任何特定的编程语言。

```
        EXIT
END IF

    // 步骤 2: 预处理
    preprocessed_image = PREPROCESS_IMAGE(image)
        // 转换为灰度图像
        gray_image = CONVERT_TO_GRAYSCALE(image)
        // 应用高斯模糊以减少图像噪声
        blurred_image = APPLY_GAUSSIAN_BLUR(gray_image)
        // 可选：其他预处理步骤，如直方图均衡化等
        RETURN blurred_image

    // 步骤 3: 图像分割
    segmented_image = SEGMENT_IMAGE(preprocessed_image)
        // 应用阈值化进行图像分割
        thresholded_image = APPLY_THRESHOLDING(preprocessed_image)
        // 可选：其他分割方法，如基于边缘的分割等
        RETURN thresholded_image

    // 步骤 4: 显示结果
    DISPLAY_IMAGE("Original Image", image)
    DISPLAY_IMAGE("Preprocessed Image", preprocessed_image)
    DISPLAY_IMAGE("Segmented Image", segmented_image)

END
```

此伪码框架提供了一个通用的数字图像处理流程，包括图像的读取、预处理、分割和显示。在实际编程中，可以根据所使用的编程语言和图像处理库来实现这些步骤的具体细节。

1.2.5 数字图像文件格式

目前数字图像文件有多种文件格式，常见的有以下几种。

(1) BMP (Bitmap)(.bmp)。这是一种位图图像文件格式，通常不压缩，能够保持图像的原始质量。

(2) JPEG(Joint Photographic Experts Group) (.jpeg, .jpg)。这是一种广泛使用的有损压缩的图像文件格式。它通过去除图像中的冗余数据和颜色信息来实现压缩，常用于捕捉和存储高清环境图像，尽管存在一定的质量损失，但其高压缩比使得存储和传输更为高效。

(3) PNG(Portable Network Graphics) (.png)：这是一种无损压缩的图像文件格式，支持透明背景，能够保持图像的原始质量，对需要保持图像完整性和透明度的增强现实、人机交互界面等场景是理想的选择。

(4) GIF(Graphics Interchange Format) (.gif)。这是一种支持动画的图像文件格式，使用

无损压缩技术，但颜色深度较低(最多 256 色)，适用于色彩简单、需要动画效果的场景。

(5) TIFF(Tagged Image File Format) (.tiff, .tif)。这是一种灵活的高质量图像文件格式，支持多种颜色模式和无损压缩，适用于图像编辑和高质量打印，以及需要高精度图像处理的场景，如机器视觉检测、地图构建等。

(6) WebP (Web Picture)(.webp)。这是由谷歌(Google)开发的一种图像格式，旨在提供更好的压缩和质量，广泛应用于前端开发、网站开发和移动应用程序中。

(7) RAW(Raw Image Format)(.nef, .cr2, .cr3 等)。这是由相机或图像传感器捕获的未经处理的原始数据格式，包含大量图像信息，但需要进行后期处理才能转换为可查看的格式，因此一般不直接用于实时处理，但可以作为原始数据保存，以便后续进行高精度分析和处理。

1.3 认识数字图像处理工具

目前，在进行数字图像处理实践和实验时，从易用性、库的支持及可视化能力方面，最适合、最流行的编程语言有 MATLAB、Visual C++和 Python。这些语言不仅提供了丰富的图像处理库和工具，还具备易于学习、高效执行等特点，能够满足学生在学习和实践中的需求。

1.3.1 MATLAB

1. 简介

MATLAB 是美国 MathWorks 公司开发的一款数学软件，集成了算法开发、数据可视化、数据分析及数值计算的高级计算语言和交互式环境。其编程语言以矩阵和数学操作为基础，简洁明了，在描述及处理大量数据或进行复杂计算时表现出色。MATLAB 不仅适用于工程计算，还广泛应用于数学、物理、化学、生物学、金融、经济学等多个领域。

MATLAB 在数字图像处理方面发挥着极其重要的作用，其强大的图像处理工具箱(Image Processing Toolbox)为用户提供了丰富的图像处理和分析功能。

下列函数为 MATLAB 在数字图像处理方面的常用基础处理函数。

常用 MATLAB 函数简介

- imread 函数：能够轻松实现多种格式的图像文件(如 JPEG，PNG，BMP 等)的读取，读取后的图像数据可以被存储为矩阵形式，其中每个元素代表图像中的一个像素点。
- imshow 函数：可以方便地显示图像，直观地查看图像处理的效果。
- imwrite 函数：用于将处理后的图像保存为文件。
- rgb2gray 函数：图像灰度化。
- imbinarize 函数：图像二值化。

- imfilter 函数：MATLAB 中用于图像滤波的一个非常强大的函数。它允许用户对图像进行各种线性滤波操作，如平滑、锐化、边缘检测等。imfilter 函数通过指定的滤波器(也称为卷积核或模板)对图像进行卷积操作，以达到所需的滤波效果。
- histeq 函数：直方图均衡化。
- imadjust 函数：图像对比度调整。
- fft 函数：傅里叶变换。
- dct 函数：离散余弦变换。

除此之外，MATLAB 还提供了 Canny 边缘检测、Harris 角点检测等多种特征提取方法，支持基于阈值、区域生长、分水岭等多种图像分割方法，MATLAB 的图像处理工具箱还提供了丰富的图像识别和分类功能。结合 MATLAB 的其他工具箱［如统计和机器学习工具箱(Statistics and Machine Learning Toolbox)、计算机视觉工具箱(Computer Vision Toolbox)等］，还可以实现使用支持向量机(Support Vector Machine，SVM)、神经网络等机器学习算法对图像进行分类和识别的复杂任务。

2. 示例代码

下面代码为以 MATLAB 语言编写的图像处理程序。

```
/*******************************************
    程序名：eg 1.2
    描  述：Matlab 数字图像处理过程代码示例
*******************************************/
% 读取图像
I = imread('example.jpg');   % 读取文件名为'example.jpg'的图像
if size(I, 3) == 3
    % 将图像转换为灰度图像
    I_gray = rgb2gray(I);
else
    I_gray = I;
end

% 预处理：使用高斯滤波去除噪声
h = fspecial('gaussian', 5, 1.5);
I_smooth = imfilter(I_gray, h);

% 核心处理：使用 Canny 算法进行边缘检测
edges = edge(I_smooth, 'Canny');

% 显示原始图像和边缘检测结果
subplot(1, 2, 1);
imshow(I_gray); title('Original Grayscale Image');
```

```
subplot(1, 2, 2);
imshow(edges); title('Edge Detected Image');

% 保存处理后的图像
imwrite(edges, 'edges_detected.jpg');   % 保存为文件名为'edges_detected.jpg'的图像
```

这段代码首先读取一个图像文件，检查图像是否为彩色图像，如果是，则将其转换为灰度图像；接着使用高斯滤波器对灰度图像进行平滑处理，以去除噪声；然后使用 Canny 算法进行边缘检测；最后将原始的灰度图像和检测到的边缘在两个子图中显示出来，并将边缘检测的结果保存为新的图像文件。

3. 特点

优势：MATLAB 提供了丰富的图像处理函数和工具箱，能够快速、高效地完成图像处理任务；语法简单、容易上手，在矩阵运算方面表现出色；可视化能力强，能通过函数直接展示可视化界面，对图像处理结果的观测更加直观，便于调试和验证算法。

缺点：虽然 MATLAB 在矩阵运算方面表现出色，但在多线程和多核处理器支持方面相对较弱，因此对于大规模图像处理的速度一般相对较慢；MATLAB 的面向对象编程支持相对较弱，当需要用户自行编写代码或函数来实现特定功能时，其扩展性可能在一定程度上被限制。

1.3.2 Visual C++

1. 简介

Visual C++是微软公司开发的一款便捷实用的 C 语言编程软件，软件功能强大，由多种组件组成，是一种集成开发环境(Intergrated Development Invironment，IDE)。它是 Visual Studio 系列工具集中的一个组件，用于 C、C++和 C++/CLI(C++的一种扩展，支持.NET Framework)等编程语言的软件开发。Visual C++提供了一系列的工具和特性，使 C++编程更加高效和便捷。最重要的是，Visual C++提供了一个图形用户界面(Graphical User Interface，GUI)，使得编码、调试、编译和部署应用程序变得更加直观和高效。

Visual C++在图像处理方面扮演着重要的角色，其强大的编程能力和与 Windows 操作系统的紧密集成，使得它成为开发图像处理应用程序的优选工具之一。

2. 示例代码

Visual C++本身不直接提供图像处理算法，但开发者可以利用 C++语言的高效性和灵活性，编写自己的图像处理算法。而且 Visual C++支持集成第三方图像处理库，其中在工业和科研中应用较为广泛的有 OpenCV，HALCON，MIL 等图像处理库。此外，还有 CxImage，CImg，Dlib，ITK (Insight Segmentation and Registration Toolkit)，Boost.GIL 等图像处理库也可以与 Visual C++结合使用。这些图像处理库各有特点，提供了不同的图像处理和可视化功能。

以下代码为用 Visual C++结合 OpenCV 库执行与 eg 1.2 中同样处理过程的代码示例。

```
/*********************************************************
    程序名：eg 1.3
    描  述：Visual C++结合 OpenCV 进行与 eg 1.2 同样过程的代码示例
*********************************************************/
# include <OpenCV2/OpenCV.hpp>
# include <iostream>
using namespace cv;
using namespace std;

int main() {
    // 读取图像(默认以彩色模式读取)
    string imagePath = "path_to_your_image.jpg";
    Mat colorImage = imread(imagePath);

    if (colorImage.empty()) {
        cout << "Error loading image!" << endl;
        return -1;
    }

    // 检查图像是否为灰度图(通道数为 1)
    Mat grayImage;
    if (colorImage.channels() == 1) {
        // 已经是灰度图，直接赋值
        grayImage = colorImage;
    } else {
        // 是彩色图，转换为灰度图
        cvtColor(colorImage, grayImage, COLOR_BGR2GRAY);
    }

    // 核心处理(高斯滤波和 Canny 边缘检测)
    Mat blurredImage, edgesImage;
    GaussianBlur(grayImage, blurredImage, Size(5, 5), 1.4);
    Canny(blurredImage, edgesImage, 50, 150);

    // 创建窗口显示原始灰度图像和边缘检测结果
    namedWindow("Original Gray Image", WINDOW_AUTOSIZE);
    imshow("Original Gray Image", blurredImage);  // 显示平滑后的灰度图像

    namedWindow("Canny Edges", WINDOW_AUTOSIZE);
    imshow("Canny Edges", edgesImage);
```

```

    // 等待按键再关闭窗口
    waitKey(0);

    // 保存边缘检测的结果为新的图像文件
    string outputPath = "path_to_save_edgesImage.jpg";  //指定保存位置及文件名
    bool isSaved = imwrite(outputPath, edgesImage);
    if (!isSaved) {
        cout << "保存边缘检测结果失败" << endl;
    } else {
        cout << "边缘检测结果已保存为 edges_detected.jpg" << endl;
    }

    return 0;
}
```

常用 OpenCV 函数简介

- imread 函数：用于读取参数指定的图像文件。
- cvtColor 函数：用于在不同颜色空间之间转换图像，如从 BGR 转换到灰度图或 HSV 等。
- GaussianBlur 函数：对图像进行高斯模糊处理，常用于去除图像噪声和边缘平滑。
- Canny 函数：使用 Canny 算法检测图像中的边缘。
- namedWindow 函数：创建一个窗口，用于显示图像。
- imshow 函数：在指定的窗口中显示图像。
- waitKey 函数：等待用户按键事件，通常用于控制图像显示的持续时间，若参数设置为 0，则无限期等待。
- destroyAllWindows 函数：销毁所有由 OpenCV 创建的窗口。
- imwrite 函数：将图像写入文件，用于保存图像到磁盘。

3. 特点

优势：Visual C++的基础编程语言 C++以其高性能著称，C++支持直接硬件访问和底层操作，执行速度通常比 Python 和 MATLAB 等解释型语言要快得多，在需要快速处理大规模数据或进行复杂计算的图像处理任务时，能够提供更好的性能表现。另外，C++具有强大的面向对象编程能力，在构建大型、复杂的图像处理系统时具有更好的可扩展性和灵活性。Visual C++提供的图形化界面也可以使开发、部署和测试算法更为直观。

缺点：相比于 Python 和 MATLAB，Visual C++的语法相对复杂，学习起来需要一定的时间和精力，且需要手动管理内存和进行类型检查等操作。因此，使用 Visual C++语法可能会增加开发过程中的复杂性和出错率，使开发周期可能更长。

1.3.3 Python

1. 简介

Python 语言是一种开放源代码的编程语言，是由荷兰计算机科学家吉多·范罗苏姆(Guido van Rossum)在 1989 年开发的，由于受到了他之前参与的 ABC 语言项目的影响，其设计理念是开发一种介于 C 和 shell 之间的功能全面、易学易用、可拓展的语言。Python 语言的后续发展离不开社区、组织和公司的支持和贡献，Python 软件基金会(Python Software Foundation，PSF)是一个非营利组织，致力于促进、维护和保护 Python 语言的发展，负责管理 Python 语言的商标和版权、组织 Python 开发者社区的活动，并提供资金和资源支持 Python 相关项目。此外，谷歌、脸书(Facebook)、多宝箱(Dropbox)和照片墙(Instagram)等许多知名的科技公司也是 Python 语言的积极支持者和贡献者。

Python 在图像处理领域的应用非常广泛，从基本的图像读取、显示、转换到复杂的图像分析、识别、压缩和编码，都可以通过 Python 及其强大的图像处理库和工具集来实现。用 Python 语言进行数字图像处理时，常用到的图像处理库有 OpenCV，Pillow (PIL Fork)，scikit-image，NumPy，Matplotlib，SimpleCV 等。Python 简洁的语法、丰富的库支持和活跃的社区使得它成为图像处理研究和开发的理想选择。

2. 示例代码

```
/*************************************************************
    程序名：eg 1.4
    描  述：Python 结合 OpenCV 进行与 eg 1.2 同样过程的代码示例
*************************************************************/
import cv2
import numpy as np

# 读取图像文件
image_path = 'your_image_path.jpg'  # 指定图像文件路径
image = cv2.imread(image_path)

# 检查图像是否为彩色图像
if len(image.shape) == 3:  # 彩色图像有 3 个通道(高度、宽度、通道数)
    print("图像是彩色的，将转换为灰度图像。")
    # 转换为灰度图像
    gray_image = cv2.cvtColor(image, cv2.COLOR_BGR2GRAY)
else:
    print("图像已经是灰度图像。")
    gray_image = image

# 使用高斯滤波器对灰度图像进行平滑处理
blurred_image = cv2.GaussianBlur(gray_image, (5, 5), 0)
```

```
# 使用 Canny 算法进行边缘检测
edges = cv2.Canny(blurred_image, threshold1=50, threshold2=150)
# 显示原始的灰度图像和检测到的边缘
# 创建一个带有两个子图的窗口
cv2.namedWindow('Original vs Edges', cv2.WINDOW_NORMAL)
cv2.imshow('Original vs Edges', np.hstack((gray_image, edges)))
# 等待用户按键后关闭窗口
cv2.waitKey(0)
cv2.destroyAllWindows()
# 将边缘检测的结果保存为新的图像文件
output_path = 'edges_detected.jpg'  # 指定输出的图像文件及路径
cv2.imwrite(output_path, edges)
print(f"边缘检测结果已保存为：{output_path}")
```

3. 特点

优势：Python 的语法简洁，代码具有很好的可读性，且可移植性强；具有高效率的数据结构和丰富的第三方图像处理库支持，提供了广泛的图像处理功能，能够满足大多数图像处理实践的需求；拥有丰富的社区支持和大量的在线资源，使学习和使用更加方便；作为跨平台的编程语言，可以在多个操作系统上运行，在数字图像处理实践中具有更好的可移植性和兼容性。

缺点：Python 作为解释型语言(Interpreted Languages)在处理大规模数据或进行复杂计算时，其性能通常不如 Visula C++等编译型语言(Compiled Languages)，占用内存空间可能更大，运行速度可能较慢。

经过对比上述三种流行的图像处理工具，可以看出 MATLAB 因其算法研究与开发的便利性和直观编程风格而受到青睐，适合需要快速算法测试的预研场景，但运算速度较慢，且无法直接形成可执行程序；Visula C++以高效执行和底层控制能力在性能和实时处理要求较高的场合占据优势；而 Python 具有易学易用、拥有强大的社区支持和丰富的图像处理库资源的优势。因此，本书将 Python 作为数字图像处理教学及进行快速实践的首选，后续章节中的代码将以 Python 为主要使用语言，感兴趣的读者也可以另外学习 MATLAB 和 Visual C++实践技术。

【扩展阅读】
中国光学之父王大珩

1.4 思考练习

一、选择题

1. 采样和量化是数字图像处理中的两个关键步骤，其中哪个步骤决定了图像中最多可以包含的颜色数量？(　　)

A. 采样　　B. 量化　　C. 两者都决定　　D. 两者都不决定

2. 下列哪项不是数字图像处理技术的常见应用？(　　)

A. 医学成像分析　　B. 安全监控与识别

C. 文本编辑(如 Word 文档编辑)　　D. 卫星图像处理

3. 在数字图像处理的基本步骤中，哪一步通常用于改善图像质量或突出图像中的特定特征？(　　)

A. 图像获取　　B. 图像增强　　C. 图像编码　　D. 图像显示

4. 下列哪种文件格式主要用于无损压缩图像？(　　)

A. JPEG　　B. PNG　　C. GIF　　D. BMP

5. MATLAB 中用于读取图像文件的函数通常是下列哪个？(　　)

A. imread　　B. readimage　　C. loadimg　　D. imageinput

6. 在使用 Visual C++进行数字图像处理时，可以用下列哪个库来提供图像处理功能？(　　)

A. OpenCV　　B. NET Framework

C. MFC(Microsoft Foundation Classes)　　D. DirectX

7. 关于数字图像处理工具 MATLAB、Visual C++和 Python 的比较，以下哪个说法不正确？(　　)

A. MATLAB 提供了丰富的内置函数和工具箱，便于快速开发图像处理算法

B. Visual C++因其高效性和可控性，常用于对性能要求极高的图像处理任务

C. Python 因其简洁的语法和丰富的第三方库(如 OpenCV、Pillow)，成为学习和研究图像处理的热门选择

D. MATLAB 因其开源特性，广泛应用于商业软件开发和学术研究中

二、分析题

1. 解释什么是数字图像，并列出其三个基本属性。
2. 描述数字图像的采样过程和量化过程，并解释它们对图像质量的影响。
3. 列出进行数字图像处理的五个基本步骤，并简要说明每个步骤的目的。
4. 比较 MATLAB、Visual C++和 Python 在数字图像处理中各自的优势和局限性。
5. 选择一个你感兴趣的数字图像处理应用领域，调研其应用场景。

第2章

Python与数字图像处理

本章将深入探讨使用 Python 进行数字图像处理的关键知识和技能。图像处理是现代计算机视觉和数据分析的重要组成部分，掌握相关工具将使读者在这些领域具有竞争力。本章主要围绕几个重要的图像处理库展开，包括 Pillow 库、NumPy 库、scikit-image 库、OpenCV 库等，并且介绍了如何在 Windows 系统上部署 Python 环境及安装编译器。

本章学习目标

◎ 了解 Python 与数字图像处理的关系。

◎ 掌握在 Windows 系统上部署 Python 环境。

◎ 了解 Pillow 库、NumPy 库、scikit-image 库、OpenCV 库等几个常用图像处理库的运用。

素质要点

◎ 培养创新能力：学生在学习 Pillow、NumPy、OpenCV 等图像处理库的过程中，应注重结合实际问题进行创新应用。例如，在图像滤镜或颜色调整等基础功能的基础上，尝试设计个性化的图像处理算法，探索新的图像分析方法，提高解决问题的能力。

◎ 提升实践精神：学生通过动手编写代码并反复调试，掌握数字图像处理技术的实际应用方法。在实验中，积极尝试图像的加载、转换、滤波等操作，将理论知识与实际应用紧密结合，为未来参与复杂项目奠定基础。

2.1 Python 环境部署

本节主要介绍 Python 的环境部署，包括 Python 的安装及 Pycharm 软件的安装。

2.1.1 Python 安装

在 window 系统上部署 Python，可以通过 Python 官网下载安装程序：首先选择合适的版本进行下载，下载完成后按照以下步骤进行安装。

(1) 双击 Python 安装程序，启动安装，如图 2-1 所示。

(2) 勾选“Add python.exe to PATH”，把 Python 的安装路径添加到系统的环境变量中，然后单击“Install Now”进行下一步操作。

(3) 单击“Close”完成 Python 的安装，如图 2-2 所示。

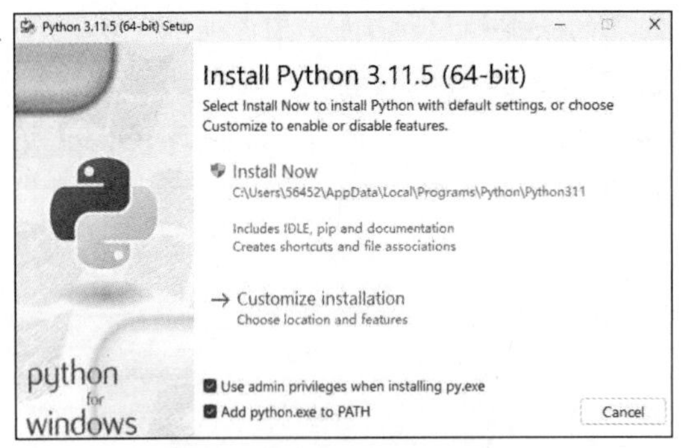

图 2-1　运行 Python 安装程序

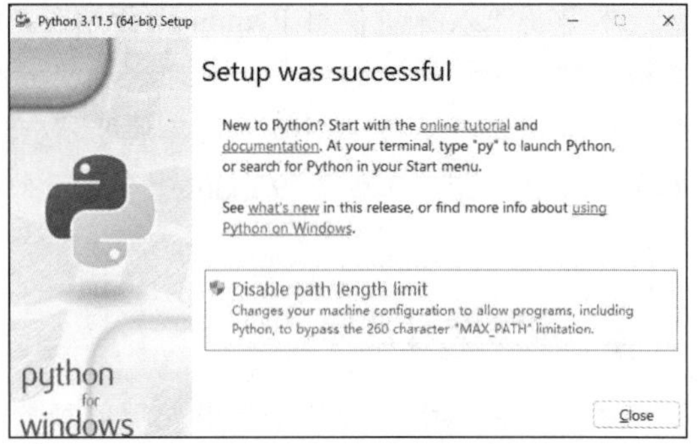

图 2-2　完成 Python 安装

2.1.2 Pychram 安装

在 window 系统上部署 Pycharm，可以通过 Pycharm 官网下载安装程序：首先选择合适的版本进行下载，下载完成后按照以下步骤进行安装。

(1) 双击 Python 安装程序，启动安装，如图 2-3 所示。单击“Next”进行下一步操作。

(2) 根据用户需求选择安装目录，无特殊要求，默认路径即可，并单击“Next”进行下一步操作，如图 2-4 所示。

(3) 勾选“Pycharm Community Edition”和“ADD "bin" folder to the PATH”为 Pycharm 添加桌面快捷方式及添加环境变量，如图 2-5 所示。

(4) 单击“Next”，软件默认会添加到开始菜单，如图 2-6 所示。

(5) 单击“Install”对 Pycharm 软件进行安装。Pycharm 安装完成，如图 2-7 所示。

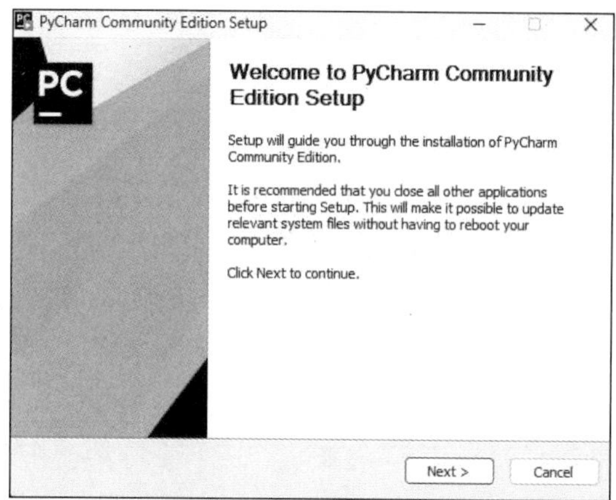

图 2-3　Pycharm 安装程序

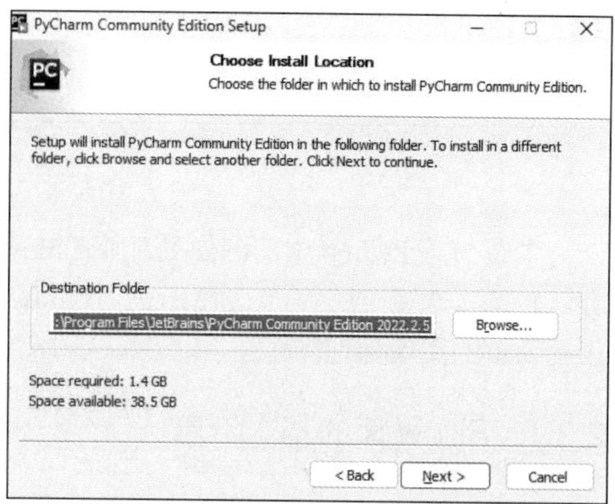

图 2-4　选择 Pycharm 的路径

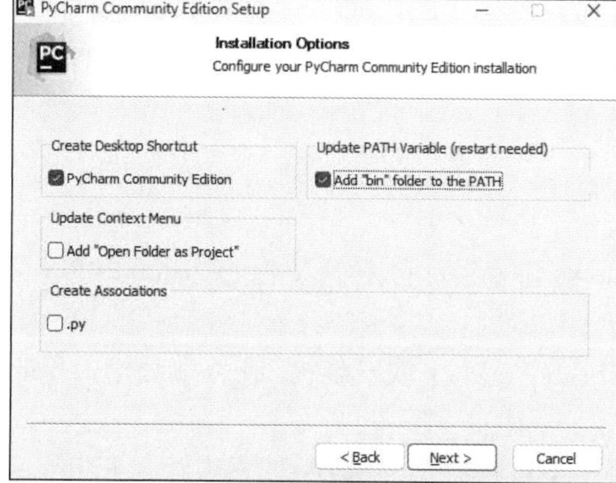

图 2-5　配置 Pycharm 安装环境

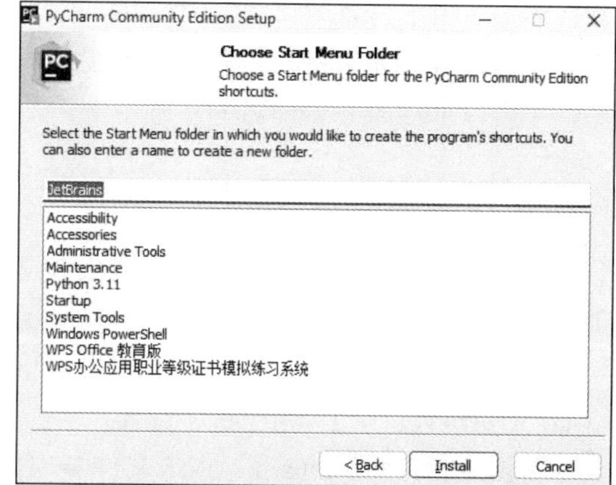

图 2-6　将 Pycharm 添加到开始菜单

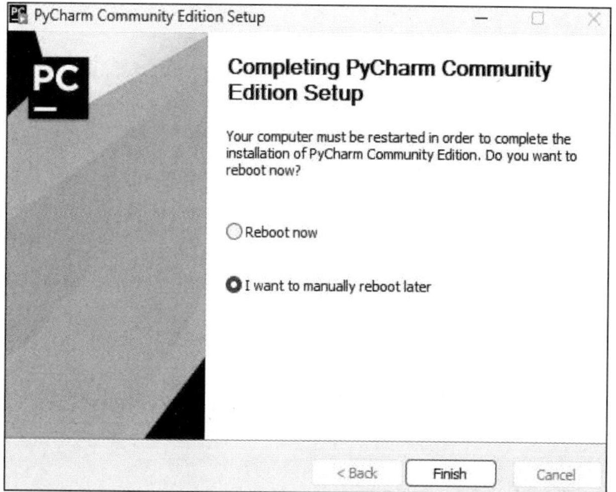

图 2-7　Pycharm 安装完成

2.2 了解 Pillow 库

本节介绍 Python 中的图像处理库 Pillow，包括其安装方法、基本功能(如图像加载、保存、转换、滤镜应用等)及应用示例。Pillow 是 PIL(Python Imaging Library)库的分支，广泛用于简单的图像处理操作。

2.2.1 Pillow 库的基本信息

Pillow 库是 Python 中的一个图像处理库，是 PIL 库的一个分支。Pillow 库支持许多图像格式，如 JPEG、PNG、BMP、GIF 等，能够执行各种图像处理任务，如裁剪、旋转、滤镜应用等。由于其简洁和易用的特性，Pillow 库被广泛用于图像处理、计算机视觉项目中。

本节主要讲述如何利用 Python 对数字图像进行基础的处理，并且介绍常用的几个处理库，主要以 Pycharm 编译器为基础示例。

2.2.2 Pillow 库的安装方法

方法一：在 Pycharm 编译器终端或者 Windows 命令提示符中输入“pip install Pillow”即可自动开始安装，如图 2-8 所示。

方法二：登录 Python Pillow(python-pillow.org)等网站，下载安装包，在终端处输入“pip install【安装包目录】”指令进行安装。

方法三：打开 Pycharm，点击文件→项目→Python 解析器→ + →搜索栏输入 Pillow→安装软件包，如图 2-9 所示。

图 2-8

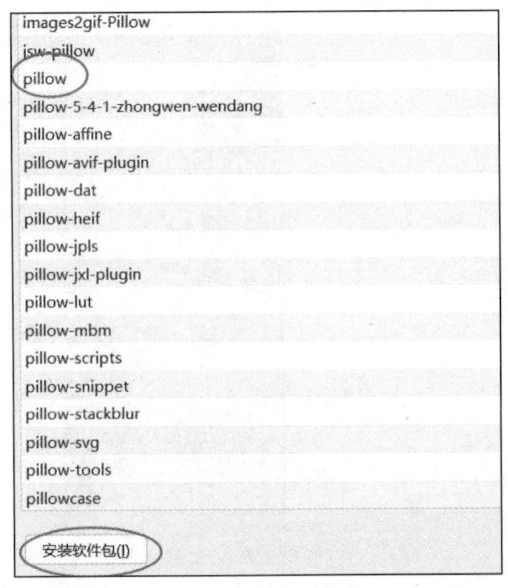

图 2-9　Python 解析器中安装 Pillow 库

注意：安装完后输入代码：from PIL import Image 验证 Pillow 有无正确安装。

2.2.3 Pillow 库的主要作用

Pillow 库主要包括以下常用功能。

(1) 加载和保存图像。Pillow 库支持从多种格式中读取图像并将其保存为不同格式的文件。常见的支持格式包括 JPEG、PNG、BMP、GIF、TIFF 等。开发者可以轻松地在不同图像格式之间转换。

例如，简单地读取一个名字为“2.jpg”的图片，并将该图像转换为 PNG 格式，代码如下：

```
/*****************************************
    程序名：eg 2.1
    描　述：图像格式转换
*****************************************/
from PIL import Image

# 加载图像
img = Image.open("2.jpg")

# 保存为不同格式
img.save("tupian1.png")
```

如图 2-10 所示，利用 Pillow 库可以对图像进行常见的格式转换。

(a) 2.jpg

(b) 2.png

图 2-10　Pillow 转换格式

(2) 图像转换。Pillow 库允许对图像进行多种转换操作，如旋转、翻转、缩放、裁剪、转换图像模式等。如图 2-11 所示，利用 Pillow 库进行图片旋转。

(a) 原图　　(b) 旋转图片

图 2-11　利用 Pillow 旋转图片

(3) 像滤镜。Pillow 提供了多种图像滤镜，允许开发者在图像上应用不同的效果，如锐化、模糊、边缘增强等。这些滤镜可以用于图像增强或美化。

代码示例如下：

```
/*****************************************
   程序名：eg 2.2
   描  述：图像模糊处理
*****************************************/
from PIL import Image, ImageFilter

# 打开图像
img = Image.open("image.jpg")  # 请将路径替换为你的实际图像路径

# 应用高斯模糊滤镜，其中数值控制模糊程度
blurred_img = img.filter(ImageFilter.GaussianBlur(50))

# 保存模糊后的图像
blurred_img.save("mohu1.jpg")
```

(4) 颜色调整。Pillow 库支持对图像的亮度(Intensity)、对比度(Contrast)、色调(又称色相，Hue)、饱和度(Saturation)等进行调整。通过这些操作，可以实现图像的颜色校正、增强效果。调整亮度等参数，还需要导入“ImageEnhance”模块进行图像处理。

代码示例如下：

```
/*****************************************
   程序名：eg 2.3
   描  述：调整图像颜色
*****************************************/
from PIL import Image, ImageEnhance  # 确保导入 ImageEnhance

# 打开图像
img = Image.open("image.jpg")  # 请将路径替换为你的实际图像路径

# 调整亮度
enhancer = ImageEnhance.Brightness(img)
bright_img = enhancer.enhance(5)  # 5 表示大幅度增强亮度

# 保存调整后的图像
bright_img.save("liangdu.jpg")
```

(5) 图像合成与透明度处理。Pillow库支持多幅图像的合成操作。比如，可以将一张图像叠加到另一张图像上，应用透明度或 Alpha 通道处理，创建复合图像效果。透明度处理

在处理 PNG 或 RGBA 模式图像时非常有用。

代码示例如下：

```
/*****************************************
    程序名：eg 2.4
    描　述：合成图像
*****************************************/
from PIL import Image
# 合成两张图像
background = Image.open("diejia1.jpg")
foreground = Image.open("diejia2.jpg")
# 使用透明度进行合成
background.paste(foreground, (50, 50), foreground)
background.save("combined_image.png")
```

(6) 绘图功能。Pillow 库提供了一个 ImageDraw 模块，支持在图像上绘制文本、线条、矩形、圆形等基本图形。该功能在生成标记图像、图像水印等场景下非常有用。

(7) 通道处理。Pillow 库允许对图像的每个通道(如 RGB 的红色通道、绿色通道、蓝色通道)进行独立处理。通道处理在需要对图像特定颜色进行操作时非常有用，如在图像中分离某个通道进行分析。

(8) 多帧图像处理。对于 GIF 等多帧图像，Pillow 库支持逐帧处理，可以提取和操作每一帧图像，并保存为新的 GIF 或视频格式。

2.3 了解 NumPy 库

本节讲解 NumPy 库的核心概念及在图像处理中的应用，重点介绍了其多维数组操作、数学运算及线性代数功能，并通过代码展示如何进行图像灰度化和模糊处理。

2.3.1 NumPy 库概述

NumPy(Numerical Python)库是一个用于 Python 编程语言的核心科学计算库。它提供了对大型多维数组和矩阵的支持以及对这些数据结构执行数学运算的工具。NumPy 库是许多数据分析、机器学习和科学计算库的基础，如 Pandas、SciPy、TensorFlow 和 scikit-learn。

1. 基本信息

NumPy 库提供了高效的数组操作功能，包括许多用于数组运算的数学函数。其主要数据结构是 ndarray，即 n 维数组，支持多维数据的存储和操作。NumPy 还包含了线性代数、傅里叶变换、随机数生成等多种数学功能，极大地扩展了 Python 在科学计算领域的能力。

2. 主要作用

(1) 多维数组操作。NumPy 库的核心是多维数组对象(ndarray)，支持高效的多维数组操作，包括数组创建、索引、切片、变形、合并和分割等。

(2) 数学运算。数学运算提供了广泛的数学函数，包括基本的算术运算、线性代数操作、统计运算等。

(3) 线性代数。线性代数包括矩阵乘法、特征值计算、奇异值分解等线性代数功能。

(4) 傅里叶变换。傅里叶变换支持快速傅里叶变换(Fast Fourier Transform，FFT)及其逆变换，用于信号处理等应用。

(5) 随机数生成。随机数生成提供了多种随机数生成方法，用于数据模拟和统计分析。

2.3.2 NumPy 库的安装方法

Numpy 库的安装方法和 Pillow 库的安装方法类似。

(1) 在 Pycharm 编译器终端或者 Windows 命令提示符中输入：“pip install Pillow”，如果使用的是 Python3 则需要使用“pip3 install numpy”即可开始自动安装。

(2) 打开 Pycharm，点击文件→项目→Python 解析器→+→搜索栏输入 numpy→安装软件包，如图 2-12 所示：

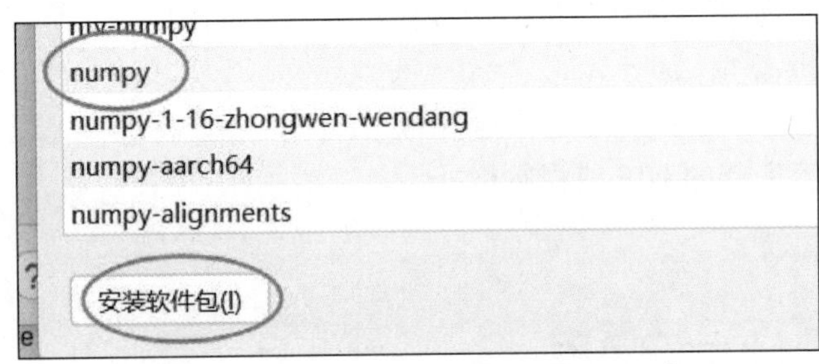

图 2-12　Python 解析器中安装 Numpy 库

2.3.3 NumPy 库的应用

NumPy 库是 Python 语言中用于科学计算的核心库。它为高性能的多维数组对象和与数组相关的操作提供了支持，并为执行数学和逻辑操作、傅里叶变换、线性代数等科学计算任务提供了便捷的工具。以下是 NumPy 库的主要作用。

1. ndarray

NumPy 库的核心 ndarray 是一个高效的 n 维数组，用于存储同类型元素。与 Python 内置的列表不同，ndarray 在内存上是连续的，允许更快地访问和操作。此外，NumPy 数组支持高维度的数据操作，如二维矩阵、三维张量等。

2. 数学运算

NumPy 库提供了丰富的数学函数，支持在数组上直接进行各种数学运算，如加减乘除、幂运算、对数、三角函数等。由于 NumPy 库的操作是针对整个数组进行的，因而其效率非常高。常见的数学操作包括：元素级运算(如加法、乘法)；数组的聚合操作(如求和、求平均值)；广播机制，使不同形状的数组能够进行运算。

3. 线性代数运算

NumPy 库包含强大的线性代数功能，支持矩阵乘法、矩阵转置、求逆、特征值分解、奇异值分解等常见的线性代数操作。NumPy 库的 linalg 模块提供了线性代数计算的功能，方便处理矩阵和向量之间的操作。

4. 随机数生成

NumPy 库的 random 模块提供了生成随机数的功能，支持生成随机的标量、向量、矩阵以及符合特定分布的随机数。这对于蒙特卡罗模拟、随机抽样和统计建模等应用非常有用。

5. 高效的数据操作

NumPy 库支持对数组进行切片、索引、连接、拆分、重塑等操作，这些操作都是在 C 语言的基础上实现的，因此其性能非常高。此外，NumPy 库还支持布尔索引和花式索引，允许灵活地操作数组中的元素。

6. 兼容性和集成

NumPy 库与其他科学计算库(如 SciPy、Pandas、Matplotlib)紧密集成，是 Python 数据科学和机器学习生态系统的基础。NumPy 数组常常作为数据在不同库之间传递的标准格式，使得各种库能够无缝协作。

7. 高效存储和操作大规模数据

NumPy 库能够高效地处理大规模数据，特别是在数据分析和机器学习中，使用 NumPy 库可以显著提高代码的执行效率。同时，NumPy 库提供了高效的数据存储和读取功能，支持将数组数据保存到磁盘并从磁盘加载。

8. 支持广播和矢量化

NumPy 库的广播机制允许对不同形状的数组进行数学运算，而无须显式地扩展数据的形状。矢量化操作则使得循环的计算任务能够转化为数组级别的操作，从而大幅提高性能。

9. 文件输入输出

NumPy 库支持将数组数据保存到文件中，并可以从文件中读取数据。这包括文本文件(如 CSV)和二进制文件(如.npy，.npz)的读写操作。

10. 支持傅里叶变换和随机采样

NumPy 库还包含快速傅里叶变换和随机采样等功能，因而在信号处理、统计建模等方面具有广泛的应用。

11. 内存管理

NumPy 库通过对数组进行内存分配和管理，使得数组的操作更加高效。同时，NumPy 库还支持共享内存的多数组操作，避免了不必要的数据复制，提高了性能。

在数字图像处理中，NumPy 库经常用于图像的基本操作和处理，如图像的翻转、裁剪、滤波等。下面是一个基于数字图像处理的实际应用案例：将图像转换为灰度图，并应用高斯模糊滤波。

在图像处理任务中，灰度化和模糊是常见的预处理步骤。灰度化可以减少图像的复杂性，而高斯模糊则可以平滑图像，减少噪声。例如，要将图 2-13 进行灰度化和模糊处理，则需要使用以下原理进行处理。处理该图像还需要调动 Matplotlib 和 scipy 模块，需要提前进行安装。

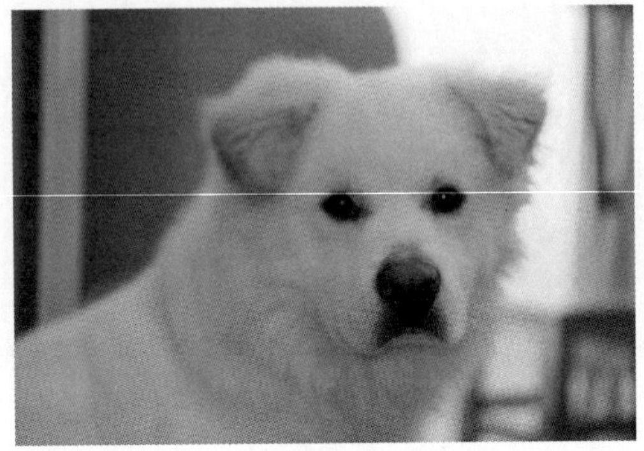

图 2-13

(1) 图像灰度化彩色图像通常由三个通道(红色通道、绿色通道、蓝色通道)组成，灰度化过程是将图像的 RGB 颜色转换为单通道灰度值。常用的转换公式是：

$$\text{Gray} = 0.299 \times R + 0.587 \times G + 0.114 \times B \tag{2.1}$$

(2) 高斯模糊是一种基于正态分布的低通滤波器，用于平滑图像并减少细节。高斯模糊的效果是通过卷积操作实现的。

① 代码如下：

```
/*****************************************
    程序名：eg 2.5
    描  述：图像模糊和灰度化处理
*****************************************/
import numpy as np
import matplotlib.pyplot as plt
from scipy.ndimage import gaussian_filter
from PIL import Image
# 读取图像并转换为 NumPy 数组
image = Image.open('n.jpg')  # 替换为你的图像路径
image_np = np.array(image)

# 1. 将图像转换为灰度图
def rgb2gray(image):
    return 0.299 * image[:, :, 0] + 0.587 * image[:, :, 1] + 0.114 * image[:, :, 2]

gray_image = rgb2gray(image_np)

```

```
# 2. 应用高斯模糊滤波
blurred_image = gaussian_filter(gray_image, sigma=2)  # sigma 控制模糊程度

# 显示原图、灰度图和模糊后的图像
plt.figure(figsize=(12, 6))

plt.subplot(1, 3, 1)
plt.title("原图")
plt.imshow(image_np)

plt.subplot(1, 3, 2)
plt.title("灰度图")
plt.imshow(gray_image, cmap='gray')

plt.subplot(1, 3, 3)
plt.title("高斯模糊图")
plt.imshow(blurred_image, cmap='gray')

plt.show()
```

② 代码解释。

图像读取与转换：使用 PIL.Image 读取图像并将其转换为 NumPy 数组进行处理。

灰度化：将彩色图像转换为灰度图，使用线性加权的方式结合 RGB 通道。

高斯模糊：使用 scipy.ndimage 中的 gaussian_filter 函数对灰度图应用高斯模糊，sigma 参数控制模糊的程度。

结果展示：使用 Matplotlib 显示原图、灰度图和模糊后的图像。

③ 应用场景。

灰度化在特征提取、边缘检测等任务中常用，因为灰度图比彩色图像更简单且保留了足够的信息。

高斯模糊广泛应用于去噪声处理、图像平滑和特征检测的预处理步骤。

此代码展示了如何使用 NumPy 库和相关库进行简单的图像处理操作，是数字图像处理中的基础应用，处理结果如图 2-14 所示。

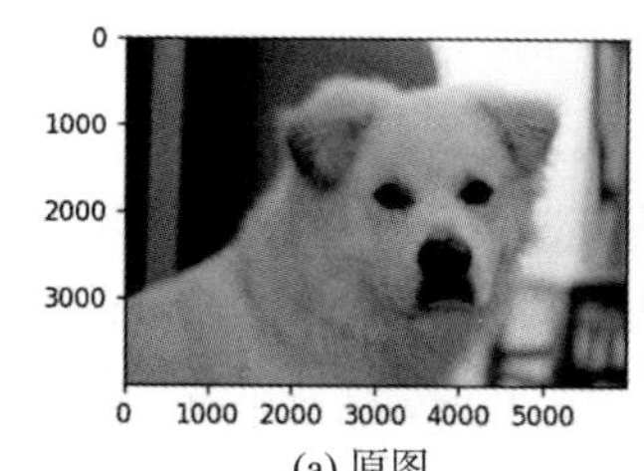

(a) 原图

(b) 灰度图

(c) 高斯模糊图

图 2-14

图 2-14 Numpy 库处理完成的图像

2.4 了解 scikit-image 库

本节介绍了专用于图像处理的 scikit-image 库，涵盖其在图像预处理、特征提取、分割等方面的应用。

2.4.1 scikit-image 库的基础概念

scikit-image 库是一个专为图像处理设计的 Python 库，基于 NumPy 和 SciPy 构建。它提供了丰富的功能，用于图像的预处理、过滤、形态学操作、分割、特征提取等。scikit-image 库简单易用，且功能强大。

2.4.2 scikit-image 库的安装方法

scikit-image 库的安装方法和 Pillow 库的安装方法类似。

(1) 在 Pycharm 编译器终端或者 Windows 命令提示符中输入“pip install scikit-image”。

(2) 打开 Pycharm，点击文件→项目→Python 解析器→+→搜索栏输入 scikit-image 安装软件包，如图 2-15 所示。

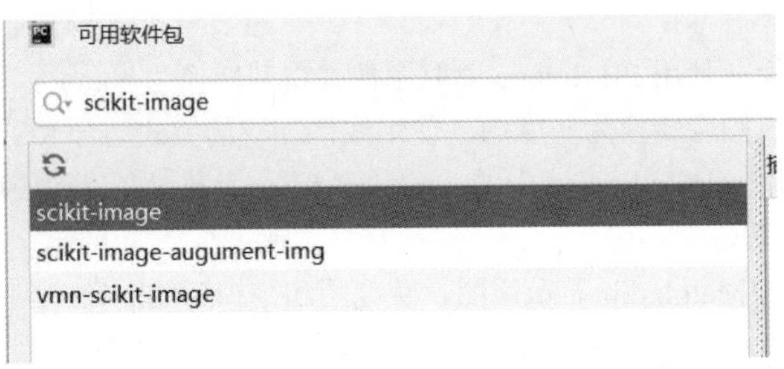

图 2-15　Python 解析器中安装 scikit-image 库

2.4.3 scikit-image 库的作用

scikit-image 库是一个专为图像处理设计的 Python 库，广泛应用于计算机视觉、图像分析、医学成像、遥感等领域。它提供了丰富的图像处理功能，可以帮助开发者和研究人员完成从简单的图像操作到复杂的图像分析任务。

scikit-image 库提供了多个子模块，涵盖各种图像处理功能。io 模块支持图像的加载与保存，color 模块支持 RGB、HSV、Lab 等颜色空间的转换，filters 提供边缘检测、平滑等图像滤波器，transform 实现旋转、缩放等几何变换，segmentation 负责图像区域分割，morphology 执行形态学操作如膨胀与腐蚀，feature 检测图像特征如边缘与角点，measure 用于测量图像中对象的属性，draw 则用于在图像上绘制几何图形。

scikit-image 库的主要作用有以下几点。

1. 图像预处理

(1) 灰度化：将彩色图像转换为灰度图，简化后续的处理任务。

(2) 缩放与旋转：支持图像的缩放、旋转、翻转等基本操作，用于数据增强或调整图像大小。

(3) 图像滤波：提供多种滤波器，如高斯滤波(CV2.GaussianBlur)、均值滤波(CV2.blur)、边缘检测滤波(CV2.Sobel)等，用于去噪、平滑或增强图像。

2. 图像增强

(1) 对比度调整：包括直方图均衡、自适应直方图均衡等，用于增强图像的对比度。

(2) 去噪：利用不同的滤波技术，如中值滤波、非局部均值滤波等，减少图像中的噪声。

3. 图像分割

(1) 基于阈值的分割：如 Otsu 阈值法，用于将图像分割为前景和背景。

(2) 区域生长：利用像素相似性将图像划分为不同区域。

(3) 聚类方法：如 K-means 聚类，用于将图像中的像素分组。

(4) 轮廓检测：用于提取图像中的轮廓和边界。

4. 边缘检测与特征提取

(1) 边缘检测：使用 Canny、Sobel(索贝尔)、Prewitt(普鲁伊特)等边缘检测算法，提取图像中的边缘信息。

(2) 特征提取：如角点检测、HOG(方向梯度直方图)、SIFT(尺度不变特征变换)等技术，用于在图像中检测和描述局部特征。

5. 形态学操作

(1) 膨胀与腐蚀：基于形态学原理的图像处理操作，用于调整图像中的结构元素。

(2) 开闭操作：用于消除图像中的小物体或填补小孔。

6. 图像复原与重建

(1) 去模糊：利用反卷积等方法恢复图像中的模糊区域。

(2) 图像插值与重建：基于采样点重建图像，如通过插值生成更高分辨率的图像。

7. 频域变换与分析

(1) 傅里叶变换：将图像从空间域转换到频域，用于频率分析和滤波操作。

(2) 小波变换：用于多分辨率分析和图像压缩。

8. 统计与度量

(1) 图像统计：计算图像的直方图、均值、方差等统计特性。

(2) 形状度量：计算图像中物体的面积、周长、紧致度等几何属性。

9. 高级应用

(1) 图像匹配与对齐：用于多幅图像的配准与拼接。

(2) 医学图像分析：应用于 CT、MRI(核磁共振)等医学图像的分割、测量与诊断。

10. 应用场景

(1) 计算机视觉：如物体识别、图像分类、自动驾驶等领域中的图像处理任务。

(2) 医学成像：如医学图像的预处理、分割和分析，用于辅助诊断。

(3) 遥感：用于分析卫星图像，提取地理特征或进行土地覆盖分类。

(4) 工业检测：用于检测生产线上的产品缺陷或质量问题。

(5) 科研实验：在科学研究中用于分析和处理实验数据中的图像信息。

我们可以使用 scikit-image 库对图 2-16(a)这张照片进行一些图像处理操作，如图像缩放、滤波、边缘检测等。

① 以下是利用 scikit-image 库对图片进行处理的 Python 代码示例。

```
/*****************************************
    程序名：eg 2.6
    描  述：图像模糊和灰度化处理
*****************************************/
import numpy as np
import matplotlib.pyplot as plt
from scipy.ndimage import gaussian_filter
from PIL import Image
# 读取图像并转换为 NumPy 数组
image = Image.open('n.jpg')  # 替换为你的图像路径
image_np = np.array(image)

# 1. 将图像转换为灰度图
def rgb2gray(image):
    return 0.299 * image[:, :, 0] + 0.587 * image[:, :, 1] + 0.114 * image[:, :, 2]

gray_image = rgb2gray(image_np)

# 2. 应用高斯模糊滤波
blurred_image = gaussian_filter(gray_image, sigma=2)   # sigma 控制模糊程度

# 显示原图、灰度图和模糊后的图像
plt.figure(figsize=(12, 6))

plt.subplot(1, 3, 1)
plt.title("原图")
plt.imshow(image_np)

plt.subplot(1, 3, 2)
plt.title("灰度图")
```

```
plt.imshow(gray_image, cmap='gray')

plt.subplot(1, 3, 3)
plt.title("高斯模糊图")
plt.imshow(blurred_image, cmap='gray')

plt.show()
```

② 代码解释。

灰度化：将彩色图像转换为灰度图，以简化后续的图像处理步骤。

高斯模糊：使用高斯模糊滤波器对图像进行平滑处理，减少噪声和细节。

边缘检测：使用索贝尔算子(Sobel Operator)进行边缘检测，提取图像中的边缘信息。

这个示例展示了如何通过 scikit-image 库对图像进行基本处理，并可视化处理结果。也可以根据需要调整参数，如高斯模糊的 sigma 值或 Sobel 算子(CV2.Sobel)的设置，以获得不同的效果，模糊处理的结果如图 2-16(b)所示，边缘检测处理后如图 2-16(c)所示。

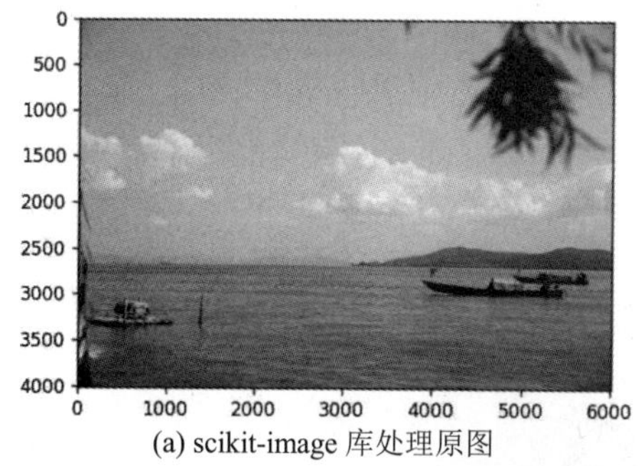

(a) scikit-image 库处理原图

(b) 利用 scikit-image 库模糊处理

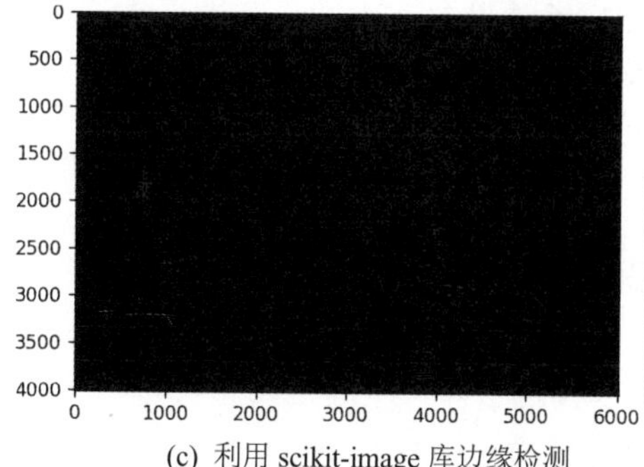

(c) 利用 scikit-image 库边缘检测

图 2-16　利用 scikit-image 库对图像进行基本处理

scikit-image 库常用函数介绍

1. 图像读取与保存

- io.imread()：读取图像文件。
- io.imsave()：保存图像文件。
- io.imread_collection()：读取多张图像为一个集合。

- io.imshow()：显示图像。

2. 图像转换

- color.rgb2gray()：将彩色图像转换为灰度图像。
- color.gray2rgb()：将灰度图像转换为 RGB 图像。
- color.rgb2hsv()：将 RGB 图像转换为 HSV 图像。
- color.hsv2rgb()：将 HSV 图像转换为 RGB 图像。

3. 几何变换

- transform.resize()：调整图像大小。
- transform.rotate()：旋转图像。
- transform.warp()：进行任意图像变换。
- transform.rescale()：按比例缩放图像。
- transform.swirl()：对图像进行漩涡变换。
- transform.hough_line()：霍夫线检测。

4. 图像过滤

- filters.gaussian()：高斯模糊滤波。
- filters.sobel()：边缘检测滤波器。
- filters.threshold_otsu()：大津阈值分割。
- filters.rank.mean()：局部均值滤波。

5. 图像分割

- segmentation.slic()：使用 SLIC 算法进行超像素分割。
- segmentation.felzenszwalb()：Felzenszwalb 图像分割。
- segmentation.active_contour()：活动轮廓模型。
- segmentation.flood()：洪水填充算法。
- segmentation.watershed()：分水岭算法。

2.5 熟悉 OpenCV 库

本节概述了计算机视觉领域核心工具 OpenCV，包含图像读取、基本操作、通道处理、色彩空间转换等。

2.5.1 什么是 OpenCV

OpenCV(Open Source Computer Vision Library)是一个开源的计算机视觉和机器学习软件库。它由 Intel 公司于 2000 年推出，旨在为计算机视觉应用提供快速、稳定的工具。OpenCV 提供了丰富的图像处理功能，如图像的读取、处理、分析和保存，还包括许多机器学习算法，可以帮助开发人员构建图像和视频分析应用程序。由于其强大的功能和广泛的应用，

OpenCV 已成为计算机视觉领域的核心工具之一，被广泛应用于各种领域，如自动驾驶、安防监控、医疗影像处理等。

2.5.2 OpenCV 的历史与发展

OpenCV 最初是由 Intel 研究院开发的，并于 2000 年首次发布。当时的目标是为研究人员和开发人员提供一个免费的、便于使用的计算机视觉工具库，促进计算机视觉技术的普及和应用。在此后的几年中，OpenCV 经历了多次版本更新和功能扩展，逐渐成为业界标准。

2006 年，OpenCV 1.0 发布，标志着 OpenCV 进入相对成熟的阶段。

2009 年，OpenCV 2.0 发布，引入了 C++接口，使开发更加便捷，同时扩展了许多新的功能和算法。

2015 年，OpenCV 3.0 发布，引入了模块化设计，并大幅提升了性能。随着深度学习的兴起，OpenCV 也增加了对深度学习框架的支持，如 TensorFlow 和 Caffe。

2018 年，OpenCV 4.0 发布，进一步优化了性能，并引入了更多的深度学习功能和硬件加速支持。

如今，OpenCV 已经发展成为一个支持多平台(如 Windows、Linux、macOS、Android 和 iOS)的大型库，拥有超过 2500 个优化的算法，并且被广泛应用于学术研究和工业领域。

2.5.3 OpenCV 的应用领域

OpenCV 的应用领域非常广泛，涵盖了多个行业和技术方向。以下是 OpenCV 主要的应用领域。

(1) 自动驾驶。OpenCV 在自动驾驶领域有广泛应用，特别是在图像识别、目标检测、车道检测、物体跟踪等方面，为自动驾驶系统提供了关键的计算机视觉支持。

(2) 安防监控。在安防监控领域，OpenCV 被用来实现人脸识别、行为分析、入侵检测等功能，大大提高了监控系统的智能化水平。

(3) 医疗影像处理。OpenCV 被广泛应用于医疗影像的处理与分析，如 CT、MRI 图像的处理，帮助医生更好地进行诊断和治疗。

(4) 增强现实(AR) 。OpenCV 支持增强现实技术，通过图像识别和处理，实现虚拟信息与现实环境的融合，广泛应用于游戏、教育、广告等领域。

(5) 工业自动化。在工业自动化中，OpenCV 被用来实现机器视觉系统，如产品质量检测、机器人导航、自动化装配等，极大地提高了生产效率和产品质量。

(6) 无人机。无人机技术的发展离不开计算机视觉的支持，OpenCV 在无人机图像处理、目标跟踪、障碍物检测等方面有着重要的应用。

通过这些应用，OpenCV 成为推动计算机视觉技术发展的重要力量，并将在未来继续为更多的创新领域提供支持。

2.5.4 OpenCV 安装

(1) 通过 pip 安装。如果使用的是 Python，最简单的方法是通过 pip 安装 OpenCV。这个方法会安装 OpenCV 的 Python 接口(cv2 模块)。

安装命令为：pip install opencv-python。

如果需要安装包含更多功能的版本(如包括图像和视频编解码器的支持)，可以使用以下命令安装完整版：pip install opencv-python-headless。

(2) 如果使用的是 pycharm 编译器，打开 pycharm，点击文件→项目→python 解析器→➕→搜索栏输入 Pillow→安装软件包，如图 2-17 所示。

(3) 安装完成后，通过输入以下代码进行验证。

```
import cv2
# 输出 OpenCV 的版本信息
print("OpenCV 版本:", cv2.__version__)
```

如果安装成功，会提示如图 2-18 所示的信息。

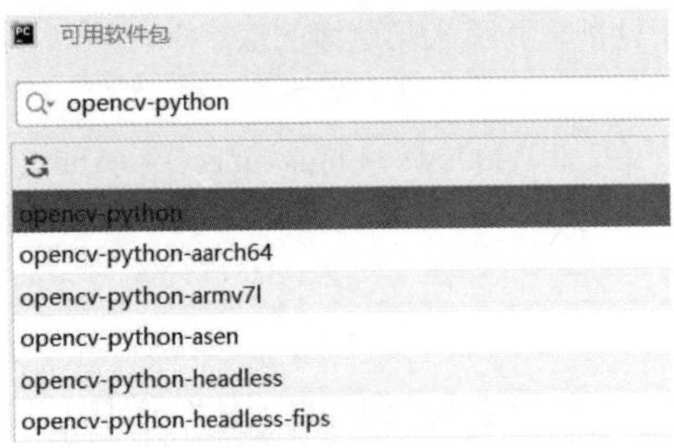

图 2-17　Python 解析器中安装 OpenCV 库

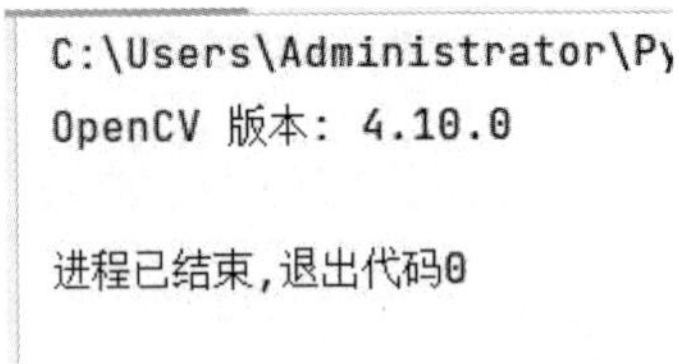

```
C:\Users\Administrator\Py
OpenCV 版本: 4.10.0

进程已结束,退出代码0
```

图 2-18　OpenCV 安装成功

2.5.5　OpenCV 基础操作

1. 图像读取与显示

图像读取与显示是使用 OpenCV 进行图像处理的第一步。通过 cv2.imread()函数可以读取图像文件，并将其存储为 NumPy 数组。通过 cv2.imshow()函数可以在窗口中显示图像。读取时可以指定图像的读取模式，如彩色、灰度或不带透明度的彩色图像。图 2-19 所示是利用 OpenCV 进行基本图像读取，后续都是对图 2-19 进行操作。

图 2-19　OpenCV 读取图像

读取图像的代码为：

```
/*****************************************
    程序名：eg 2.7
    描  述：OpenCV 图像读取与显示
*****************************************/
import cv2

# 读取图像
image = cv2.imread("E:/sztxcl/OpenCV/1.jpg")

# 显示图像
cv2.imshow("Image", image)

# 等待按键输入以关闭窗口
cv2.waitKey(0)
cv2.destroyAllWindows()
```

通过 OpenCV 可以对图片执行一系列的操作，如图 2-20 所示，利用 OpenCV 把图像缩小到原图的 25%。

图 2-20　利用 OpenCV 对图像进行裁剪、旋转、缩放

(1) 图像裁剪。

① 焦点提取。裁剪图像可以帮助提取图像中的感兴趣区域(Region of Interest，ROI)，忽略不相关的部分。比如，在图像识别中，仅关注目标对象的部分，而不处理背景区域。

② 数据优化。在处理大尺寸图像时，通过裁剪将图像缩小，可以降低计算成本，提高处理速度。在移动设备或实时处理系统中，这种方法尤为常用。

(2) 图像旋转。

① 图像对齐。旋转图像可以用于对齐图像中的对象。例如，在文档扫描和文本识别中，要确保文本的方向是水平的，这对于 OCR(光学字符识别)非常重要，如图 2-21(a)所示。

② 视角调整。在某些场景中，通过旋转图像可以模拟不同的视角，从而实现更好的视

觉效果，或准备多视角训练数据供机器学习模型使用，如图 2-21(b)所示。

原图

日期	天气	气温	备注
12月1日	晴天	21°C	出门遛狗
12月2日	阴天	23°C	购买酱油以及调料
12月3日	多云	19°C	购买蔬菜、鱼肉
12月4日	晴转多云	19°C	和朋友逛商场
12月5日	小雨转阴天	17°C	无
12月6日	晴天	20°C	提交报表
12月7日	小雨转阴天	17°C	休息

图像对齐

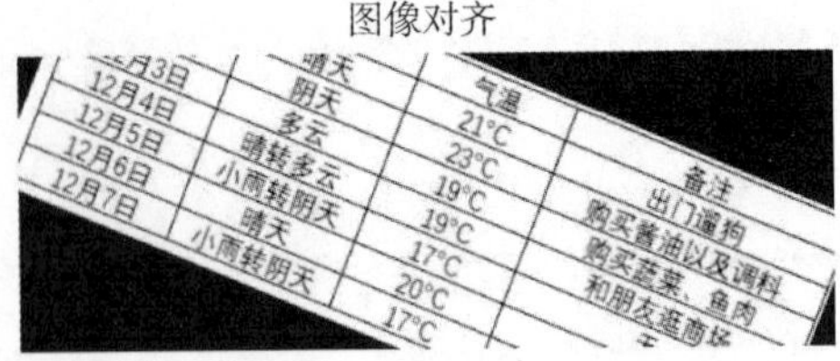

(a) 图像对齐

原图

视角调整

(b) 视角调整

图 2-21 图像旋转

(3) 图像缩放。

① 分辨率调整。图像缩放用于调整图像的分辨率，以适应不同的显示设备或应用需求。例如，在 Web 开发中，根据屏幕尺寸调整图片大小。

② 数据增强。图像缩放可以作为数据增强的一部分，用于深度学习模型的训练，增加模型对不同大小物体的鲁棒性。

2. 图像通道分离与合并

彩色图像通常由多个通道组成，如 RGB 图像包含红、绿、蓝三个通道。可以通过 cv2.split()函数将图像分离为各个通道，并通过 cv2.merge()函数将其合并为一幅完整的图像。如图 2-22 所示，左上角为一幅完整的图像，剩下三幅图像分别为 RBG 三个通道的颜色。

图 2-22

图 2-22 图像通道分离与合并

以上案例表明图像通道分离与合并在实际应用中有非常重要的意义(尤其是在图像处理和计算机视觉领域)。以下是一些实际意义和应用场景。

(1) 单通道处理。

① 颜色增强或修改。分离图像通道后，可以单独调整某个通道的强度。例如，增强红色通道以突出图像中的红色区域，然后重新合并通道生成调整后的图像。

② 滤波处理。某些图像滤波或增强操作可能仅需要在一个通道上进行。分离通道后，可以在单个通道上执行滤波，然后合并结果。

(2) 特定颜色的检测和分割。

① 颜色检测。通过分离通道，可以分析图像中某种颜色的分布。例如，在 RGB 图像中，如果你想检测蓝色物体，可以仅提取蓝色通道，然后基于该通道进行二值化处理生成掩码。

②对象分割。图像通道分离可以用于基于颜色的图像分割。通过对每个通道进行处理，可以提取出图像中具有特定颜色的对象。

(3) 彩色通道合成。

① 多光谱图像处理。在遥感或医学图像处理中，可能需要将多个光谱或成像通道合并成一幅图像，以便于分析和展示。

② 虚拟通道创建。某些应用场景中，可能需要创建一个虚拟通道来增强图像的某些特征，然后与其他通道合并以生成新的图像。

(4) 数据增强与数据扩充。

在训练深度学习模型时，通道分离与合并可被用作一种数据增强技术。例如，通过交换图像的颜色通道，可以生成新的训练数据，提高模型的泛化能力。

(5) 隐写术与水印。

在图像的某个通道中嵌入信息(如水印或秘密数据)，然后重新合并通道，以创建包含隐藏信息的图像。

(6) 灰度图像转换与处理。

将 RGB 图像转换为灰度图像通常依赖于通道分离后的加权平均操作。通过分析每个通道的权重，可以生成符合要求的灰度图像。

这些实际应用表明，图像通道的分离与合并并不仅仅是一个理论上的操作，而是为解决复杂的图像处理任务提供了灵活和强大的工具。

3. 色彩空间转换

色彩空间转换是指将图像从一种色彩空间转换为另一种色彩空间，如从 RGB 转换为灰度图像或 HSV 色彩空间。OpenCV 提供了 cv2.cvtColor()函数用于实现各种色彩空间的转换。利用 OpenCV 进行色彩空间转换的效果如图 2-23 所示。

图 2-23

图 2-23　利用 OpenCV 进行色彩空间转换效果

代码示例如下：

```
/*****************************************
    程序名：eg 2.8
    描　述：OpenCV 色彩空间转换
*****************************************/
import cv2

# 读取图像
image = cv2.imread("E:/sztxcl/OpenCV/1.jpg")

# 转换为灰度图像
gray_image = cv2.cvtColor(image, cv2.COLOR_BGR2GRAY)

# 转换为 HSV 色彩空间
hsv_image = cv2.cvtColor(image, cv2.COLOR_BGR2HSV)

# 显示结果
cv2.imshow("Gray Image", gray_image)
cv2.imshow("HSV Image", hsv_image)

cv2.waitKey(0)
cv2.destroyAllWindows()
```

通过以上案例，可以得知色彩空间转换的处理形式。

色彩空间转换还有以下意义。

(1) 灰度图像转换。

减少计算复杂度。灰度图像仅包含亮度信息，没有颜色信息，相较于彩色图像，其数据量更小，计算开销也较低。这对于计算资源有限的系统(如嵌入式设备)非常有用。

图像分析。某些图像处理任务(如边缘检测、图像二值化)只依赖于亮度信息，灰度图像能更好地突出这些特征，减少不必要的颜色干扰。

(2) HSV 色彩空间转换。

颜色分割与检测。HSV 色彩空间将颜色分为色调、饱和度和亮度三个独立的维度，便于基于颜色的分割和检测。例如，基于色调的分割可以更精确地识别特定颜色的物体，无论其亮度和饱和度如何。

颜色增强。通过 HSV 色彩空间，可以单独调整图像的亮度和饱和度，增强图像的视觉效果，而不影响其色调。

(3) 其他色彩空间。

特定应用需求。一些特定领域(如医学图像处理、卫星遥感)需要使用特定的色彩空间更好地突出图像的某些特征。例如，YUV 色彩空间在视频处理领域应用广泛，便于分离亮度和色度信息。

(4) 综合处理案例：图像预处理与对象检测。

在本案例中，我们将对位于 E:\sztxcl\OpenCV\3.jpg 的图像进行综合处理，包括图像的预处理(灰度化、降噪)、边缘检测、轮廓检测以及对象识别。该案例展示了 OpenCV 在图像预处理和对象检测中的实际应用。

① 图像读取与灰度化。首先，我们读取图像并将其转换为灰度图像，减少颜色信息的干扰，为后续处理打下基础。

代码示例如下：

```
/*****************************************
    程序名：eg 2.9
    描  述：OpenCV 图像灰度化
*****************************************/
import cv2

# 读取图像
image = cv2.imread('E:\\sztxcl\\OpenCV\\4.jpg')

# 转换为灰度图像
gray_image = cv2.cvtColor(image, cv2.COLOR_BGR2GRAY)
```

② 图像降噪。为了减少图像中的噪声，我们应用高斯模糊滤波器，使得图像更加平滑，从而提高边缘检测的效果。

```
blurred_image = cv2.GaussianBlur(gray_image, (5, 5), 0)
```

③ 边缘检测。使用 Canny 边缘检测算法提取图像中的边缘，便于后续的轮廓检测。

```
edges = cv2.Canny(blurred_image, 50, 150)
```

④ 轮廓检测与对象识别。通过边缘检测结果，我们使用 OpenCV 库的 findContours 函

数检测图像中的轮廓，并标注出识别的对象。

代码示例如下：

```
/*****************************************
    程序名：eg 2.10
    描　述：OpenCV 轮廓检测与对象识别
*****************************************/
# 检测轮廓
contours, _ = cv2.findContours(edges, cv2.RETR_EXTERNAL,
cv2.CHAIN_APPROX_SIMPLE)

# 绘制轮廓
output_image = image.copy()
cv2.drawContours(output_image, contours, -1, (0, 255, 0), 2)

# 显示结果
cv2.imshow('Detected Objects', output_image)
cv2.waitKey(0)
cv2.destroyAllWindows()
```

此案例展示了如何使用 OpenCV 库从图像读取到对象识别的完整处理流程。我们首先通过灰度化和降噪预处理图像，然后使用边缘检测提取图像中的重要特征，最后通过轮廓检测定位和标注图像中的对象。这一综合处理流程在图像分析、对象检测和计算机视觉应用方面具有广泛的实际意义。

2.6 Python 其他的有关图像处理库

本节简述了 Matplotlib、PyTorch 和 TensorFlow 等库在图像处理中的作用，涵盖数据可视化、深度学习应用及模型训练，适用于处理图像数据及构建深度学习模型。

2.6.1 Matplotlib 库

1. Matplotlib 库简介

Matplotlib 库是一个广泛使用的 Python 2D 绘图库，主要用于生成各种图表和可视化数据。它的主要作用包括以下几点。

(1) 数据可视化。Matplotlib 库能够生成多种类型的图表，如折线图、柱状图、散点图、饼图、直方图等，帮助用户将数据以直观的方式展现。

(2) 支持多种文件格式。绘制的图表可以导出多种常见的图像格式，如 PNG、JPEG、SVG、PDF 等，方便在不同平台上展示。

(3) 与科学计算库的集成。Matplotlib 与 NumPy、Pandas 等科学计算库高度集成，能够非常方便地处理和可视化大型数据集。

(4) 自定义图表。用户可以根据需要对图表进行高度自定义，如设置图例、坐标轴标签、标题、颜色、线型、标记等细节，满足不同场景下的需求。

(5) 交互式图形界面。支持交互式的图形界面，用户可以对生成的图表进行缩放、平移、保存等操作，这对于数据探索和分析非常有帮助。

(6) 嵌入其他应用。可以将生成的图形嵌入 GUI 应用程序中，如 Tkinter、PyQt、GTK、wxPython 等，方便开发可视化界面应用。

2. Matplotlib 库安装方法

方法一：在 Pycharm 编译器终端或者 Windows 命令提示符中输入“pip install matplotlib”。

方法二：打开 Pycharm，点击文件→项目→Python 解析器→+→搜索栏输入 matplotlib→安装软件包。

3. Matplotlib 库的具体应用

下面利用一个例子，展示利用 Matplotlib 库生成包含折线图、柱状图和饼图的综合图表，并进行自定义样式设置和子图布局管理。

① 代码示例如下：

```
/*****************************************
    程序名：eg 2.11
    描　述：利用 Matplotlib 库生成图表
*****************************************/
import matplotlib.pyplot as plt

# 创建数据
x = [1, 2, 3, 4, 5]
y1 = [10, 14, 20, 25, 30]   # 折线图数据
y2 = [5, 9, 13, 17, 21]   # 柱状图数据
labels = ['A', 'B', 'C', 'D', 'E']   # 饼图标签
sizes = [15, 25, 35, 10, 15]    # 饼图数据

# 创建一个 2x2 布局的图表
fig, axs = plt.subplots(2, 2, figsize=(10, 8))

# 子图 1：折线图
axs[0, 0].plot(x, y1, color='blue', marker='o', linestyle='-', linewidth=2)
axs[0, 0].set_title('Line Chart')
axs[0, 0].set_xlabel('X-axis')
```

```
axs[0, 0].set_ylabel('Y1-axis')

# 子图 2：柱状图
axs[0, 1].bar(x, y2, color='orange')
axs[0, 1].set_title('Bar Chart')
axs[0, 1].set_xlabel('X-axis')
axs[0, 1].set_ylabel('Y2-axis')

# 子图 3：饼图
axs[1, 0].pie(sizes, labels=labels, autopct='%1.1f%%', startangle=140)
axs[1, 0].set_title('Pie Chart')

# 子图 4：混合图表(折线图和柱状图)
axs[1, 1].plot(x, y1, color='blue', marker='o', label='Line Data')
axs[1, 1].bar(x, y2, color='green', alpha=0.5, label='Bar Data')
axs[1, 1].set_title('Combined Line and Bar Chart')
axs[1, 1].set_xlabel('X-axis')
axs[1, 1].set_ylabel('Y-axis')
axs[1, 1].legend()

# 调整子图间的距离
plt.tight_layout()

# 显示图表
plt.show()
```

② 代码解释。

执行完以上代码，可以利用 Matplotlib 库绘制相对应的图片，如图 2-24 所示。

折线图。图 2-24(a)展示了一条简单的折线图，设置了蓝色线条、圆形标记点，并调整了线条宽度。

柱状图。图 2-24(b)展示了柱状图，颜色为橙色。

饼图。图 2-24(c)展示了饼图，标签显示了不同分类，并在饼图中标注了各个部分的百分比。

混合图表。图 2-24(d)展示了折线图和柱状图的组合，在同一张图中展示两种数据类型，使用不同的颜色和透明度区分数据。

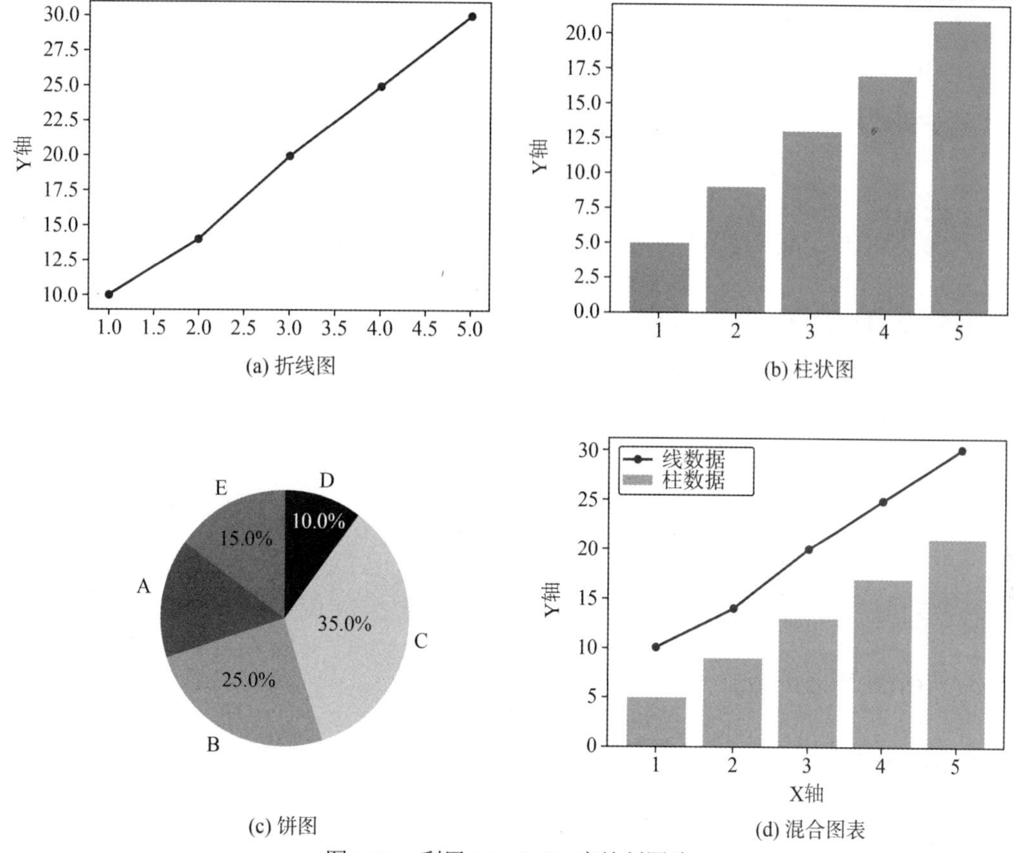

图 2-24 利用 Matplotlib 库绘制图片

通过以上代码，将在一个窗口中展示 4 个不同类型的子图。该案例展示了 Matplotlib 库的灵活性，以及它如何结合不同的图表类型进行数据的可视化表达。

2.6.2 PyTorch 库

PyTorch 库是一个开源的深度学习框架，由 Facebook AI Research 开发，广泛用于研究和生产环境中。它以灵活的动态计算图(dynamic computational graph)为特色，支持高效的张量计算、自动微分以及强大的 GPU 加速，使其成为深度学习和神经网络模型开发的首选工具之一。PyTorch 库非常适合研究和开发新的神经网络模型，且在可扩展性和调试便利性方面表现出色。

1. PyTorch 库的主要功能

(1) 张量运算。PyTorch 库的核心是 Tensor，类似于 NumPy 库的 ndarray，但支持 GPU 加速。用户可以使用 PyTorch 库轻松进行矩阵运算和线性代数计算。

(2) 自动微分。PyTorch 库内置的自动求导引擎(Autograd)能够通过记录操作构建动态计算图，然后通过反向传播自动计算梯度。它为模型优化提供了基础。

(3) 神经网络模块。PyTorch 库提供了一个模块化的神经网络库 torch.nn，可以帮助用户轻松构建和训练神经网络模型。常用的层、激活函数、损失函数、优化器等都可以直接使用。

(4) GPU 加速。PyTorch 库支持通过 CUDA 进行 GPU 加速，用户可以很容易地在 CPU 和 GPU 之间切换计算资源，并利用 GPU 进行高效的并行计算。

(5) 动态计算图。与 TensorFlow 等库的静态计算图不同，PyTorch 库采用了动态计算图的方式，允许用户在运行时修改计算图，这使得调试更加灵活。

(6) 强大的生态系统。PyTorch 库拥有丰富的生态系统，支持包括计算机视觉、自然语言处理、强化学习等领域。常见库如 torchvision(计算机视觉)、torchtext(文本处理)、torchaudio(音频处理)、Detectron2(对象检测)等都可以无缝集成。

(7) 社区支持与应用。PyTorch 库得到了广泛的社区支持，被顶级研究机构和公司用于开发创新的 AI 应用。它常被用来开发前沿的深度学习模型，特别是在计算机视觉、自然语言处理、生成对抗网络(GANs)、强化学习等领域。

2. PyTorch 的安装方法

利用 Window 终端或者 Pycharm 终端输入：

```
pip install torch torchvision torchaudio
```

2.6.3 TensorFlow 库

1. TensorFlow 库简介

TensorFlow 库是一个开源的机器学习框架，由谷歌开发，旨在高效地构建和训练深度学习模型。其核心数据结构是张量(多维数组)，通过计算图来表示复杂的计算过程。计算图中的节点表示操作，边表示数据流动，使得并行计算和资源优化变得可行。

在工作流程中，用户首先定义模型结构和损失函数，然后通过优化算法(如梯度下降)进行训练，不断更新模型参数。TensorFlow 库利用自动微分技术简化了梯度计算的过程，支持多种优化算法来提高模型的性能和准确性。

TensorFlow 库拥有丰富的生态系统，包括 Keras(高层 API)、TensorBoard(可视化工具)和 TensorFlow Lite(轻量级部署工具)，广泛应用于计算机视觉、自然语言处理和强化学习等领域。其灵活性和可扩展性使其成为研究和生产环境中热门的选择。

2. TensorFlow 库在数字图像处理中的应用

(1) 图像分类。TensorFlow 库可以用于训练深度学习模型进行图像分类任务，如识别猫、狗或其他对象。通过卷积神经网络(Convolutional Neural Networks，CNN)，模型能够自动提取图像中的特征，从而提高分类准确性。

(2) 目标检测。目标检测技术能够识别图像中的多个对象并定位其位置。使用 TensorFlow 库，开发者可以实现如 YOLO(You Only Look Once)或 Faster R-CNN 等模型，应用于监控、自动驾驶等领域。

(3) 图像分割。图像分割是将图像分成多个区域的过程，常用于医学影像分析和自动驾驶。TensorFlow 库支持 U-Net 和 Mask R-CNN 等模型，能够精确分割出感兴趣的区域或对象。

(4) 图像生成。TensorFlow 库还可用于生成新的图像，如使用生成对抗网络。这类技术可以应用于艺术创作、虚拟现实等领域，生成逼真的图像或艺术风格的转换。

(5) 图像增强。通过应用各种图像处理技术(如旋转、缩放、颜色调整等)，TensorFlow 库可以用于数据增强，以提高模型在训练过程中的鲁棒性。

3. 安装方法

在 Pycharm 编译器终端或者 Windows 命令提示符中输入“pip install tensorflow”，安装完成后输入以下代码验证：

```
import tensorflow as tf
print(tf.__version__)
```

【扩展阅读】
Python 在数字图像处理领域的应用潜力

2.7 思考练习

一、选择题

1. Pillow 库的前身是以下哪个库？(　　)

A. OpenCV　　B. Scikit-Image

C. NumPy　　D. PIL

2. NumPy 库的核心数据结构是什么？(　　)

A. DataFrame　　B. ArrayList

C. ndarray　　D. Tensor

3. 在 scikit-image 库中，以下哪项不属于形态学操作？(　　)

A. 膨胀　　B. 腐蚀

C. 开闭操作　　D. 旋转

4. OpenCV 的初始版本由哪家公司开发？(　　)

A. Google　　B. Intel

C. Microsoft　　D. IBM

5. 以下哪种方法可以在 OpenCV 库中将彩色图像转换为灰度图像？(　　)

A. cv2.cvtColor(img,cv2.COLOR_BGR2GRAY)

B. cv2.convertToGray(img)

C. cv2.toGray(img)

D. cv2.grayConvert(img)

二、填空题

1. Pillow 库是 Python 中用于处理图像的库，它的主要功能包括图像的加载、保存、转换、________、滤镜应用等操作。

2. NumPy 库的核心数据结构是________，即________，它支持高效的多维数组操作。

3. scikit-image 库可以进行图像分割操作，常用的方法有基于阈值的分割、________、聚类方法、________等。

4. OpenCV 库支持的主要色彩空间转换操作包括RGB到灰度图像的转换和RGB 到________色彩空间的转换。

5. 在 NumPy 库中，数组操作可以通过________函数进行切片、索引、连接等操作。

三、判断题

1. Pillow 库只能处理 JPEG 格式的图像文件。 ( )

2. NumPy 库可以进行快速傅里叶变换，用于信号处理等应用。 ( )

3. scikit-image 库是基于 TensorFlow 库构建的，用于图像处理。 ( )

4. OpenCV 库的 cv2.imread()函数用于读取图像文件，并将其存储为 NumPy 数组。 ( )

5. Pillow 库不支持透明度处理和图像合成。 ( )

四、简答题

1. 简述 Pillow 库在图像处理中常用的几种操作，并举例说明其应用。

2. NumPy 库在数字图像处理中的作用是什么？请举例说明。

3. 简述 OpenCV 库的应用领域，并列举至少两个实际应用。

五、综合运用题

1. 使用 Pillow 库编写代码，读取一张图像，将其旋转 90°并保存为新的文件格式，然后对该图像应用高斯模糊滤镜，并保存处理后的图像。

2. 利用 OpenCV 库编写代码，读取一张图像，将其转换为灰度图像，进行边缘检测，并将检测结果显示出来。

第3章

图像基本运算

在数字图像处理领域中，图像的基本运算如同构建高楼大厦的基石，不仅直接作用于图像的像素层面，还深刻影响着图像信息的表达、传递与处理效果，为后续复杂且强大的图像处理与分析技术提供了坚实的基础。因此，掌握图像基本运算对于每一名从事图像处理、计算机视觉及相关领域的研究者和工程师而言，都是不可或缺的关键技能。

本章将深入探讨三种主要的图像基本运算：点运算、算术运算和几何运算。通过理论讲解与使用 Python+OpenCV 实践操作相结合的方式，帮助读者全面理解这些运算的原理、方法和应用。

本章学习目标

◎ 理解图像基本运算的重要性和应用场景。

◎ 掌握 Python 和 OpenCV 库在图像基本运算中的应用。

◎ 学习如何进行图像的点运算，包括线性和非线性变换。

◎ 掌握图像间的算术运算，实现图像的合成和效果叠加。

◎ 学习图像的几何变换技术，实现图像的空间变换。

◎ 通过实际案例的学习，加深对图像基本运算的理解和应用。

素质要点

◎ 培养严谨的科学态度。通过实践操作和案例分析，培养学生严谨的科学态度，使学生在处理图像时，注重细节，确保运算的准确性和有效性，同时对每种运算的原理、应用场景和效果有深入的理解，能根据实际需求选择合适的运算方法和参数，以达到最佳的图像处理效果。这种严谨的科学态度将使学生在未来的学术研究和工程实践中受益匪浅。

◎ 培养创新思维与问题解决能力。在掌握图像基本运算的基础上，鼓励学生进行拓展和创新，尝试将不同的运算方法组合使用，探索新的图像处理效果和技术。同时，培养学生发现问题能力和解决问题的能力，使其能够针对具体的图像处理任务，快速识别问题所在，并提出有效的解决方案。并使学生具备更强的适应性和创造力，为未来的图像处理领域注入新的活力。

3.1 点运算

点运算，是一种基本的图像处理技术，通常只涉及一幅图像，对图像中的每一个像素点进行单独的运算，而不考虑像素点之间的空间位置关系，且运算结果仅取决于输入图像中对应像素点的灰度值。点运算的实质是灰度到灰度的映射过程，其目的一般是改变图像的灰度分布，从而调整图像的亮度、对比度等，以达到改善图像的视觉效果。因此，“灰度变换”“对比度增强”“对比度拉伸”都是常见的点运算实例。

输入图像和输出图像在任一点(x,y)的灰度值之间的关系可以表示为

$$\mathrm{g}(x,y)=T\left(\mathrm{f}(x,y)\right) \tag{3.1}$$

其中，T 可以称为点运算算子或灰度变换函数，表示原始图像和输出图像之间的某种灰度级映射关系，根据运算关系的不同，点运算可以分为线性点运算和非线性点运算。

3.1.1 线性点运算

线性点运算是指输出图像 g 的灰度级与输入图像 f 的灰度级呈线性关系。

像素点灰度值从输入到输出的变化可以用灰度变换函数 T 表示为线性方程，即

$$\mathrm{g}(x,y)=\mathrm{a}\cdot\mathrm{f}(x,y)+\mathrm{b} \tag{3.2}$$

其中，$\mathrm{f}(x,y)$为输入点的灰度值，$\mathrm{g}(x,y)$ 为相应输出点的灰度值，a 和 b 是常数，a 用于调节对比度，当 $a>1$ 时，增加图像对比度；当 $0<a<1$ 时，减小图像对比度；b 用于调节图像亮度偏移。

1. 利用 OpenCV 库函数进行线性点运算

利用 OpenCV 库函数进行线性点运算的代码如下：

```
/**************************************************************
    程序名：eg 3.1
    描  述：Python 结合 OpenCV 对灰度图进行线性点运算
**************************************************************/
import cv2
# 定义线性点运算函数
def linear_point_operation_on_grayscale(image_path, a, b):
```

```
    # 读取图片，并转换为灰度图
    img = cv2.imread(image_path, cv2.IMREAD_GRAYSCALE)

    # 检查图片是否成功加载
    if img is None:
        print("Error: 图片未找到或无法读取")
        return

    # 应用线性点运算
    # 对于灰度图用 OpenCV 的 convertScaleAbs 进行线性点运算
    result = cv2.convertScaleAbs(img, alpha=a, beta=b)
    # 保存效果图
    cv2.imwrite('g1.jpg', img)
    cv2.imwrite('r1.jpg', result)

    # 显示原图和效果图
    cv2.imshow('Original Grayscale Image', img)
    cv2.imshow('Linear Point Operation Result on Grayscale', result)

    # 等待按键后关闭窗口
    cv2.waitKey(0)
    cv2.destroyAllWindows()

    # 执行线性点运算
    # 示例：对指定图片(转换为灰度图)应用线性点运算，a=1.5, b=50
    if __name__ == '__main__':
    image_path = '3.1.jpg'  # 指定图片
    a = 1.5
    b = 50
    linear_point_operation_on_grayscale(image_path, a, b)
```

程序 eg3.1 使用了 OpenCV 库的 convertScaleAbs 函数执行线性点运算，此函数的功能为对图像或图像的一部分进行灰度值缩放和亮度偏移，图 3-1 为执行效果图。

函数原型

cv2.convertScaleAbs(src[, dst[, alpha[, beta]]]) ->dst

- src：输入图像，Numpy 数组。
- alpha：缩放因子，乘以 src 数组中的每个元素，默认为 1.0。
- beta：亮度调节因子，加到 src 数组中的每个元素后的值，默认值为 0.0。
- dst：输出图像，Numpy 数组。

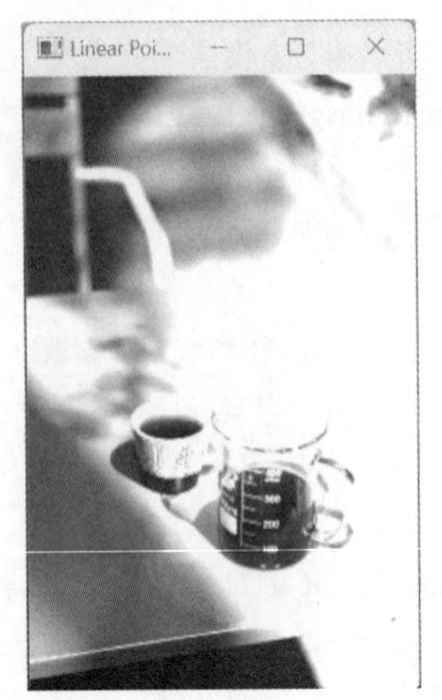

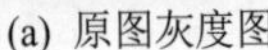

(a) 原图灰度图　　(b) a=1.5,b=50 线性拉伸后效果图

图 3-1　使用 OpenCV 库执行线性点运算效果图

该函数的计算公式为

$$\mathrm{dst}(I) = \mathrm{saturate\_cast} < \mathrm{rtype} > (\mathrm{alpha} \times \mathrm{src}(I) + \mathrm{beta}) \tag{3.3}$$

其中，src(I)是源图像在位置 I 的像素值，rtype 是目标数据类型(对于无符号 8 位整数，通常是 uchar)，而 saturate_cast 是一个模板函数，用于将值转换为目标类型，同时确保它不会超出该类型的有效范围。如果计算出的值超出了 uchar 的范围(小于 0 或大于 255)，则 saturate_cast 会将其截断到该范围的最接近值，处理方法为饱和运算的结果，以确保值在 0 到 255 范围内(结果始终是一个有效的无符号 8 位整数)，因此该函数可以自动处理可能出现的负值和溢出情况。

2. 直接使用 Python 的 NumPy 数组完成线性点运算

若没有安装 OpenCV 库，Python 同样可以对图像进行上述线性点运算操作。程序 eg 3.2 是使用 NumPy 数组来实现这一功能的代码，图 3-2 为执行效果图。

```
/*****************************************************************
    程序名：eg 3.2
    描　述：Python 对灰度图进行线性点运算
*****************************************************************/
# 导入必要的库 numpy 和 matplotlib.pyplot
import numpy as np
import matplotlib.pyplot as plt

# 定义运算函数
def linear_point_operation_on_grayscale(image_path, a, b):

    # 可以使用 PIL 或 matplotlib 读取图片并转换为灰度图
```

```
    # 这里使用 matplotlib.image.imread，可以直接返回 NumPy 数组
    img = plt.imread(image_path)
    if len(img.shape) == 3:  # 如果是 RGB 图像，转换为灰度图
        img = np.mean(img, axis=2).astype(np.uint8)

    # 检查图片是否成功加载
    if img is None or img.size == 0:
        print("Error: 图片未找到或无法读取")
        return

    # 应用线性点运算
    # 注意：需要确保结果不会超出 uint8 的范围(0~255)
    result = np.clip(a * img + b, 0, 255).astype(np.uint8)
    # 保存效果图
    Image.fromarray(img).save('g2.jpg')
    Image.fromarray(result).save('r2.jpg')

    # 使用 matplotlib 显示原图和效果图
    plt.figure(figsize=(10, 5))

    plt.subplot(1, 2, 1)
    plt.imshow(img, cmap='gray')
    plt.title('Original Grayscale Image')
    plt.axis('off')

    plt.subplot(1, 2, 2)
    plt.imshow(result, cmap='gray')
    plt.title('Linear Point Operation Result on Grayscale')
    plt.axis('off')

    plt.show()

    # 执行线性点运算
    # 示例：对指定图片(转换为灰度图)应用线性点运算，a=1.5, b=50
    if __name__ == '__main__':
    image_path = 'path_to_your_image.jpg'    # 指定图片路径
    a = 1.5
    b = 50
    linear_point_operation_on_grayscale(image_path, a, b)
```

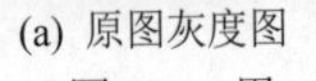

(a) 原图灰度图　　(b) a=1.5,b=50 线性拉伸后效果图

图 3-2　用 Numpy 数组完成线性点运算效果图

注意几个关键点：

① 使用 Matplotlib.pyplot 读取和显示图像，因为它直接返回 NumPy 数组，方便后续处理。

② 如果图像是 RGB 的，第 12 行使用 np.mean(img, axis=2)将其转换为灰度图。用 NumPy 库中的 mean 函数来计算数组(img 图像)在某个轴(axis)上的平均值，此处表示沿着颜色通道这一维度计算平均值，即将 RGB 图像每个像素的三个颜色通道的值平均，生成一个新的二维数组代表其灰度图对应的数组。

说明

一幅图像以 NumPy 数组表示时，通常被表示为一个三维数组，其中：

- 第一个维度(axis=0)通常代表图像的高度，即图像中有多少行像素。
- 第二个维度(axis=1)代表图像的宽度，即图像中有多少列像素。
- 第三个维度(axis=2)代表颜色通道的数量。对于灰度图像，这个维度大小为 1(只有 1 个颜色通道，即灰度值)；对于彩色图像，如 RGB 图像，这个维度大小为 3(每个像素由红、绿、蓝 3 个颜色通道的值组成)。

③ 使用 np.clip 确保结果值在 0 到 255 范围内，并转换为 np.uint8 类型以匹配图像的原始数据类型。np.clip 是 NumPy 库中的一个函数，用于将数组中的元素限制在一个指定的范围内。若数组中的元素小于指定的最小值，则这些元素会被设置为最小值；若元素大于指定的最大值，则这些元素会被设置为最大值；若元素在指定值范围内，则这些元素的值保持不变。

④ 使用 Matplotlib.pyplot 的 imshow 函数来显示图像。通过以上两段代码的对比，可以看出不用 OpenCV 库函数时，Python 同样可以完成对图像的基本操作，但一些操作过程要直接用代码显示表达，因此较直接使用 OpenCV 库的代码量稍大。

3.1.2 非线性点运算

非线性点运算包括对数变换、幂次变换和分段线性变换等。这些变换可以扩展图像的动态范围，以增强图像的对比度。

1. 对数变换

对数变换的一般表达式为

$$dst = c \cdot \log(1 + src) \tag{3.4}$$

其中，c 是一个常数，用来控制图像对比度。对数变换能够扩展低灰度值区域，压缩高灰度值区域，使图像整体变亮，同时增强暗部细节，如图 3-3 所示。

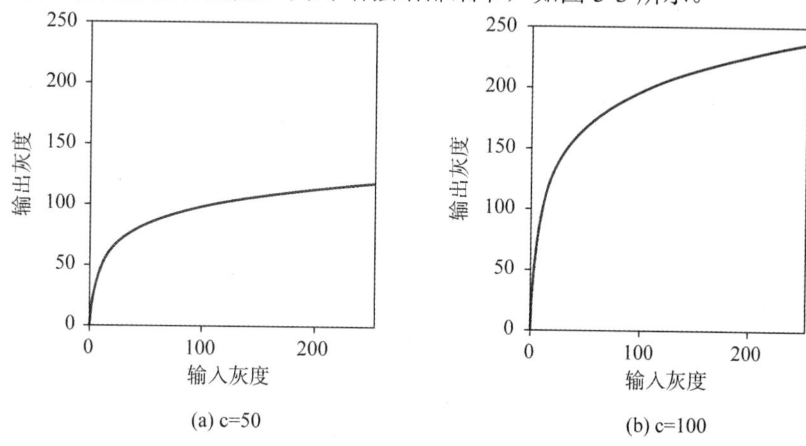

(a) c=50　　(b) c=100

图 3-3　底数为 10 的对数变换曲线

从图 3-3 中可以直观地看出，随着 c 增大，图像的整体亮度会提升，但要注意灰度值显范围。

在编程时，还要注意图像灰度特点，避免对 0 取对数或超出灰度显示范围等问题。

示例代码如下：

```
/*************************************************************
    程序名：eg 3.3
    描　述：Python+OpenCV 对灰度图进行对数变换
*************************************************************/
import cv2
import numpy as np

if __name__ == '__main__':
    # 读取图像为灰度图
    image = cv2.imread('your_image_path.jpg', cv2.IMREAD_GRAYSCALE)

    # 检查图像是否成功加载
    if image is None:
```

```
        print("Error: 图像加载失败！")
        exit()

    # 将图像数据类型转换为 float32，以便进行对数运算
    image_float = np.float32(image)

    # 计算选择合适的缩放因子
    # 注意：为了避免对 0 取对数，给图像像素值加上一个很小的数(如 1.0)
    c = 255 / np.log(1 + np.max(image))

    # 对数变换
    log_transformed = c * np.log(1 + image_float)

    # 截断并转换回 uint8 (将对数结果缩放到 0~255 的范围，以便显示)
    log_transformed = np.clip(log_transformed, 0, 255).astype(np.uint8)

    # 显示原始图像和对数变换后的图像
    cv2.imshow('Original Image', image)
    cv2.imshow('Log Transformed Image', log_transformed)

    # 等待按键后关闭窗口
    cv2.waitKey(0)
    cv2.destroyAllWindows()
```

使用 Python+OpenCV 对灰度图进行对数变换执行结果如图 3-4 所示。

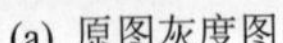

(a) 原图灰度图

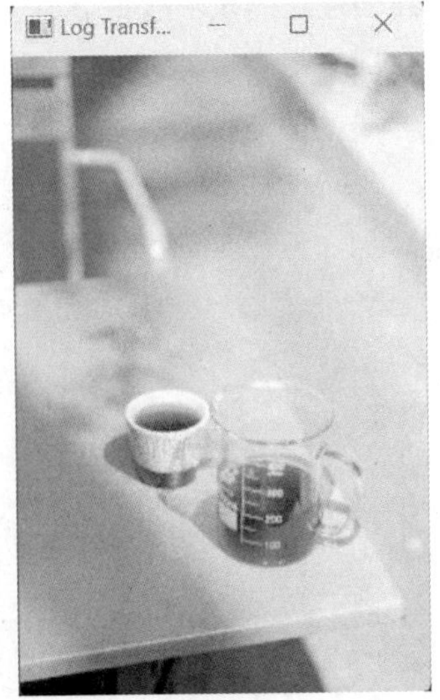

(b) 对数变换结果

图 3-4 对数变换效果图

注意：

① OpenCV 库未提供直接用于图像对数变换的函数，因此以 np.log()进行处理，此函数使用自然对数(底数为 e，约等于 2.71828)，如果想用以 10 为底的对数，则可以使用 np.log10()函数。

② 缩放因子 c 的计算方式也会影响变换后图像的亮度和对比度。上面的代码中是基于图像中的最大像素值来计算 c 的，这可以确保变换后的图像不会超出 0~255 的范围。但是，这种方法可能会改变图像的亮度分布，在实际应用中，要根据具体需求选择合适的缩放值。

2. 幂次变换

幂次变换也称伽马变换，它是通过调整指数参数改变图像的对比度。

幂次变换的一般形式为

$$dst = c \cdot src^{\gamma}, \gamma > 0 \tag{3.5}$$

其中，c 和 γ 为正常数。通过调整 γ 的值，可以控制图像的整体明暗程度和对比度。当 $0 < \gamma < 1$ 时，可以达到提升低灰度级动态范围、压缩高灰度级动态范围、减弱对比度的效果；当 $\gamma > 1$ 时，则可以提升高灰度级动态范围、压缩低灰度级动态范围，增强图像对比度。(图 3-5)

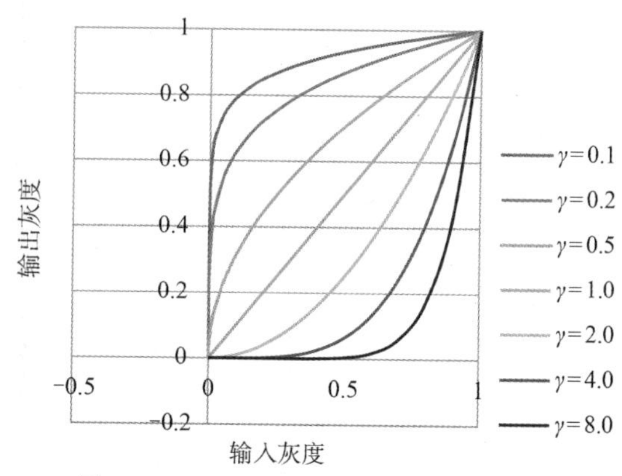

图 3-5　c=1 时的伽马/幂次变换函数曲线

在伽马变换中，尤其是在处理 8 位灰度图像(灰度值范围为 0~255)时，如果 γ 值过小，或者原始图像中存在大量接近 0 的灰度值，那么在变换后这些值可能会非常小，甚至在某些情况下接近于 0。而如果 $\gamma > 1$，经变换的灰度值可能很快超过 255。为了处理这个问题，在实际应用中，通常会结合归一化和截断处理的方法。首先，对原始灰度值进行归一化，然后进行 γ 次幂运算，最后将结果重新映射回[0, 255]范围，并在必要时进行截断。这种方法可以保留更多的图像细节，同时避免灰度值超出可表示范围。

编程实现时，有几种不同的方法。

① 最直接的方法是遍历图像的每个像素，对每个像素值应用伽马变换的公式，再转换回适合范围内的数值，这种方法简单易懂，但处理速度较慢，尤其不适用于大型图像。

用 Python 语言实现逐像素伽马变换的函数可以这样写：

```
/**************************************************************
    程序名：eg 3.4
    描  述：对图像逐像素进行伽马变换
**************************************************************/
import numpy as np
import cv2

def gamma_correction(image, gamma=1.0, c=1.0):
    # 构建一个空的输出图像
    output = np.zeros_like(image)
    # 逐像素应用 Gamma 变换
    for i in range(image.shape[0]):
        for j in range(image.shape[1]):
            output[i, j] = c * 255 * (image[i, j] / 255.0) ** gamma
    return output.astype(np.uint8)

if __name__ == '__main__':
    # 读取图像
    image = cv2.imread('g1.jpg')
    # 应用 Gamma 变换
    gamma_transformed1 = gamma_correction(image, 2.0)
    gamma_transformed2 = gamma_correction(image, 0.5)

    # 显示图像
    cv2.imshow('Original Image', image)
    cv2.imshow('Gamma 2.0 Image', gamma_transformed1)
    cv2.imshow('Gamma 0.5 Image', gamma_transformed2)
    cv2.waitKey(0)
    cv2.destroyAllWindows()
```

说明

在 Python 中，** 运算符用于计算一个数的幂。例如：2 ** 3 = 2^3 = 8。

图 3-6 所示为伽马变换结果，从 gamma 分别为 0.5 和 2.0 的变换结果与原图对比可以更直观地比较和分析 gamma<1 和 gamma>1 时变换效果的区别。

② NumPy 库提供了强大的数组操作功能，可以利用广播(broadcasting)机制对整幅图像数组应用伽马变换，而无须显式地遍历每个像素，这种方法比逐像素计算更高效。

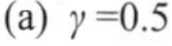

(a) γ=0.5

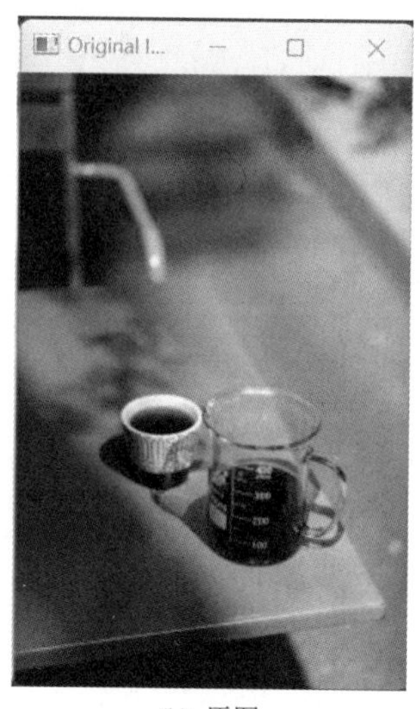

(b) 原图

(c) γ=2.0

图 3-6　伽马变换效果图

只需修改 gamma_correction 函数的实现方法即可：

```
/**************************************************************
程序名：eg 3.5
描　述：定义对整个图像数组直接进行伽马变换的函数
**************************************************************/
def gamma_correction(image, gamma=1.0, c=1.0):
    # 将图像数据类型转换为 float，以便进行计算
    image_float = image.astype(float)
    # 应用 Gamma 变换
    output = c * 255 * (image_float / 255.0) ** gamma
    return output.astype(np.uint8)
```

③ 最流行和高效的方法是使用查找表法，即为各灰度级计算一个映射表(也称为查找表，LUT)，这个映射表用于将原始图像的像素值转换为经过伽马校正后的新像素值。

映射表的创建步骤是：首先将像素值除以 255.0(将其标准化到 0 到 1 的范围内)，然后应用 gamma 作为幂，最后将结果乘以 255 并转换回无符号 8 位整数(uint8)。

这样，就得到了一个包含 256 个元素的映射表，其中每个元素都对应一个原始像素值经过伽马校正后的新像素值。在后续的代码中，这个映射表被用于快速地将原始图像的每个像素值转换为校正后的值，而无须对每个像素都执行复杂的幂运算。

示例代码如下：

```
/**************************************************************
程序名：eg 3.6
描　述：定义创建灰度对应的查找表进行伽马变换的函数
```

```
*************************************************************/
1.  def gamma_correction(image, gamma=1.0, c=1.0):
2.      look_up_table = np.empty((1, 256), np.uint8)
3.      for i in range(256):
4.          look_up_table[0, i] = np.clip(c*pow(i / 255.0, gamma) * 255.0, 0, 255)
5.
6.      """ 第 3-4 行的循环可以用下面的列表推导式的方法替换
7.      look_up_table= np.array([(c*(i / 255.0) ** gamma) * 255
8.                      for i in np.arange(0, 256)]).astype("uint8")
9.      """
10.
11.     return cv2.LUT(image, look_up_table)
```

在上述代码中，函数首先根据伽马值构建一个查找表(LUT)，然后利用 OpenCV 库的 cv2.LUT 查找变换图像的每个像素值。

伽马变换可以增强图像的细节，特别是暗部或亮部区域的细节。在摄影、电影制作、广告设计等需要高质量图像处理的领域，伽马变换是常用的技术手段之一。对于在低光照条件下拍摄的图像，如夜景、室内弱光等场景，通过伽马变换可以显著改善其亮度和对比度。

3. 分段线性变换

分段线性变换也称为分段线性点运算或分段线性映射，是一种常用的图像增强技术，它允许用户将输入图像的灰度值范围划分为多个区间，并对每个区间应用不同的线性变换函数。

采用此方法，通过定义不同的线性变换斜率，能够更精细地控制图像的对比度和亮度，特别是可以增强或抑制图像中不同灰度区间的对比度，从而改善图像的视觉效果。

常用公式形式

分段线性点运算通常定义为一个或多个线性区间的组合，每个区间有自己的斜率和截距。一个简单的例子是定义一个三段的线性变换：

- 当 $0 \leqslant x < a$ 时，$y=k_1x+b_1$。
- 当 $a \leqslant x < b$ 时，$y=k_2x+b_2$。
- 当 $b \leqslant x \leqslant 255$ 时，$y=k_3x+b_3$。

其中，x 是输入图像的灰度值，y 是输出图像的灰度值，a 和 b 是用户定义的灰度级分段阈值，$y= k_i x+b_i$ 是各段设置的线性变换函数，斜率 k_i 和截距 b_i 在各段可以相同或不同。

示例代码如下：

```
/*************************************************************
    程序名：eg 3.7
    描  述：逐像素分段线性变换
```

```
*************************************************************/
import cv2
import numpy as np

def piecewise_linear_transform(img, a, b, k1, b1, k2, b2, k3=1.0, b3=0.0):
    # 确保输入图像是灰度图
    if len(img.shape) == 3:
        img = cv2.cvtColor(img, cv2.COLOR_BGR2GRAY)

    # 创建一个空的输出图像，各点灰度值为 0
    output = np.zeros_like(img, dtype=np.uint8)

    # 应用分段线性变换
    for i in range(img.shape[0]):
        for j in range(img.shape[1]):
            x = img[i, j]
            if x < a:
                y = int(k1 * x + b1)
            elif a <= x < b:
                y = int(k2 * x + b2)
            else:
                y = int(k3 * x + b3)
            # 截断处理，确保 y 值在 0~255 的有效范围内
            y = np.clip(y, 0, 255)
            output[i, j] = y

    return output

if __name__ == '__main__':
    # 读取图像
    img = cv2.imread('path_to_your_image.jpg')

    # 定义分段线性变换的参数
    a, b = 100, 150  # 阈值
    k1, b1 = 1.0, 0  # 第一段斜率和截距
    k2, b2 = 2.0, -100  # 第二段斜率和截距

    # 应用变换
    transformed_img = piecewise_linear_transform(img, a, b, k1, b1, k2, b2)

```

```
    # 显示结果
    cv2.imshow('Original Image', img)
    cv2.imshow('Transformed Image', transformed_img)
    cv2.waitKey(0)
    cv2.destroyAllWindows()
```

图像逐像素分段线性变换执行结果如图 3-7 所示。

(a) 原图灰度图

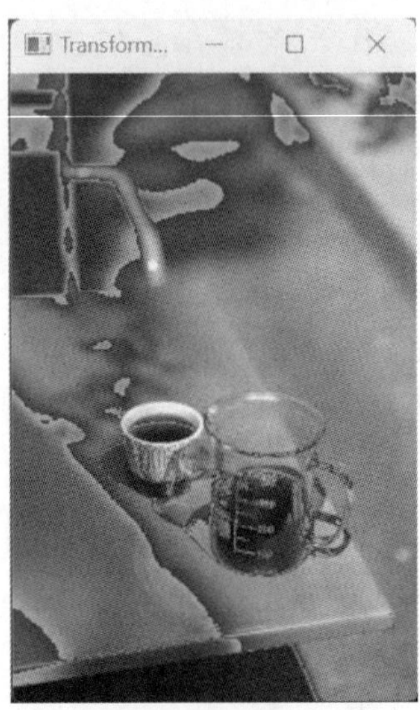

(b) 分段变换结果

图 3-7　分段线性变换效果图

用广播机制改写函数如下：

```
/***********************************************************
   程序名：eg 3.8
   描　述：对图像数组整体进行分段线性变换
***********************************************************/
def piecewise_linear_transform(image, bps, slopes, intercepts):
    """
    :param image:    输入图像
    :param bps:    分段的断点数组，断点按升序排列，是 breakpoints 的缩写
    :param slopes:    每一段的斜率数组
    :param intercepts:    每一段的截距数组
    :return:    变换后的图像
    """
    # 确保断点、斜率和截距的数量相同
    assert len(bps) == len(slopes) == len(intercepts) + 1

```

```
12.     # 创建查找表
13.     lut = np.zeros((1, 256), dtype=np.uint8)
14.     for i in range(len(slopes)):
15.         # 应用当前段的线性变换
16.         segment = np.arange(bps[i], bps[i + 1] + 1)
17.         lut[0, segment] = np.clip(slopes[i] * (segment - bps[i]) + intercepts[i], 0, 255)
18.
19.     # 应用查找表到图像上
20.     transformed_image = cv2.LUT(image, lut)
21.     return transformed_image
```

说明

- 第 16 行的作用是使用 np.arange 函数生成一个从 bps[i]到 bps[i + 1](包括 bps[i + 1])的整数序列 segment，这些整数代表当前分段的灰度值范围。
- 第 17 行中 slopes[i] * (segment - bps[i]) + intercepts[i] 计算了线性变换的公式，其中 segment 是当前灰度值，bps[i] 是当前分段的起始灰度值。lut[0, segment] 将计算出的变换值赋值给查找表 lut 的对应位置。lut[0, segment]表示查找表的第一行(此场景中仅有一行)中属于 segment 索引范围内的元素。

4. 图像求反

定义：图像求反是一种特殊的点运算，它将图像中每个像素的灰度值进行反转，即原图中灰度值为 r 的像素在输出图像中的灰度值变为 255-r(假设图像为 8 位灰度图)。

作用：图像求反可以产生图像的负片效果，即将图像中的黑色变为白色，白色变为黑色，其他灰度值也相应反转。

示例代码如下：

```
/*************************************************************
   程序名：eg 3.9
   描  述：反转图像灰度值
*************************************************************/
import cv2

if __name__ == '__main__':
    # 读取图像
    image = cv2.imread('path_to_your_image.jpg')

    # 通过减去原图像的像素值来求反
    inverted_image = 255 - image
    # 转换数据类型以确保结果正确
    inverted_image = inverted_image.astype('uint8')
```

```

    """或直接使用 cv2.bitwise_not 对图像进行求反
    inverted_image = cv2.bitwise_not(image)
    """

    # 显示原图和反转后的图像
    cv2.imshow('Original Image', image)
    cv2.imshow('Inverted Image', inverted_image)
    cv2.waitKey(0)
    cv2.destroyAllWindows()
```

图像求反变换执行结果如图 3-8 所示。

(a) 原图灰度图

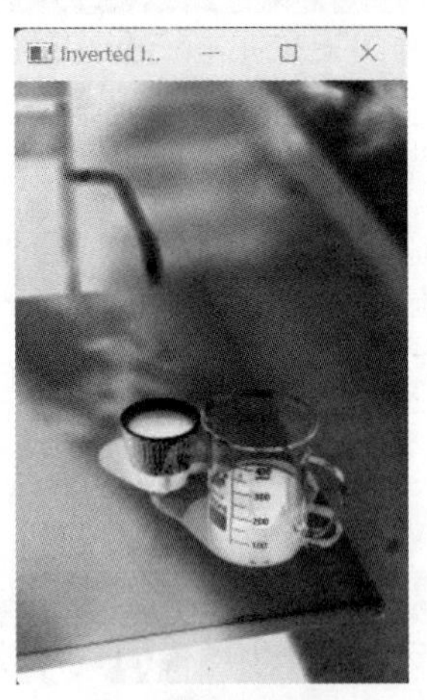

(b) 图像求反结果

图 3-8　图像求反效果图

点运算常用于改变图像的灰度范围及分布，在图像增强、光度学标定、显示标定、轮廓线确定和裁剪等方面有广泛应用。

3.2 算术运算

图像的算术运算，是指对两幅或多幅图像进行像素级的数学运算，包括加、减、乘、除等运算，以得到新的图像。这种运算不仅涉及像素点的灰度值，还可能涉及像素点之间的空间位置关系，因此，尽管在某些情况下图像间的算术运算仅涉及对应像素点的计算(如尺寸相同的图像间简单的对应像素的加减运算)，算术运算在广义上并不等同于点运算。算术运算在图像处理中有着广泛的应用，如图像融合、噪声去除、图像增强、图像配准等。

3.2.1 加法运算

加法运算指将两幅图像的对应像素值相加，得到新的像素值，它可以用于图像的叠加、噪声的消除等。运算处理中可能需要进行归一化处理以避免超出像素值的范围。

实现时，可以使用 OpenCV 库的函数 cv2.add()执行图像加法。该函数会进行饱和运算，即当灰度值超过最大值(如 255)时，会取最大值作为结果，注意相加图像大小及通道数必须一致。

示例代码如下：

```
/************************************************************
    程序名：eg 3.10
    描  述：用 OpenCV 函数执行加法运算
************************************************************/
import cv2
if __name__ == '__main__':
    img1 = cv2.imread('img1.jpg')
    img2 = cv2.imread('img2.jpg')
    # 加法运算
    result1 = cv2.add(img1, img2)
    cv2.imwrite('addr1.jpg',result1)

    # 也可以用加权法给图像分配合适的权值再相加,w1、w2 为两图权值
    result2 = cv2.addWeighted(img1, 0.5, img2, 0.5, 0)
    cv2.imwrite('addr2.jpg', result2)

    cv2.imshow('Added Image', result)
    cv2.imshow('WeightedAdded Image', result2)
    cv2.waitKey(0)
    cv2.destroyAllWindows()
```

OPenCV 函数执行加法运算结果如图 3-9 所示。

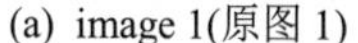

(a) image 1(原图 1)

(b) image 2 (原图 2)

图 3-9　OpenCV 加法运算效果图

图 3-9

(c) cv2.add 结果

(d) cv2.addWeighted 结果

图 3-9　OpenCV 加法运算效果图(续)

函数原型

dst = cv2.add(src1, src2[, dst[, mask[, dtype]]])

- src1，src2：需要相加的两个输入参数。它们可以是两张相同大小和类型的图像，也可以是一张图像与一个标量(标量即单一的数值或 Numpy 数组)。
- dst：可选参数，用于存储加法运算结果的图像。如果提供了该参数，则结果将被存储在该变量中，而不是返回一个新的图像。
- mask：可选参数，一个 8 位单通道的灰度图像，用于指定哪些位置的像素值需要进行加法运算。如果 mask 在某一位置的值不为 0，则对应位置的像素值将进行加法运算；如果为 0，则效果图像在该位置的像素值将被设置为 0。
- dtype：可选参数，用于指定输出图像数组的深度(图像单个像素值的位数)。如果未指定，则根据输入图像的类型自动确定。

加权运算 cv2.addWeighted 能计算两幅大小及通道数相同的图像的加权和。

函数原型

dst = cv2.addWeighted(src1,alpha,src2,beta,gamma[,dst,dtype])

计算原理:

dst(I)=saturate(src1(I)×α+src2(I)×β+γ)

- dst(I) 是输出图像在位置 I 的像素值。
- src1(I) 和 src2(I) 分别是输入图像 1 和输入图像 2 在位置 I 的像素值。
- α 是输入图像 1 的权重。
- β 是输入图像 2 的权重。
- γ 是一个标量值，可以加到加权和的结果上，用于调节输出图像的亮度。
- saturate() 函数用于确保结果值在目标像素类型的有效范围内。如果结果超出了该范围，它会被饱和到该类型的最小或最大值。

若采用 Numpy 进行计算，要注意确保两幅图像具有相同的尺寸和类型，示例代码如下：

```
/*************************************************************
    程序名：eg 3.11
    描　述：用 numpy 进行加法运算
```

```
************************************************************/
import cv2
import numpy as np

if __name__ == '__main__':
    # 读取图像
    img1 = cv2.imread('img1.jpg', cv2.IMREAD_GRAYSCALE)
    img2 = cv2.imread('img2.jpg', cv2.IMREAD_GRAYSCALE)

    # 确保两幅图像具有相同的尺寸
    if img1.shape == img2.shape:
        # 将图像数据类型转换为更大的整数类型以避免溢出
        img1 = img1.astype(np.int16)
        img2 = img2.astype(np.int16)

        # 直接使用 NumPy 进行加法运算
        result_int = img1 + img2
        # 裁剪结果并确保它在 0 到 255 的范围内，然后转换为 np.uint8
        result = np.clip(result_int, 0, 255).astype(np.uint8)

        # 显示效果图像
        cv2.imshow('Added Image', result)
        cv2.waitKey(0)
        cv2.destroyAllWindows()
    else:
        print("两幅图像的形状不匹配，无法相加。")
```

用 Numpy 进行加法运算执行结果如图 3-10 所示。

(a) 原图 1 灰度图

(b) 原图 2 灰度图

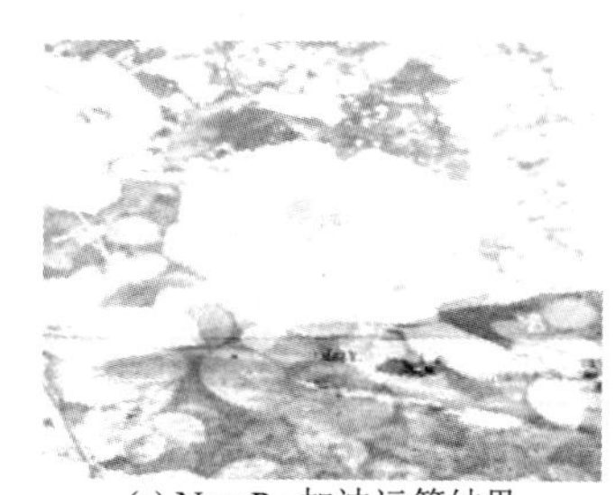
(c) NumPy 加法运算结果

图 3-10　Numpy 加法运算效果图

计算时注意要将图像数据类型转换为更大的整数类型，因为在 uint8 类型中，整数溢出表现为对 256 取模或循环计数，即当值达到 255 并继续增加时，它会回到 0 并继续计数。因此，两个 unit8 类型数据直接相加时：如果一个像素的和是 256，在对应格式下按 uint8 自动处理，它实际上会变成 0；如果是 257，它会变成 1，以此类推。

3.2.2 减法运算

减法运算指计算两幅图像对应像素值之间的差，得到新的图像。这种运算通过计算两幅图像之间的差异，可以提取出图像中的变化信息，常用于图像跟踪、图像识别中的背景消除或图像差异检测等。

在 OpenCV 库中，可以使用 cv2.subtract()函数执行图像减法。该函数会自动处理负值，通常将负值设置为 0。

函数原型

dst = cv2.subtract(src1, src2[, dst[, mask[, dtype]]])

- cv2.subtract 函数的参数与 cv2.add 函数参数的形式和用法一致

示例代码如下：

```
/*********************************************************************
    程序名：eg 3.12
    描  述：OpenCV 减法运算
*********************************************************************/
import cv2
if __name__ == '__main__':
    img1 = cv2.imread('image1.jpg') #, cv2.IMREAD_GRAYSCALE
    img2 = cv2.imread('image2.jpg') #, cv2.IMREAD_GRAYSCALE
    # 确保两幅图像大小相同
    img2 = cv2.resize(img2, (img1.shape[1], img1.shape[0]))
    result = cv2.subtract(img1, img2)   #减法运算，或 cv2.subtract(img2, img1)
    cv2.imwrite('subr.jpg',result)
    cv2.imshow('Subtracted Image', result)
    cv2.waitKey(0)
    cv2.destroyAllWindows()
```

使用 CV2.Subtract()函数执行减法运算结果如图 3-11 所示。

图 3-11

(a) image1(原图 1)

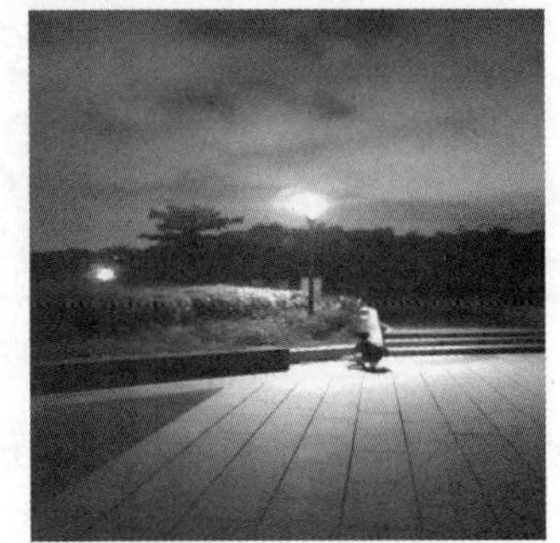

(b) image2(原图 2)

图 3-11 使用 CV2.Subtract()函数执行减法运算效果图

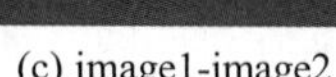
(c) image1-image2

(d) image2-image1

图 3-11 减法运算效果图(续)

用 Numpy 进行减法运算可以得到同样效果，示例代码如下：

```
/***************************************************************
    程序名：eg 3.13
    描  述：numpy 减法运算
***************************************************************/
import cv2
import numpy as np

if __name__ == '__main__':
    img1 = cv2.imread('image1.jpg')
    img2 = cv2.imread('image2.jpg')

    # 确保两幅图像大小相同
    img2 = cv2.resize(img2, (img1.shape[1], img1.shape[0]))

    # 将图像转换为 np.int32 以避免溢出
    img1_32 = img1.astype(np.int32)
    img2_32 = img2.astype(np.int32)

    # 使用 NumPy 进行减法运算
    result_32 = img1_32 - img2_32

    # 截断结果到 0~255 范围内
    result_32 = np.clip(result_32, 0, 255)

    # 将结果转换回 np.uint8 类型
    result = result_32.astype(np.uint8)
```

```

    # 显示效果图像
    cv2.imshow('Subtracted Image', result)
    cv2.waitKey(0)
    cv2.destroyAllWindows()
```

3.2.3 乘法运算

乘法运算指将两幅图像的对应像素值相乘，或者将图像的每个像素值乘以一个常数(称为乘法因子)。这种运算常用于调整图像的亮度、对比度等。同时，乘法运算也可以用于图像的掩模处理，通过乘以一个掩模图像(Mask Image)实现对原图像的局部处理。

在 OpenCV 库中，可以使用 cv2.multiply()函数进行图像乘法，或将图像转换为浮点数类型后，直接使用 NumPy 库的乘法操作，然后根据需要转换回原来的数据类型。两者区别在于 cv2.multiply()函数在处理溢出时会自动进行饱和处理，即将结果限制在数据类型的有效范围内。

函数原型

dst = cv2.multiply(src1, src2[, dst, scale, dtype)

- src1：第一个输入数组(图像、矩阵等)。
- src2：第二个输入数组，其大小和类型应与 src1 相同。
- scale(可选，默认为 None)：可选的缩放因子。在乘法之后，结果会乘以这个因子。这可以用于调整结果的数值范围，尤其是在处理图像时，可能需要将结果缩放到合适的像素值范围内(如 0~255)。
- dtype(可选，默认为-1)：输出数组的期望数据类型。如果指定了-1，则输出数组的类型将与输入数组的类型相同。

示例代码如下：

```
/*****************************************************************
    程序名：eg 3.14
    描  述：乘法运算核心代码
*****************************************************************/
img1 = cv2.imread('image1.jpg').astype(np.float32)
img2 = cv2.imread('image2.jpg').astype(np.float32)
# 假设 img2 是一个乘法因子矩阵或常数
result = cv2.multiply(img1, img2)

""" 或者使用 NumPy 进行乘法
#   result = img1 * img2
"""
```

```

result = np.clip(result, 0, 255).astype(np.uint8)   # 转换回 uint8 类型，并处理溢出
cv2.imshow('Multiply Image', result)
```

3.2.4 除法运算

除法运算指将一幅图像的每个像素值除以另一幅图像的对应像素值，或者除以一个常数。在图像处理中较少直接使用除法运算，但可以通过其他方式实现类似的效果，如图像的归一化处理、去除光照不均等效果。

在 OpenCV 库中，可以使用 cv2.divide 函数进行图像除法。

函数原型

dst = cv2.divide(src1, src2[, dst, scale, dtype)

- cv2.divide 函数的参数与 cv2.multiply 函数参数的形式和用法一致

除法运算还需要处理除数为 0 的情况，以及结果中的小数和溢出问题。由于直接除法可能产生小数，因此除法运算通常需要进行一些额外的处理，可以考虑用 Numpy 进行计算。

示例代码如下：

```
/************************************************************
    程序名：eg 3.15
    描  述：除法运算核心代码
************************************************************/
# 读取图像并转换为浮点数类型以进行除法
img1 = cv2.imread('image1.jpg').astype(np.float32)
img2 = cv2.imread('image2.jpg').astype(np.float32)

# 检查 img2 中是否有 0 值，并设置一个小的非零值以避免除以 0
# 这里选择一个非常小的正数作为除数，比如 1e-6
img2_safe = np.where(img2 == 0, 1e-6, img2)

# 执行除法运算
result = img1 / img2_safe

# 将除法结果缩放到 0~255 的范围内
# 如果想要保留图像为灰度图或彩色图，则需要进行不同的处理
# 这里假设是灰度图，并将其转换为 uint8 类型
result = np.clip(result, 0, 255).astype(np.uint8)

# 显示效果图像
cv2.imshow('Divided Image', result)
```

注 意

- 第 6、7 行设置得非常小的正数值应该根据具体应用场景来选择。
- 第 12~15 行将除法结果直接缩放到 0~255 的范围内可能不是最佳的做法，因为这可能会扭曲图像中的对比度和亮度信息。在实际应用中，需要根据具体需求调整结果的处理方式。

但实际上，图像间直接进行除法的运算情况非常少，常见的是图像与数值或标量的乘除法运算，这样的运算可以提升或降低图像整体亮度。代码示例如下：

```
/*************************************************************
    程序名：eg 3.16
    描  述：图像乘除数值运算
*************************************************************/
import cv2
import numpy as np

if __name__ == '__main__':
    # 读取图像
    image = cv2.imread('3.1.jpg')

    # 检查图像是否成功读取
    if image is None:
        print("Error: 图像未成功读取。")
        exit()

    # 定义乘除的数值或标量变量
    scale_val = 1.5  # 用于调节亮度的乘数

    # 与标量相乘(增加亮度)
    scaled_up_image = image * scale_val
    # 确保像素值在 0~255，并转换为 uint8 类型
    scaled_up_image = np.clip(scaled_up_image, 0, 255).astype(np.uint8)

    # 与标量相除(减少亮度)
    # 注意：直接相除可能会得到非整数结果，这里也使用 clip 确保结果范围
    scaled_down_image = image / scale_val
    scaled_down_image = np.clip(scaled_down_image, 0, 255).astype(np.uint8)

    # 显示图像
    cv2.imshow('Original Image', image)
```

```
cv2.imshow('Scaled Up Image', scaled_up_image)
cv2.imshow('Scaled Down Image', scaled_down_image)
cv2.waitKey(0)
cv2.destroyAllWindows()
```

图像乘除法运算执行结果如图 3-12 所示。

(a) 原图*scale_val

(b) 原图

(c) 原图/scale_val

图 3-12 图像乘除标量运算效果图

图 3-12

3.3 几何运算

几何运算又称几何变换，是指通过变换图像中对象像素之间的空间关系，从而实现对图像的大小、形状、位置等几何属性的变换。它涵盖了多种变换方式，包括但不限于仿射变换、平移、旋转、缩放、镜像、错切以及更复杂的透视变换等。图像的几何运算在图像校正、图像配准、样式转换、地图投影、影视特技、虚拟现实等领域有着广泛的应用。

本节将介绍仿射变换(Affine Transformation)、平移变换、旋转变换、镜像变换、缩放变换、透视变换等几种常见的几何变换。

3.3.1 仿射变换

仿射变换是一种特殊的几何变换，它保持了二维图形的平直性和平行性，即不改变直线间平行关系。具体来说，仿射变换包括一个线性变换部分和一个平移向量部分。线性变换部分保证了图形的形状和大小在经过变换后仍然保持不变(在缩放的情况下，大小可能改变，形状不变)，而平移向量部分则确保了图形在空间移动的位置变化。通过两者的结合，仿射变换可以在不改变图形基本性质的前提下，实现图形在空间的任意位置移动、旋转、缩放等操作。

对于一个点 $P(x,y)$在原始坐标系中，经过仿射变换后得到的新坐标 $P'(x',y')$ 可以通过以下公式计算：

$$\begin{cases} x' = A \cdot x + B \cdot y + Tx \\ y' = C \cdot x + D \cdot y + Ty \end{cases} \tag{3.6}$$

这组仿射变换公式描述了仿射变换对坐标点的影响。其中 A、B、C、D 用于控制像素在 x 和 y 方向上的旋转和缩放量，Tx 和 Ty 用于控制像素在 x 和 y 方向上的平移量，通过适当地设置这些值，可以实现各种类型的仿射变换。

计算时，以仿射变换矩阵将上述控制参数表示为一个 2×3 的浮点数矩阵，它定义了原始图像中的每个像素如何映射到变换图像中的新位置。这个矩阵由两部分组成：一个用于线性变换(如旋转和缩放)的 2×2 矩阵，以及一个用于平移的 2×1 矩阵。

$$\begin{bmatrix} A & B & Tx \\ C & D & Ty \end{bmatrix}$$

在 OpenCV 库中，warpAffine 函数能够实现用仿射变换矩阵对图像进行平移、旋转、缩放和倾斜等几何变换操作。

(1) 平移：将图像从当前位置移动到新位置。平移是仿射变换的一种简单形式，它仅涉及图像在二维平面上的位置移动，不改变图像的形状和大小。

(2) 旋转：将图像旋转至指定角度。旋转操作围绕一个指定的中心点进行，可以是顺时针方向或逆时针方向。在 OpenCV 库中，可以使用 getRotationMatrix2D 函数生成旋转矩阵，然后应用 warpAffine 函数进行旋转。

(3) 缩放：按缩放因子调整图像大小，使其变大或变小。缩放操作可以改变图像的尺寸，但不改变图像的宽高比(除非在两个方向上应用不同的缩放因子)。

(4) 错切：沿特定轴倾斜图像。错切变换会使图像看起来像是被斜切了一样，但它不会改变图像中任意两点之间的距离。

(5) 翻转/镜像：将图像在水平或垂直方向上翻转。翻转操作是仿射变换的一种特殊情况，可以通过构造特定的仿射变换矩阵来实现。

这些几何变换通常使用数学函数和变换矩阵来实现。

函数原型

cv2.warpAffine(src, M, dsize, flags=cv2.INTER_LINEAR, borderMode = cv2.BORDER_CONSTANT, borderValue=0)

- src：输入图像。
- M：变换矩阵，一个 2×3 的浮点数数组，定义了变换的性质。
- dsize：输出图像的大小，是一个元组(width, height)，表示变换后图像的尺寸。
- flags：插值方法，默认为 INTER_LINEAR。默认为 cv2.INTER_LINEAR，表示线性插值。其他常用选项包括 cv2.INTER_NEAREST(最近邻插值)、cv2.INTER_CUBIC(双三次插值)等。插值方法决定了图像变换后像素值的计算方式。
- borderMode：边界像素模式，决定了如何处理变换后图像边界外的像素。默认为 BORDER_CONSTANT，表示超出边界的像素设置为固定值。其他选项包括 cv2.BORDER_REFLECT(反射边界)、cv2.BORDER_WRAP(包装边界)等。

- borderValue：当 borderMode 为 cv2.BORDER_CONSTANT 时使用的边界值。默认为 0，表示边界像素被设置为黑色。

3.3.2 平移变换

平移变换指将图像在水平或垂直方向上移动一定的距离。平移变换不会改变图像的形状和大小，但会改变图像中物体的位置。

示例代码如下：

```
/*************************************************************
    程序名：eg 3.17
    描　述：图像平移变换
*************************************************************/
import cv2
import numpy as np
import cv2
import numpy as np

def translate_image(image, tx, ty):
    """
    平移图像
    :param image:   原始图像
    :param tx:   沿 x 轴平移的像素数
    :param ty:   沿 y 轴平移的像素数
    :return:   平移后的图像
    """
    # 获取图像的高度和宽度
    rows, cols = image.shape[:2]

    # 定义平移矩阵，需要是 float32 类型
    # 使用 numpy 的 array 和 reshape 来构造 2×3 的矩阵
    # [[1, 0, tx], [0, 1, ty]]此变换矩阵参数表示坐标大小不变，仅做方向上的平移
    M = np.float32([[1, 0, tx], [0, 1, ty]])

    # 使用 cv2.warpAffine 进行仿射变换
    """ 参数依次为：原图、变换矩阵、输出图像的大小(原图大小)、变换模式(默认)、边界像素值(默认)
    """
    translated = cv2.warpAffine(image, M, (cols, rows))

    return translated

```

```
if __name__ == '__main__':

    # 读取图像
    image = cv2.imread('your_image_path.jpg')

    # 设定平移参数
    tx = 100  # 沿 x 轴向右平移 100 像素
    ty = 50   # 沿 y 轴向下平移 50 像素

    # 调用函数进行平移
    translated_image = translate_image(image, tx, ty)

    # 显示结果
    cv2.imshow('Original Image', image)
    cv2.imshow('Translated Image', translated_image)

    # 等待按键后关闭窗口
    cv2.waitKey(0)
    cv2.destroyAllWindows()
```

在这段代码中，translate_image 函数接收一幅图像和两个平移参数(tx 和 ty)，分别代表沿 x 轴和 y 轴的平移距离。首先计算图像的尺寸，然后构造一个用于平移的仿射变换矩阵，最后使用 cv2.warpAffine 函数将这个变换矩阵应用到图像上，从而实现图像的平移。

tx 和 ty 的值决定了图像平移的方向和距离。正值 tx 表示图像向右平移，正值 ty 表示图像向下平移。取负值则分别表示向左和向上平移。

平移变换执行结果如图 3-13 所示。

(a) 原图

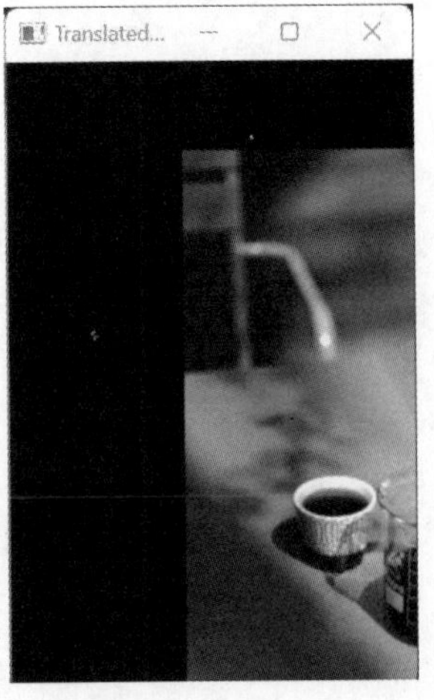

(b) 平移 tx=100，ty=50

图 3-13　平移变换效果图

3.3.3 旋转变换

旋转变换指将图像绕某一点(通常是图像的中心)旋转一定的角度。旋转变换会改变图像中物体的方向，但不会改变其形状和大小，但要注意：在数字图像处理中，由于像素的离散性，旋转后可能需要进行插值处理以得到平滑的图像。

可以通过 cv2.getRotationMatrix2D()函数结合 cv2.warpAffine()函数实现图像旋转，实现步骤为：先使用 cv2.getRotationMatrix2D()函数获取旋转矩阵，再使用 cv2.warpAffine()函数将旋转矩阵应用于图像。

示例代码如下：

```
/**************************************************************
   程序名：eg 3.18
   描  述：图像旋转变换
**************************************************************/
import cv2

if __name__ == '__main__':

    # 读取图像
    image = cv2.imread('your_image_path.jpg')

    # 获取图像尺寸
    (h, w) = image.shape[:2]

    # 定义旋转中心(此处选择图像中心)
    center = (w // 2, h // 2)

    # 定义旋转角度(逆时针方向)
    angle = 45

    # 获取旋转矩阵
    M = cv2.getRotationMatrix2D(center, angle, 1.0)   #   1.0 表示不缩放

    # 用仿射函数执行旋转
    rotated = cv2.warpAffine(image, M, (w, h))

    # 显示原图和旋转后的图像
    cv2.imshow("Original", image)
    cv2.imshow("Rotated by {} degrees".format(angle), rotated)

    # 等待按键后关闭窗口
```

```
    cv2.waitKey(0)
    cv2.destroyAllWindows()
```

有些版本的 OpenCV 库中提供了更直接的图像旋转函数 cv2.rotate()函数，通过指定值如 cv2.ROTATE_90_CLOCKWISE、cv2.ROTATE_180、cv2.ROTATE_90_COUNTERCLOCKWISE 实现图像 90°、180°、270°旋转。

旋转变换执行结果如图 3-14 所示。

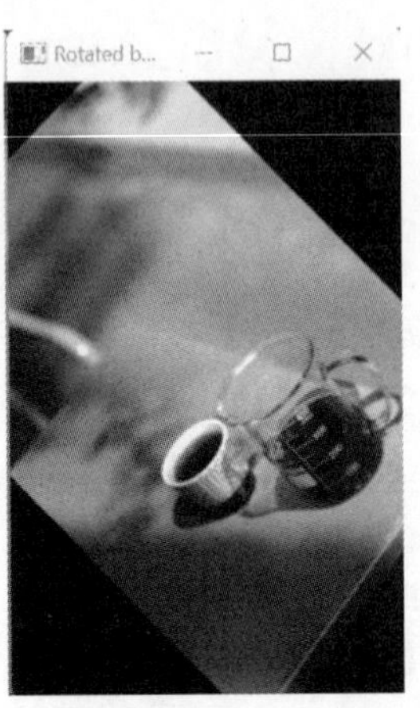

(a) 原图　　(b) 逆时针旋转 45°效果图

图 3-14　旋转变换效果图

3.3.4　镜像变换

镜像变换指将图像沿某一轴(通常是水平轴或垂直轴)进行翻转。镜像变换会改变图像中物体的左右或上下关系，但不会改变其形状和大小。

可以用 cv2.flip()函数对图像进行翻转操作，可以在水平方向、垂直方向或同时在两个方向上进行翻转。

函数原型

cv2.flip(src, flipCode)　-> dst

- src：输入图像。
- flipCode：指定翻转方向的标志。这是一个整数，决定了翻转的方向：
  如果 flipCode > 0(通常是 1)，则图像会沿着 x 轴翻转，即上下翻转；
  如果 flipCode == 0，则图像不会翻转；
  如果 flipCode < 0(通常是-1)，则图像会沿着 y 轴翻转，即左右翻转。
- 需要注意的是，cv2.flip()函数实际上会返回翻转后的图像，而不是就地修改输入图像(尽管在某些情况下，如果传入的是图像的引用而不是副本，并且你不再需要原始图像，那么可以认为它是“就地”的，但从函数设计的角度来看，它返回了一个新的图像)。

镜像变换示例代码如下：

```
/***********************************************************
    程序名：eg 3.19
    描  述：图像镜像变换
***********************************************************/
import cv2
if __name__ == '__main__':
    # 读取图像
    img = cv2.imread('your_image_path.jpg')

    # 沿 y 轴翻转图像(左右翻转)
    flipped_img_lr = cv2.flip(img, -1)

    # 沿 x 轴翻转图像(上下翻转)
    flipped_img_ud = cv2.flip(img, 1)

    # 不翻转图像(返回原始图像的副本)
    flipped_img_none = cv2.flip(img, 0)

    # 显示图像
    cv2.imshow('Original Image', img)
    cv2.imshow('Flipped Image (Left-Right)', flipped_img_lr)
    cv2.imshow('Flipped Image (Up-Down)', flipped_img_ud)
    cv2.imshow('Original Image Copy (No Flip)', flipped_img_none)

    cv2.waitKey(0)
    cv2.destroyAllWindows()
```

对图 3-14(a)原图进行镜像翻转变换的执行结果如图 3-15 所示。

(a) 左右翻转

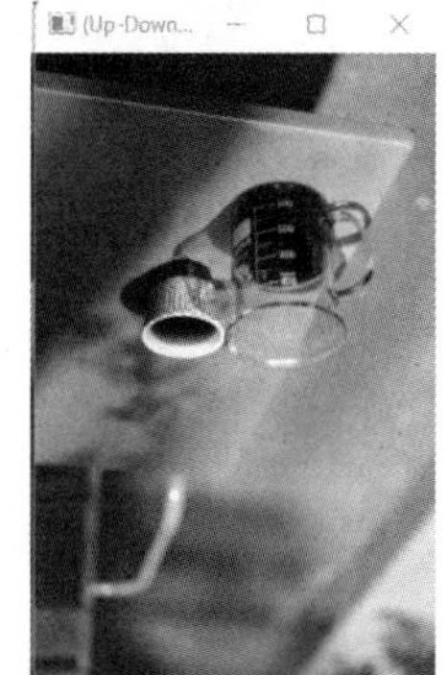

(b) 垂直翻转

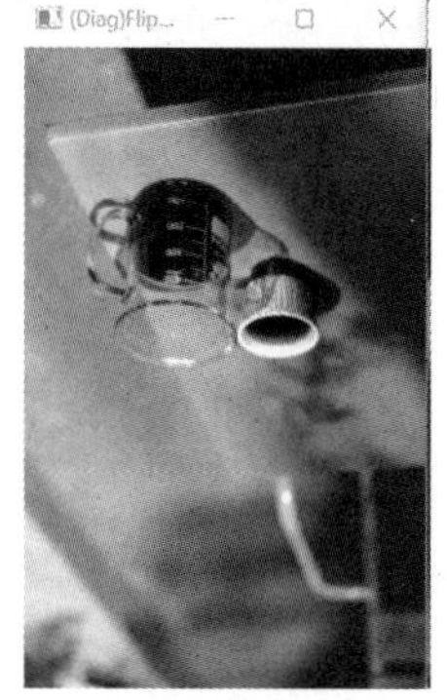

(c) 对角翻转

(d) 两次对角翻转(回到原图角度)

图 3-15 镜像变换效果图

3.3.5 缩放变换

缩放变换指按要求改变图像的大小。但要注意：放大或缩小图像过程中，可能会改变图像的分辨率和清晰度。

函数原型

cv2.resize(src, dsize=None, fx=None, fy=None, interpolation=cv2.INTER_LINEAR) ->dst

- src：输入要调整大小的图像。它可以是 NumPy 数组、PIL 图像对象或者通过图像文件路径读取的图像。
- dsize：输出图像的大小。这是一个可选参数，可以是一个元组，如(width, height)，表示目标图像的宽度和高度。如果 dsize 为 None，则通过 *fx* 和 *fy* 参数来缩放图像。
- *fx*：水平方向上的缩放因子。这是一个可选参数，用于按比例缩放图像的宽度。如果 dsize 为 None，则必须指定 *fx*(和可选的 *fy*)。
- *fy*：垂直方向上的缩放因子。这是一个可选参数，用于按比例缩放图像的高度。如果 *fy* 为 None，则默认与 *fx* 相同，即图像在水平和垂直方向上按相同比例缩放。如果 dsize 不为 None，则忽略 *fy*。
- interpolation：插值方法。这也是一个可选参数，用于确定调整图像大小时如何处理像素值。常用的插值方法包括：

cv2.INTER_NEAREST：最近邻插值。

cv2.INTER_LINEAR：双线性插值(默认)。

cv2.INTER_CUBIC：双三次插值。

还有其他方法，包括 cv2.INTER_AREA、cv2.INTER_LANCZOS4 等。

图像缩放变换示例代码 1 如下：

```
/*************************************************************
    程序名：eg 3.20
    描  述：图像缩放变换
*************************************************************/
import cv2
import matplotlib.pyplot as plt

if __name__ == '__main__':
    # 读取图像
    img = cv2.imread('3.1.jpg')

    # 调整图像大小为指定宽度和高度
    resized_img_by_size = cv2.resize(img, (300, 200))

    # 通过缩放因子调整图像大小，此处设为长宽均缩减一半
```

```
        resized_img_by_factor = cv2.resize(img, None, fx=0.5, fy=0.5)

        # 使用 matplotlib 显示原图
        plt.subplot(1, 3, 1)
        plt.imshow(cv2.cvtColor(img, cv2.COLOR_BGR2RGB))
        plt.title('Original Image')

        # 使用 matplotlib 显示按尺寸缩放的图像
        plt.subplot(1, 3, 2)
        plt.imshow(cv2.cvtColor(resized_img_by_size, cv2.COLOR_BGR2RGB))
        plt.title('Resized Image by Size')

        # 使用 matplotlib 显示按因子缩放的图像
        plt.subplot(1, 3, 3)
        plt.imshow(cv2.cvtColor(resized_img_by_factor, cv2.COLOR_BGR2RGB))
        plt.title('Resized Image by Factor')

        # 显示图像
        plt.show()
```

缩放变换执行结果 1 如图 3-16 所示。

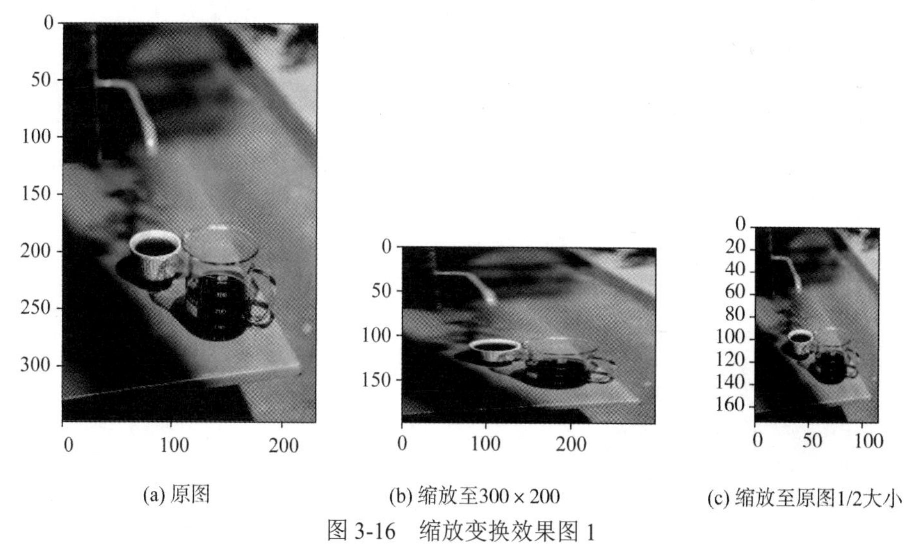

(a) 原图　(b) 缩放至300 × 200　(c) 缩放至原图1/2大小

图 3-16　缩放变换效果图 1

也可以通过下面语句调整结果，使显示的图像更直观地表现图像尺寸，示例代码 2 如下：

```
/************************************************************
    程序名：eg 3.21
    描　述：替换 eg3.20 的显示代码，以调整图像显示效果
```

```
***********************************************************/
# 计算缩放比例
scale_size = f"({300}/{width:.2f}, {200}/{height:.2f})"
scale_factor = f"(0.5, 0.5)"

# 创建一个网格布局
gs = gridspec.GridSpec(1, 3, width_ratios=[width, 300, width * 0.5])

# 使用 matplotlib 显示原图
plt.subplot(gs[0])
plt.imshow(cv2.cvtColor(img, cv2.COLOR_BGR2RGB))
plt.title('Original Image\nSize: {}x{}'.format(width, height))
plt.axis('off')

# 使用 matplotlib 显示按尺寸缩放的图像
plt.subplot(gs[1])
plt.imshow(cv2.cvtColor(resized_img_by_size, cv2.COLOR_BGR2RGB))
plt.title('Resized Image by Size\nSize: 300x200\nScale: {}'.format(scale_size))
plt.axis('off')

# 使用 matplotlib 显示按因子缩放的图像
plt.subplot(gs[2])
plt.imshow(cv2.cvtColor(resized_img_by_factor, cv2.COLOR_BGR2RGB))
plt.title(
    'Resized Image by Factor\nSize: {}x{}\nScale: {}'.format(int(width * 0.5), int(height * 0.5), scale_factor))
plt.axis('off')
```

缩放变换执行结果 2 如图 3-17 所示。

图 3-17

(a) 原图

(b) 缩放至300 × 200

(c) 缩放至原图1/2大小

图 3-17　缩放变换效果图 2

3.3.6 透视变换

图像几何变换中的透视变换(Perspective Transformation)能够将图像投影到一个新的视平面，从而改变图像的视角和形状。

透视变换是一种非线性变换，与仿射变换不同，它可以改变图像中直线的形状和位置，使得原本平行的直线在变换后可能相交。透视变换允许对图像进行更复杂的变换，如改变图像的透视角度、模拟真实世界中的透视效果等。透视变换常用于图像校正。

函数原型

cv2.warpPerspective(src, M, dsize, dst=None, flags=INTER_LINEAR, borderMode=BORDER_CONSTANT, borderValue=None)

- src：输入图像，即源图像，需要是 numpy.ndarray 类型，且数据类型为 uint8。
- M：3×3 的透视变换矩阵。这个矩阵可以通过 cv2.getPerspectiveTransform()函数根据源图像和目标图像中的对应点计算得到。
- dsize：输出图像的尺寸，格式为(width, height)。这个尺寸决定了变换后图像的分辨率。
- dst：输出图像，与源图像具有相同的类型和深度。如果此参数为 None(默认值)，则函数将分配新的内存存储效果图像。
- flags：插值方法，默认为 INTER_LINEAR(双线性插值)。这个参数决定了变换过程中图像像素的插值方式，影响变换后图像的平滑度。
- borderMode：边界像素的外推方法，默认为 BORDER_CONSTANT。这个参数决定了变换后图像边界外的像素值如何确定。
- borderValue：当 borderMode=BORDER_CONSTANT 时，这个参数指定了边界像素的值，默认为 None，此时将使用黑色填充。

函数原型

cv2.getPerspectiveTransform(src, dst)

- src：源图像中的点坐标数组，通常是 numpy.ndarray 类型，形状为(4, 2)，表示四个点的坐标(x, y)。这些点为在图像中指定的待变换区域的四个角点。
- dst：目标图像中对应点的坐标数组，同样是 numpy.ndarray 类型，形状为(4, 2)，表示 src 指定的四个点在变换后应该位于的位置(x', y')。这些点定义了变换后图像的视角和形状。

图像透视变换示例代码如下：

```
/*************************************************************
    程序名：eg 3.22
    描  述：图像透视变换
*************************************************************/
1.    import cv2
```

```
import numpy as np
import matplotlib.pyplot as plt

if __name__ == '__main__':
    # 读取图像
    image = cv2.imread('chess.jpg')
    height, width = image.shape[:2]

    # 定义源图像和目标图像中的四个点(根据图像实际情况来调整这些坐标)
    # 源点(图像中待变换区域的四个角点)
    pts_src = np.float32([[24, 24], [236, 14], [6, 235], [252, 232]])
    # 目标点(变换后这些点所处的坐标位置)
    pts_dst = np.float32([[8, 8], [248, 8], [8, 248], [248, 248]])

    # 计算透视变换矩阵
    matrix = cv2.getPerspectiveTransform(pts_src, pts_dst)

    # 执行透视变换，输出大小为原图大小
    transformed_image = cv2.warpPerspective(image, matrix, (width, height))

    # 将 BGR 图像转换为 RGB 图像，因为 matplotlib 默认以 RGB 格式显示图像
    image_rgb = cv2.cvtColor(image, cv2.COLOR_BGR2RGB)
    transformed_image_rgb = cv2.cvtColor(transformed_image, cv2.COLOR_BGR2RGB)

    # 使用 matplotlib 显示原始图像和变换后的图像
    plt.figure(figsize=(10, 5))
    plt.subplot(1, 2, 1)
    plt.imshow(image_rgb)
    plt.title('Original Image')
    plt.axis('off')

    plt.subplot(1, 2, 2)
    plt.imshow(transformed_image_rgb)
    plt.title('Transformed Image')
    plt.axis('off')

    # 展示图像
    plt.show()
```

上面这段代码首先读取一幅图像，然后通过定义的待变换的源点和目标点，计算出透视变换矩阵，最后应用这个矩阵来变换图像，并显示原始图像和变换后的图像。可以通过

调整 pts_src 和 pts_dst 中的点坐标来改变变换的效果。

透视变换执行结果如图 3-18 所示。

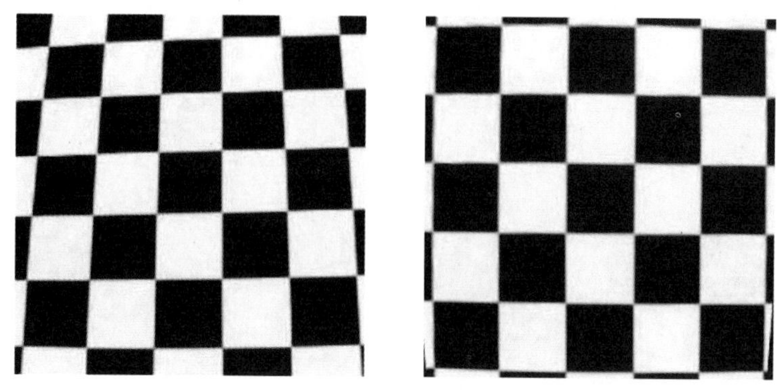

(a) 原图　　(b) 透视变换后

图 3-18　透视变换矫正图像效果

【扩展阅读】
Photoshop 在数字图像处理领域的应用

3.4 思考练习

1. 为更深入理解不同点变换函数对图像视觉效果的影响，请分别使用对数变换和幂次变换对图像进行处理，比较两者的效果差异。

2. 为更好地掌握掩模运算的原理及在图像处理中的应用，请设计一个大小为 200×200 的矩形掩模(mask)，且其中心有个圆形有效区域，对输入图像进行掩模运算，实现仅保留输入图像上对应掩模有效区域的原图。

3. 为深入理解图像裁剪的基本原理及在图像处理中的应用，请对图像进行裁剪操作，将图像按 2 行 2 列平分裁剪为 4 小块，显示并分别保存。

4. (拓展选做)试着自己查找图像拼接的处理函数，将第 3 题中保存的 4 幅小图相对位置顺序进行顺时针调整(仅平移，不旋转)后，再拼接成一幅大图像。

第4章

图像变换

随着信息技术的飞速发展，图像在各个领域的应用越来越广泛。在科学研究、医学影像、工业检测、数字娱乐等领域，人们需要对大量图像进行处理和分析。图像变换作为一种重要的图像处理技术，为解决各种实际问题提供了有力的工具。例如，在医学影像领域，医生需要对 X 光片、CT 扫描图像、核磁共振图像等进行分析和诊断。通过图像变换，可以增强图像的对比度、去除噪声、提取特征等，从而提高诊断的准确性。在工业检测中，图像变换可以用于检测产品的表面缺陷、尺寸测量、形状识别等。在数字娱乐领域，图像变换可以用于图像特效制作、视频编码等。

图像变换是将图像从一种表示形式转换为另一种表示形式的过程。它是通过特定的数学变换函数，对图像的像素值进行重新计算和组织，以获得新的图像表达。通过变换，可以将图像的某些特征突出显示，或者将图像的信息压缩到更小的空间中，还可以对图像的特定属性进行调整，以增强图像的质量。图像变换也可以为图像的存储、传输和显示提供更便利的形式。

本章将重点讲解用 Python 及 OpenCV 进行离散傅里叶变换、图像傅里叶变换频谱分析、离散余弦变换等。

本章学习目标

◎ 理解并掌握图像变换的基本概念以及不同图像变换方法在图像处理中的作用。

◎ 了解各类图像变换所涉及的基本数学原理的大致框架，理解图像变换所依据的数学理论与图像的内在特征之间的关联。

◎ 理解不同图像变换方法的优势和局限性，并根据不同任务选择合适的变换方法。

◎ 熟悉多种图像变换的实现方法和常见应用场景，包括傅里叶变换、离散余弦变换等。

◎ 理解并掌握如何运用傅里叶变换在频率域中进行图像滤波、分析图像频率特征，以及如何实现一定程度的图像压缩。

◎ 理解并掌握离散余弦变换在图像压缩方面的具体操作步骤和参数调整方法。

◎ 通过实际案例，加深对图像变换的理解，锻炼实践能力。

素质要点

◎ 培养科学探索精神：学生在学习图像变换的过程中，要勇于探索未知，追求真理。像科学家一样，对图像处理技术保持好奇心和求知欲，不断挖掘新的知识和方法，为推动该领域的发展贡献自己的力量。

◎ 树立正确的价值观：通过图形变换的学习，学生认识到图像变换技术在各个领域的重要应用价值，树立为社会发展、人民幸福服务的意识，坚信科技的发展应该服务于人类的进步。

4.1 图像变换概述

图像变换是将图像从一种表示形式转换为另一种表示形式的过程，其主要作用包括简化图像处理任务、增强图像特征、压缩图像数据及改善图像质量等。图像变换方法有几何变换、灰度变换、傅里叶变换和小波变换等，这些方法适用于不同的应用场景。图像变换的步骤为：首先选择变换方法，接着确定参数，然后进行变换计算，最后分析和处理变换结果。

4.1.1 图像变换的主要作用

(1) 简化图像处理任务。图像变换通过将图像变换到合适的域，可以使某些图像处理操作变得更加简单和高效。

(2) 增强图像特征。不同的图像变换可以突出图像的不同特征，如边缘、纹理、形状等，有助于后续的图像分析和识别。

(3) 压缩图像数据。一些图像变换可以减少描述图像的数据量，将图像数据转换为更紧凑的形式，从而实现图像压缩，减少存储空间和传输带宽的需求。

(4) 改善图像质量。图像变换可以用于图像增强、去噪等操作，从而改善图像的质量和视觉效果。

4.1.2 图像变换的方法

1. 几何变换

(1) 平移变换：将图像像素按指定方向和距离移动，用于图像拼接时的位置对齐。

(2) 旋转变换：以某点为中心将像素按角度旋转，在计算机视觉目标识别中可增加数据多样性。

(3) 缩放变换：按比例改变图像尺寸，用于适应不同显示设备分辨率或减少计算量。

2. 灰度变换

(1) 线性灰度变换：通过线性函数改变灰度值，用于调整图像对比度和亮度。

(2) 非线性灰度变换：包括对数变换、幂次变换等，可增强图像特定灰度区域的细节，在医学图像处理等领域有应用。

3. 傅里叶变换

傅里叶变换是一个在数学、物理、计算机等领域均有广泛应用的数学运算。它能将图像从空间域转换到频率域，从而揭示图像的频率特征。在频率域中，图像的信息以不同频率的成分表示。通过傅里叶变换，可以分析图像的频率特征，如图像的纹理、边缘等。傅里叶变换在图像滤波、图像压缩和图像增强等方面有广泛的应用。傅里叶变换主要分为连续傅里叶变换(Continuous Fourier Transform，CFT)和离散傅里叶变换(Discrete Fourier Transform，DFT)两大类。

连续傅里叶变换适用于对连续图像信号进行分析，在理论分析中具有重要作用，但在实际数字图像处理中，由于计算机只能处理离散的数据，其应用相对较少。

离散傅里叶变换是数字图像处理中常用的傅里叶变换形式，其又可以进一步分为二维离散傅里叶变换(2D-DFT)和快速傅里叶变换等。2D-DFT 在图像的频率域分析、滤波、压缩等方面应用广泛。在实际图像处理中，快速傅里叶变换将计算复杂度从 $O(N^2)$降低到 $O(N\log N)$(其中 N 为数据点数)，从而极大地提高了计算效率。总的来说，离散傅里叶变换在数字图像处理中占据着核心地位，而连续傅里叶变换则更多地用于理论分析和推导。

4. 小波变换

小波变换将图像分解为不同尺度和频率的子带。它具有多分辨率分析的特点，可以在不同尺度上分析图像的细节和特征。小波变换在图像压缩、图像去噪和图像边缘检测等方面表现出色。

以上所介绍的图像变换方法中，具体哪种方法最适用，取决于具体的应用场景和需求。在不同的图像处理任务中，可能会选择不同的图像变换方法来达到最佳的处理效果。例如，在需要进行频率分析的任务中，宜选用傅里叶变换；而在图像压缩任务中，离散余弦变换则更为适合。

4.1.3 图像变换的步骤

(1) 选择变换方法。根据具体需求和图像特点，选择合适的图像变换方法，如傅里叶变换、离散余弦变换、小波变换等。

(2) 确定变换参数。根据所选变换方法的要求，确定相应的变换参数，如频率范围、尺度、方向等。

(3) 进行变换计算。对图像数据进行变换计算，得到变换后的结果。

(4) 分析和处理变换结果。对变换后的结果进行分析和处理，提取有用的信息，或进行进一步的图像处理操作，如滤波、增强、压缩等。

4.1.4 实例及代码实现

将一张彩色图片从 BGR 颜色空间转换为 RGB 颜色空间，再进一步将 RGB 图像转换为 HSV 颜色空间，最后将原始的图像和转换后的 HSV 图像进行对比显示。

重要函数说明

cv2.cvtColor 函数：将图像从一种颜色空间转换为另一种颜色空间。在这里，它的作用是将 OpenCV 默认读取的 BGR 图像转换为 RGB 图像，以满足后续'rgb_to_hsv'函数对输入图像颜色模式的要求。

- 返回值：经过颜色空间转换后的 RGB 图像，是一个三维的 Numpy 数组，其形状与输入的 BGR 图像相同，但通道的顺序变为 RGB。
- 参数：第一个参数是要转换的图像，即通过'cv2.imread'函数读取的 BGR 图像。第二个参数是一个表示颜色空间转换类型的标志。在这里，这个标志是'cv2.COLOR_BGR2RGB'，它明确指定了要将图像从 BGR 颜色空间转换为 RGB 颜色空间。

示例代码如下：

```
/************************************************************
    程序名：eg 4.1
    描　述：图像色彩变换
************************************************************/
import cv2
import matplotlib.pyplot as plt

def rgb_to_hsv(image):
    hsv_image = cv2.cvtColor(image, cv2.COLOR_RGB2HSV)
    return hsv_image
# 读取图像
original_image = cv2.imread('ori.jpg')
original_image = cv2.cvtColor(original_image, cv2.COLOR_BGR2RGB)
# 进行颜色空间变换
transformed_image = rgb_to_hsv(original_image)
# 使用 matplotlib 对比显示原图和效果图
plt.subplot(121)
plt.title('Original Image')
plt.imshow(original_image)

plt.subplot(122)
plt.title('HSV Image')
plt.imshow(transformed_image)
plt.show()
```

图像色彩变换执行结果如图 4-1 所示。

图 4-1　图像色彩变换效果

从图 4-1 中可以看出，HSV 图像看起来与原始 RGB 图像有很大不同。色相通道的值决定了颜色的种类，在图像中表现为不同的色调区域；饱和度通道的值反映了颜色的纯度，高饱和度区域颜色鲜艳，低饱和度区域颜色暗淡；明度(Value)通道的值体现了颜色的明亮程度，明亮区域和暗淡区域有明显区分。对于一张自然风景照片转换后的 HSV 图像，天空区域的明度较高，植被区域的色相可能对应绿色的色相值范围，并且饱和度可能较高。

4.2 离散傅里叶变换

离散傅里叶变换是将有限长度的离散信号从时域转换到频域的数学方法，具有揭示图像频率特征、便于滤波操作、计算效率高等特点，但也存在数据限制、频谱泄露和边界不连续等不足。通过离散傅里叶变换，可以对图像进行滤波、压缩、增强和特征提取等操作。

4.2.1 离散傅里叶变换的定义

离散傅里叶变换是傅里叶变换在时域和频域上都呈现离散的形式，是将一个有限长度的离散信号(如数字图像的像素值)从时域转换到频域的一种数学方法。对于一幅图像，它是由像素的亮度值组成的二维矩阵，直接反映了图像的灰度分布和几何形状。频率域中的图像则表示了图像中不同频率成分的幅度和相位。低频成分对应着图像的整体轮廓和缓慢变化的部分，而高频成分对应着图像的细节和边缘。 离散傅里叶变换将其分解为不同频率的正弦和余弦波的组合。每个频率分量都有一个对应的幅度和相位，幅度表示该频率在图像中的强度，相位表示该频率的相对位置。

4.2.2 离散傅里叶变换的特点

离散傅里叶变换的主要优点有：①能够清晰地揭示图像在不同频率上的特征，有助于理解图像的纹理、周期性和方向性等特性。例如，可以通过观察频域图像中高频部分的强度来判断图像的边缘信息是否丰富。②在频域中进行滤波比在空间域中更加直观和高效。

可以通过设计不同的滤波器来去除特定频率的噪声，或者增强特定频率的特征。比如，低通滤波器可以去除图像中的高频噪声，使图像变得更加平滑；高通滤波器则可以突出图像的边缘和细节。③快速傅里叶变换是 DFT 的快速算法，大大降低了计算复杂度，使得对大尺寸图像的处理成为可能。

离散傅里叶变换的不足主要有：①数据限制。要求输入数据的长度为 2 的整数次幂，对于不满足这个条件的图像，需要进行填充操作，这可能会引入额外的计算量和误差。②由于是对有限长度的数据进行处理，离散傅里叶变换可能会出现频谱泄露的现象，即一个频率的能量扩散到其他频率上。这会影响对频率成分的准确分析。③在处理图像时，通常假设图像是周期性的，这可能会导致在图像边界处出现不连续的情况，从而影响傅里叶变换的结果。

4.2.3 实例及代码实现

首先读取一张灰度图像，然后对其进行傅里叶变换，并将零频率分量移到频谱中心。通过计算得到幅度谱和相位谱。使用幅度谱和相位谱进行双谱重构，先将幅度与相位结合，然后进行傅里叶逆变换并取绝对值得到重构后的图像，最后显示原始图像、幅度谱、相位谱和双谱重构后的图像。这种方法通过分离幅度谱和相位谱，然后进行双谱重构，有助于更好地理解图像在频域的特性以及幅度和相位信息对图像的影响。

重要函数说明

np.fft.fft2()：对二维数组(图像)进行二维离散傅里叶变换。

- 返回值：经过傅里叶变换后的复数数组。
- 参数含义：

  Picture_Gray：要进行傅里叶变换的灰度图像数据。

  np.fft.fftshift()：将傅里叶变换后的频谱的零频率分量移动到频谱的中心。
- 返回值：零频率点位于中心的频谱数据。
- 参数含义：

  Picture_FFT：经过二维离散傅里叶变换后的频谱数据。

  np.log()：计算自然对数。
- 返回值：输入数组元素的自然对数值组成的新数组。
- 参数含义：

  np.abs(Picture_FFT_Shift)：对频谱数据取绝对值后作为输入，计算其对数用于幅度谱的可视化。

  np.angle()：计算复数数组中每个元素的角度(相位)。
- 返回值：包含输入复数数组每个元素角度(相位)的数组。
- 参数含义：

  Picture_FFT：用于计算相位谱的复数数组(原始傅里叶变换结果)。

  np.fft.ifft2()：对二维数组进行二维离散傅里叶逆变换。
- 返回值：经过傅里叶逆变换后的数组。

- 参数含义：

  np.abs(Picture_FFT) np.exp(1j np.angle(Picture_FFT)): 通过幅度谱和相位谱构建的复数数组，作为傅里叶逆变换的输入。

示例代码如下：

```
/****************************************************************
    程序名：eg 4.2
    描　述：双谱重构
****************************************************************/
import cv2
import numpy as np
from matplotlib import pyplot as plt
# 读取图像，注意路径的格式，在 Python 中使用原始字符串或双反斜杠
Picture = cv2.imread('ori.png')
# 将彩色图像转换为灰度图像
Picture_Gray = cv2.cvtColor(Picture, cv2.COLOR_BGR2GRAY)
# 对灰度图像进行二维快速傅里叶变换
Picture_FFT = np.fft.fft2(Picture_Gray)
# 将傅里叶变换后的频谱进行平移，使零频率点位于中心
Picture_FFT_Shift = np.fft.fftshift(Picture_FFT)
# 计算幅度谱并取对数，以便更好地可视化
Picture_AM_Spectrum = np.log(np.abs(Picture_FFT_Shift))
# 计算相位谱并进行适当的缩放，使其范围在 0 到 180°之间
phase_spectrum = np.angle(Picture_FFT)
Picture_Phase_Specture = np.log(np.angle(Picture_FFT_Shift) * 180°/ np.pi)
# 通过幅度谱和相位谱进行双谱重构
Picture_Restructure = np.fft.ifft2(np.abs(Picture_FFT) * np.exp(1j * np.angle(Picture_FFT)))
# 设置中文字体相关参数，使中文标题能正确显示
plt.rcParams["font.sans-serif"] = ["SimHei"]
plt.rcParams["axes.unicode_minus"] = False
# 创建一个新的图形窗口
plt.figure(1)
# 在 2×2 的子图布局中，选择第一个子图
plt.subplot(221)
# 显示原始灰度图像，使用灰度颜色映射
plt.imshow(Picture_Gray, cmap='gray')
```

```
# 设置子图标题为'原图像'
plt.title('原图像')
# 在 2×2 的子图布局中，选择第二个子图
plt.subplot(222)
# 显示图像的幅度谱，使用灰度颜色映射
plt.imshow(Picture_AM_Spectrum, cmap='gray')
# 设置子图标题为'图像幅度谱'
plt.title('图像幅度谱')
# 在 2×2 的子图布局中，选择第三个子图
plt.subplot(223)
# 显示图像的相位谱，使用灰度颜色映射
plt.imshow(phase_spectrum, cmap='gray')
# 设置子图标题为'图像相位谱'
plt.title('图像相位谱')
# 在 2×2 的子图布局中，选择第四个子图
plt.subplot(224)
# 显示双谱重构后的图像，使用灰度颜色映射
plt.imshow(np.abs(Picture_Restructure), cmap='gray')
# 设置子图标题为'双谱重构图'
plt.title('双谱重构图')
# 显示图形
plt.show()
```

双谱重构图像执行结果如图 4-2 所示。

(a) 原图像　(b) 图像幅度谱　(c) 图像相位谱　(d) 双谱重构结果

图 4-2　双谱重构效果图

在图 4-2 中，进行了完整的双谱重构，将幅度谱和相位谱按照复数的形式结合起来，即幅度乘以相位的复数指数形式，然后通过傅里叶逆变换得到重构图像。重构图像和原图几乎没有区别。

图像的幅度谱代表的是图像各像素点的亮度信息，即该像素应该显示什么颜色，但是做出来的幅度谱却不知道每一点在原图像中具体是哪一点，即幅度谱虽然存储了各个像素点的幅值信息，但是原像素点的位置已经被打乱，所以仅凭幅度谱是没有办法重构原图像的。幅度谱的中心是低频部分，越亮的地方代表的幅度越大。幅度谱中“十”字形亮线表示原图像中水平和垂直方向的分量较其他方向要多，因为在人们周围的自然场景中水平和垂直的线条出现的可能性较大。下面是仅有幅度谱重构的代码和效果图。(图 4-3)

```
magnitude_only_fshift = np.abs(magnitude_spectrum) * np.exp(1j * 0)
magnitude_only_f = np.fft.ifftshift(magnitude_only_fshift)
magnitude_only_image = np.abs(np.fft.ifft2(magnitude_only_f))
```

图 4-3　仅有幅度谱重构图

从图 4-3 可以看到仅有幅度谱重构出来的图像全是黑的。幅度谱表示图像中不同频率成分的强度。在傅里叶变换中，低频成分通常对应图像的整体结构(如轮廓等)，高频成分对应图像的细节(如纹理等)。而相位谱记录的是所有点的相位信息，看起来相位谱是一团噪声，这也说明相位信息是以一种更为隐蔽的方式出现在人们面前的，但它非常重要，因为相位信息中携带图像的位置信息，没有它将无法从频谱还原出图像。下面是仅有相位谱重构的代码和效果图。(图 4-4)

```
phase_only_fshift = np.abs(1) * np.exp(1j * phase_spectrum)
phase_only_f = np.fft.ifftshift(phase_only_fshift)
phase_only_image = np.abs(np.fft.ifft2(phase_only_f))
```

图 4-4　仅有相位谱重构图

在图 4-4 中，相位谱表示不同频率成分的相位信息。相位信息在图像的形状和结构定位方面起着重要作用。总体上说，仅幅度谱重构时，将幅度谱与相位为 0(实数部分)的复数相乘，然后进行逆变换，这样得到的图像主要保留了与幅度相关的信息，丢失了相位信息。仅相位谱重构时，将幅度设为 1，与相位谱的复数指数形式相乘，然后进行逆变换，这样得到的图像主要反映了相位信息对图像结构的影响，由于缺少幅度信息的约束，图像可能看起来比较模糊或者具有一些奇怪的特征。

4.2.4　应用领域

离散傅里叶变换广泛应用于各种图像处理任务中，是许多图像处理算法的基础。其应用主要包括以下几个方面。

1. 图像滤波

图像在频域中可以通过离散傅里叶变换得到其频谱信息。高频部分对应图像中的细节和边缘信息，低频部分对应图像的大致轮廓和缓慢变化的区域。通过对频谱进行操作，可以实现滤波效果。低通滤波用于去除图像中的噪声和细节，保留图像的大致轮廓。例如，在医学图像处理中，对于一些 X 光片或超声图像，可能存在一些高频噪声，通过低通滤波可以使图像更加平滑，便于医生观察主要的组织结构。高通滤波强调图像中的边缘和细节信息。在计算机视觉的目标检测和识别中，如果需要突出目标的边缘轮廓，高通滤波可以增强这些特征，从而提高后续算法对目标的识别能力。

2. 图像压缩

图像的频谱具有能量集中的特点，大部分能量集中在低频部分。通过离散傅里叶变换后，可以对频谱进行量化和编码，去除一些对图像质量影响较小的高频信息，从而实现图像压缩。在数字图像存储和传输中，JPEG 图像格式就采用了基于离散余弦变换(Discrete Cosine Transform,DCT，与离散傅里叶变换有相似性，将在 4.4 具体介绍)的压缩算法。这种压缩方式可以在保证一定图像质量的前提下，大大减小图像文件的大小，提高存储效率和传输速度。

3. 图像增强

基于离散傅里叶变换对图像频谱进行修改，可以有针对性地增强图像的某些特征。例如，调整频谱的幅度或相位，可以改变图像的对比度、亮度等视觉效果。在卫星遥感图像的处理中，为了更好地观察地表的某些特征，如植被覆盖情况或地形地貌，可能需要对图像进行增强处理。通过离散傅里叶变换对频谱进行操作，可以突出植被的纹理特征(高频部分)或地形的轮廓特征(低频部分)，从而提高图像的可读性和分析价值。

4. 图像特征提取

图像的某些特征在频域中具有独特的表现形式。例如，周期性的纹理图案在频谱中会出现相应的峰值。通过分析频谱的特征，可以提取图像的纹理、形状等特征信息。在工业产品表面质量检测中，如果产品表面存在周期性的纹理缺陷，通过离散傅里叶变换将图像转换到频域，分析频谱中的峰值变化，可以快速检测出这些缺陷，提高检测效率和准确性。

4.3 图像傅里叶变换频谱分析

图像傅里叶变换频谱分析即将图像从空间域转换到频率域，以了解图像的频率特性。常见的频谱分析方法包括幅度谱分析、相位谱分析、功率谱分析、频率域滤波、频谱可视化、频谱特征提取、比较分析和傅里叶逆变换等。

4.3.1 基本原理

图像傅里叶变换频谱分析是一种将图像从空间域转换到频率域的技术，它是指通过对图像进行傅里叶变换，得到图像的频谱信息。具体来说，图像傅里叶变换是将图像看作二维信号，对其进行傅里叶变换后，得到的频谱表示了图像中不同频率成分的分布情况。频谱图中的横坐标表示频率，纵坐标表示该频率成分的幅度或能量。

通过对图像傅里叶变换频谱的分析，可以了解图像的频率特性，如图像中包含的主要频率成分、频率分布的范围等。

4.3.2 常用的频谱分析方法

常见的图像傅里叶变换频谱分析方法包括以下几种。

(1) 幅度谱分析：关注频谱中各频率成分的幅度大小。幅度谱显示了图像中不同频率的能量分布情况，可以帮助我们了解图像的主要频率成分和能量集中区域。

(2) 相位谱分析：研究频谱中各频率成分的相位信息。相位谱在某些情况下对于图像的重建和恢复非常重要，尽管它在直观上不如幅度谱容易理解。

(3) 功率谱分析：可以用于评估图像中不同频率成分的能量贡献。功率谱是幅度谱的平方，表示了各频率成分的功率分布。

(4) 频率域滤波：通过在频率域中设计滤波器，对频谱进行滤波操作。例如，低通滤波器可以去除高频噪声，高通滤波器可以增强边缘信息，带通滤波器可以提取特定频率范围的信息。

(5) 频谱可视化：将频谱以图像的形式进行可视化展示，通常使用颜色或灰度表示幅度或功率的大小。这样可以更直观地观察频谱的分布和特征。

(6) 频谱特征提取：从频谱中提取一些特征，如峰值频率、频率带宽、频谱重心等。这些特征可以用于图像的分类、识别和分析。

(7) 比较分析：对不同图像的频谱进行比较分析，以找出它们之间的相似性和差异性。这对于图像的匹配、检索和分类等任务很有帮助。

(8) 傅里叶逆变换：对频谱进行傅里叶逆变换，将频域转换回时域，以观察滤波或处理后的图像效果。

这些频谱分析方法可以帮助我们深入了解图像的频率特性，从而对各种图像进行图像增强、压缩、滤波、特征提取等处理。

4.3.3 实例及代码实现

下面介绍使用 Python 和 OpenCV 库实现的图像盲水印嵌入与提取方法，通过快速傅里叶变换在频域中操作，展示了如何在图像中添加和提取盲水印，以及相关的示例应用。

图像经过傅里叶变换后，水印图像的像素值直接覆盖到频率域。由于频谱是中心对称的，嵌入的水印也应保持对称性，即在图像的左上角添加的内容，也应在图像的右下角添加，之后傅里叶逆变换回去。提取水印的时候变换到傅里叶变换提取就可以了。应注意以下几点。

(1) 水印图像的尺寸应小于原始图像尺寸的一半(需保持中心对称)。图像需采用 PNG 或 BMP 格式，避免使用有损压缩的 JPEG 格式。

(2) 嵌入水印的时候可以把频谱或水印图像的位置随机化，但需要记住这个位置信息，提取水印的时候恢复到随机位置。

(3) 原始的水印图像的大小和强度，在反变换回去的时候会有相应损失的，一般也会有痕迹。

重要函数说明

build_parser()函数：在函数内部，通过 parser.add_argument()添加了四个命令行参数。

- original：指定原始图像的路径，dest='ori'表示将该参数的值存储在 options.ori 中，required=True 表示该参数是必需的。

image：指定待处理水印图像的路径，dest='img'表示将该参数的值存储在 options.img 中，required=True 表示该参数是必需的。

result：指定结果保存的路径，dest='res'表示将该参数的值存储在 options.res 中，required=True 表示该参数是必需的。

alpha：指定透明度，dest='alpha'表示将该参数的值存储在 options.alpha 中，default=ALPHA 表示默认值为全局变量 ALPHA。

encode(img_path, wm_path, res_path, alpha)函数：在函数内部，首先使用 cv2.imread()

读取原始图像和水印图像，然后对原始图像进行傅里叶变换得到 img_f。获取原始图像的高度、宽度和通道数，以及水印图像的高度和宽度。生成索引范围 x 和 y，并设置随机数种子，打乱索引。创建临时数组 tmp，并根据索引判断将水印图像的值赋给临时数组的相应位置及其对称位置。将水印与原始图像的傅里叶变换相加得到 res_f，进行傅里叶逆变换得到 res，取实部后使用 cv2.imwrite()保存效果图像。

np.fft.fft2()'函数：对图像进行二维快速傅里叶变换。函数原型：fft2(a, s=None, axes=(−2, −1), norm=None)

- 参数：a 表示输入图像，阵列状的复杂数组。

s 表示整数序列，可以决定输出数组的大小。输出可选形状(每个转换轴的长度)，其中 s[0]表示轴 0，s[1]表示轴 1。对应 fit(x,n)函数中的 n，沿着每个轴，如果给定的形状小于输入形状，则将剪切输入；如果大于则输入将用零填充；如果未给定's'，则使用沿'axles'指定的轴的输入形状。

axes 表示整数序列，用于计算快速傅里叶变换的可选轴。如果未给出，则使用最后两个轴。“axes”中的重复索引表示对该轴执行多次转换，一个元素序列意味着执行一维快速傅里叶变换。

norm 包括 None 和 ortho 两个选项，规范化模式。默认值为无。

示例代码如下：

```
/**************************************************************
    程序名：eg 4.3
    描  述：嵌入水印
**************************************************************/
# coding=utf-8
import cv2
import numpy as np
import random
import os
from argparse import ArgumentParser
ALPHA = 5  # 定义透明度常量
```

\# 构建命令行参数解析器

```
def build_parser():
    """
    该函数用于构建命令行参数解析器
    :return:  返回构建好的 ArgumentParser 对象
    """
    parser = ArgumentParser()  # 创建 ArgumentParser 对象
    parser.add_argument('--image', dest='img', required=True)  # 添加图像路径参数，该参数是必需的
    parser.add_argument('--watermark', dest='wm', required=True)  # 添加水印路径参数，该参数是必需的
    parser.add_argument('--result', dest='res', required=True)  # 添加结果保存路径参数，该参数是必需的
```

```
    parser.add_argument('--alpha', dest='alpha', default=ALPHA)  # 添加透明度参数，默认值为 ALPHA
    return parser  # 返回 ArgumentParser 对象

```

```
# 主函数
def main():
    parser = build_parser()  # 构建命令行参数解析器
    options = parser.parse_args()  # 解析命令行参数

    img = options.img  # 获取图像路径
    wm = options.wm  # 获取水印路径
    res = options.res  # 获取结果保存路径
    alpha = float(options.alpha)  # 将透明度参数转换为浮点数

    if not os.path.isfile(img):  # 检查图像文件是否存在
        parser.error("image %s does not exist." % img)  # 若不存在，报错
    if not os.path.isfile(wm):  # 检查水印文件是否存在
        parser.error("watermark %s does not exist." % wm)  # 若不存在，报错

    encode(img, wm, res, alpha)  # 调用编码函数

```

```
# 图像编码函数
def encode(img_path, wm_path, res_path, alpha):
    """
    该函数用于对图像进行编码，添加水印
    :param img_path: 原始图像的路径
    :param wm_path: 水印图像的路径
    :param res_path: 效果图像的保存路径
    :param alpha: 水印的透明度
    """
    img = cv2.imread(img_path)  # 读取原始图像
    img_f = np.fft.fft2(img)  # 对原始图像进行傅里叶变换
    height, width, channel = np.shape(img)  # 获取图像的高度、宽度和通道数
    watermark = cv2.imread(wm_path)  # 读取水印图像
    wm_height, wm_width = watermark.shape[0], watermark.shape[1]  # 获取水印图像的高度和宽度
    x, y = range(height / 2), range(width)  # 生成索引范围
    random.seed(height + width)  # 设置随机数种子
    random.shuffle(x)  # 随机打乱索引 x
    random.shuffle(y)  # 随机打乱索引 y

```

```
    tmp = np.zeros(img.shape)  # 创建临时数组
    for i in range(height / 2):  # 遍历图像的上半部分
        for j in range(width):  # 遍历图像的每一列
            if x[i] < wm_height and y[j] < wm_width:  # 判断是否在水印图像范围内
                tmp[i][j] = watermark[x[i]][y[j]]  # 将水印图像的值赋给临时数组
                tmp[height - 1 - i][width - 1 - j] = tmp[i][j]  # 对称位置也赋值

    res_f = img_f + alpha * tmp  # 将水印与原始图像的傅里叶变换相加
    res = np.fft.ifft2(res_f)  # 进行傅里叶逆变换
    res = np.real(res)  # 取实部

    cv2.imwrite(res_path, res, [int(cv2.IMWRITE_JPEG_QUALITY), 100])  # 保存效果图像

if __name__ == '__main__':
    main()  # 当模块作为主程序运行时，调用 main 函数
```

图像嵌入水印执行结果，如图 4-5 所示。

从图 4-5(c)中可以看出，如果是直接嵌入水印，水印效果会浮于原始图片上面，痕迹比较明显，但是在图 4-5(d)中，水印成功嵌入原始图像中，且嵌入后的图像与原始图像在视觉上没有明显差异，实现了较好的盲水印嵌入效果。同时，该方法能够在不影响原始图像质量的前提下，有效地隐藏水印信息，具有一定的实用性。

图 4-5(a)

图 4-5(b)

图 4-5(c)

图 4-5(d)

(a) 原图

PYTHON

(b) 水印图片

(c) 嵌入水印后的效果图

(d) 嵌入盲水印后的效果图

图 4-5　嵌入水印执行效果图

重要函数说明

decode(ori_path, img_path, res_path, alpha)：在函数内部，首先读取原始图像和待处理图像，然后对它们进行傅里叶变换，得到 ori_f 和 img_f。通过计算(ori_f - img_f) / alpha 得到水印 watermark，并取其实部。接着，创建一个全零的结果数组 res，然后设置随机数种子，并打乱索引 x 和 y。通过遍历索引，将水印的值赋给结果数组 res。最后，使用 cv2.imwrite()函数将效果图像保存到指定路径。

示例代码如下：

```
/*************************************************************
    程序名：eg 4.4
    描  述：提取水印
*************************************************************/
# coding=utf-8
import cv2
import numpy as np
import random
import os
from argparse import ArgumentParser
ALPHA = 5  # 定义透明度常量
```

```
# 构建命令行参数解析器
```

```
def build_parser():
    """
    此函数用于构建命令行参数解析器
    :return: 返回构建好的 ArgumentParser 对象
    """
    parser = ArgumentParser()  # 创建 ArgumentParser 对象
    parser.add_argument('--original', dest='ori', required=True)  # 添加原始图像路径参数，该参数是必需的
    parser.add_argument('--image', dest='img', required=True)  # 添加待处理图像路径参数，该参数是必需的
    parser.add_argument('--result', dest='res', required=True)  # 添加结果保存路径参数，该参数是必需的
    parser.add_argument('--alpha', dest='alpha', default=ALPHA)  # 添加透明度参数，默认值为 ALPHA
    return parser  # 返回构建好的 ArgumentParser 对象
```

```
# 主函数
```

```
def main():

    parser = build_parser()  # 构建命令行参数解析器
    options = parser.parse_args()  # 解析命令行参数
```

```
    ori = options.ori    # 获取原始图像路径

    img = options.img    # 获取待处理图像路径
    res = options.res    # 获取结果保存路径
    alpha = float(options.alpha)    # 将透明度参数转换为浮点数

    if not os.path.isfile(ori):    # 检查原始图像文件是否存在
        parser.error("original image %s does not exist." % ori)    # 若不存在，报错
    if not os.path.isfile(img):    # 检查待处理图像文件是否存在
        parser.error("image %s does not exist." % img)    # 若不存在，报错

    decode(ori, img, res, alpha)    # 调用解码函数

```

图像解码函数

```
def decode(ori_path, img_path, res_path, alpha):
    """
    该函数用于对图像进行解码，提取水印
    :param ori_path:    原始图像的路径
    :param img_path:    待处理图像的路径
    :param res_path:    效果图像的保存路径
    :param alpha:    透明度
    """
    ori = cv2.imread(ori_path)    # 读取原始图像
    img = cv2.imread(img_path)    # 读取待处理图像
    ori_f = np.fft.fft2(ori)    # 对原始图像进行傅里叶变换
    img_f = np.fft.fft2(img)    # 对待处理图像进行傅里叶变换
    height, width = ori.shape[0], ori.shape[1]    # 获取原始图像的高度和宽度
    watermark = (ori_f - img_f) / alpha    # 计算水印
    watermark = np.real(watermark)    # 取水印的实部

    res = np.zeros(watermark.shape)    # 创建结果数组
    random.seed(height + width)    # 设置随机数种子
    x = range(height / 2)    # 生成索引范围
    y = range(width)
    random.shuffle(x)    # 随机打乱索引 x
    random.shuffle(y)    # 随机打乱索引 y

    for i in range(height / 2):    # 遍历图像的上半部分
        for j in range(width):    # 遍历图像的每一列
            res[x[i]][y[j]] = watermark[i][j]    # 将水印的值赋给结果数组
```

```
        cv2.imwrite(res_path, res, [int(cv2.IMWRITE_JPEG_QUALITY), 100])  # 保存效果图像

if __name__ == '__main__':
    main()  # 当模块作为主程序运行时，调用 main 函数
```

图像提取水印执行结果如图 4-6 所示。

图 4-6

图 4-6 提取水印执行效果图

从图 4-6 效果上看，提取的盲水印效果不是很好，只能看出基本的水印轮廓。整体来看，程序通过在频率域进行水印的嵌入和提取操作，利用傅里叶变换和随机索引的方式实现了相对隐蔽的水印嵌入以及相应位置的水印提取。这种方法在图像版权保护等领域具有一定的应用价值，但可能存在一些局限性，如对于经过大量压缩或处理的图像，水印的完整性和可提取性可能会受到影响。同时，水印的透明度设置也会影响水印的可见性和提取效果，需要根据实际应用需求进行合理调整。

4.4 离散余弦变换

离散余弦变换具有能量集中、去相关性、逼近性能好和适应性强等特点。离散余弦变换在图像和信号处理中具有重要作用，如在图像压缩标准中被广泛应用。

4.4.1 定义和原理

离散余弦变换是一种将实数数据序列变换到频域的线性变换方法。

离散余弦变换具有将信号的能量集中在少数低频系数上的特性。对于图像等数据，低频部分通常对应着图像的整体轮廓和缓慢变化的区域，而高频部分则对应着图像的细节和边缘。离散余弦变换是一种正交变换，即不同频率的基函数之间相互正交。离散余弦变换可以看作实偶函数的离散傅里叶变换的一种特殊形式。离散余弦变换只使用实数运算，避免了离散傅里叶变换中复数运算带来的复杂性，同时在一定程度上保留了离散傅里叶变换的频率分析特性。

4.4.2 特点和优势

图像经过离散余弦变换后，信号的大部分能量往往集中在低频部分的系数中。对于图像来说，低频系数对应着图像的大致轮廓和缓慢变化的区域，这些区域通常包含了图像的主要信息。这种能量集中特性使得在图像和信号处理中，可以通过保留少量重要的低频系数，而舍弃相对不重要的高频系数，从而实现高效的数据压缩和编码。例如，在图像压缩标准如 JPEG 中，就是利用了离散余弦变换的这一特点，对图像进行分块变换后，对系数进行量化和编码，达到压缩图像的目的。

离散余弦变换能够有效地去除信号中的相关性。原始信号中的数据往往存在一定的相关性，这会导致数据冗余，增加存储和传输的成本。离散余弦变换能够将信号转换到频域，使得各个系数之间的相关性大大降低。去相关性后的系数更适合进行各种后续处理，如编码、滤波等。在图像压缩中，量化操作可以更有效地对去相关性后的系数进行处理，进一步提高压缩比。

对于很多自然图像信号，离散余弦变换能够提供较好的逼近性能。通过选择适当数量的离散余弦变换系数，可以在一定程度上恢复原始信号，同时保持较高的精度。离散余弦变换适应不同类型的信号，即无论是一维信号还是二维信号(如图像)，离散余弦变换都能有效地发挥作用。它可以根据信号的特点和需求，灵活地调整变换的参数和规模，以实现最佳的处理效果。

4.4.3 实例及代码实现

程序对输入图像的离散余弦变换压缩功能，就是通过相应的函数，根据指定的压缩因子对图像进行压缩，并将压缩后的图像保存到文件中。

重要函数说明

dct_compression 函数：对输入的图像进行离散余弦变换压缩。

- 返回值：压缩后的图像，类型为'np.ndarray'。
- 参数含义：

  image_path：字符串，输入图像的路径。

  compression_factor：整数，用于压缩离散余弦变换系数的阈值。

dct 函数：对输入数据进行离散余弦变换。

- 返回值：变换后的结果，类型与输入数据相同。

- 参数含义：输入数据，根据具体调用情况而定。

  norm='ortho'：指定使用正交归一化。

idct 函数：对输入数据进行逆离散余弦变换。

- 返回值：逆变换后的结果，类型与输入数据相同。
- 参数含义：输入数据，根据具体调用情况而定。

norm='ortho'：指定使用正交归一化。

示例代码如下：

```
/*************************************************************
    程序名：eg 4.5
    描  述：离散余弦变换压缩图像
*************************************************************/
import numpy as np
import cv2
from scipy.fftpack import dct, idct

def dct_compression(image_path, compression_factor):
    # 读取图像
    img = cv2.imread(image_path, 0)

    # 获取图像尺寸
    height, width = img.shape

# 对图像进行分块，这里假设块大小为8×8
    block_size = 8
    num_blocks_h = height // block_size
    num_blocks_w = width // block_size

    compressed_img = np.zeros((height, width), dtype=np.float32)
    for i in range(num_blocks_h):
        for j in range(num_blocks_w):
            block = img[i*block_size:(i+1)*block_size,
j*block_size:(j+1)*block_size]
            # 对块进行离散余弦变换
            dct_block = dct(dct(block.T, norm='ortho').T, norm='ortho')

            # 压缩 DCT 系数
            dct_block[abs(dct_block) < compression_factor] = 0

```

```
                # 逆离散余弦变换得到压缩后的块
                compressed_block = idct(idct(dct_block.T, norm='ortho').T,
    norm='ortho')

                compressed_img[i*block_size:(i+1)*block_size, j*block_size:(j+1)*block_size] = compressed_
    block
    return compressed_img
```

```
# 使用示例
image_path = "ori.jpg"
compression_factor = 50
compressed_image = dct_compression(image_path, compression_factor)
cv2.imwrite("compressed_image.jpg", compressed_image)
```

在上述代码中，dct_compression 函数实现了图像的离散余弦变换压缩。它将图像分成 8×8 的块，对每个块进行离散余弦变换，然后根据给定的压缩因子去除较小的系数，最后进行逆离散余弦变换(Inverse Discrete Cosine Transform,IDCT)得到压缩后的块。从图 4-7 可以看到，压缩后的图像在数据量上有明显减少(从原始图像的 1.3MB 到压缩后的 512.99kB)，同时图像的大致轮廓和主要特征仍然保留，但一些细节部分可能会因为系数压缩而变得模糊或丢失。

图 4-7(a)

图 4-7(b)

(a) 原图

(b) 压缩后效果图

图 4-7　使用 DCT 压缩前后对比图

【扩展阅读】

Photoshop 在数字图像处理领域的应用

4.5 思考练习

1. 图像缩放变换与插值方法比较

题目描述：读取一张彩色图像，分别使用最近邻插值和双线性插值方法将图像放大为原来的 2 倍，再缩小为原来的 0.5 倍。

实验要求：针对每种插值方法和缩放比例，显示原始图像和处理后的图像。分析不同插值方法在图像缩放过程中对图像质量的影响，比较放大和缩小后图像的清晰度、边缘锯齿情况等。

2. 离散余弦变换与不同块大小的压缩效果

题目描述：读取一张灰度图像，使用离散余弦变换进行图像压缩。分别尝试块大小为 4×4、8×8 和 16×8 时的压缩效果，设置相同的压缩因子。

实验要求：利用 Python、OpenCV 库以及相关的离散余弦变换库(如 Scipy)完成操作。呈现原始图像以及不同块大小压缩后的图像。分析不同块大小对压缩效果的影响，包括压缩后图像的质量、文件大小以及压缩时间等方面。

3. 双谱重构及部分频谱重构效果

题目描述：读取一张灰度图像，进行傅里叶变换得到幅度谱和相位谱。选择幅度谱的低频部分(如中心区域半径为图像边长 1/4 的圆形区域)和高频部分(如距离中心区域半径为图像边长 1/2 到 3/4 的环形区域)分别与相位谱进行重构，再与完整双谱重构图像进行对比。

实验要求：展示原始图像、幅度谱、相位谱以及三种重构图像(低频部分重构、高频部分重构和完整双谱重构)。分析低频部分和高频部分在图像重构中的作用，比较它们与完整双谱重构图像在图像结构和细节上的差异。

第 5 章

图像增强

图像增强是一种图像处理技术，其目的是通过对图像进行处理，改善图像的视觉效果或使图像更适合特定的应用需求。例如，增强图像中的特定特征，如边缘、纹理、目标等，有助于后续的图像处理和分析任务，如目标检测、识别和跟踪等。又如，对于一些质量较差的图像，如噪声较大、模糊不清的图像，通过增强处理可以提高图像的可读性，使图像中的信息更容易被获取和理解。在不同的应用领域，如医学、遥感、安防等，图像增强可以根据具体的需求对图像进行处理，以满足特定的应用要求。

具体来说，图像增强可以调整图像的对比度、亮度、色彩、清晰度等，以突出图像中的重要信息，抑制或消除无关信息或干扰信息，从而使图像更易于理解和分析。图像增强可以在空间域或频率域中进行，采用的方法包括灰度变换、直方图均衡化、滤波、锐化、伪彩色处理等。

本章将重点讲解用 Python 及 OpenCV 进行基于直方图均衡的图像增强、空间域滤波增强、频率域平滑滤波器和频率域锐化滤波器等。

本章学习目标

◎ 理解并掌握图像增强的基本概念，以及不同图像增强方法的原理和适用场景。

◎ 熟悉常见的图像增强算法，如灰度变换、直方图均衡化、滤波、锐化等，能够使用相关的图像处理工具和库来实现图像增强。

◎ 掌握如何根据具体需求选择合适的图像增强方法，以及能够调整图像增强算法的参数以达到最佳的增强效果，并能对增强后的图像进行评估和分析。

◎ 通过实际案例，加深对图像增强的理解，提升编程和解决实际问题的能力。

素质要点

◎ 培养审美意识与创新思维：学生在图像增强技术的学习过程中，理解图像增强对提升视觉效果和突出重要信息的作用，培养审美能力。积极尝试不同的增强方法和参数设置，以创新的思维方式探索如何更好地呈现图像内容，如同艺术家通过不同手法展现作品魅力，为未来从事相关创意工作奠定基础。

◎ 树立正确的价值观与责任感：图像增强技术在众多领域(如医学、安防等)的重要应用价值，关系到人们的健康、安全和社会的正常运转。学生在图像增强技术的学习过程中，培养社会责任感，明白准确处理图像、提供清晰有效的信息是对社会负责的表现，在学习和实践中应追求卓越，确保技术应用的准确性和可靠性。

5.1 图像增强概述

图像增强是一种非常重要的图像处理技术，它可以有效地提高图像的质量和可读性，为后续的图像处理和分析任务提供更好的基础。常见的图像增强方法包括空间域增强和频率域增强。图像增强的步骤包括确定增强目标、图像分析、选择增强方法、参数调整、效果评估和优化调整。

5.1.1 图像增强的主要作用

1. 改善视觉效果

(1) 提高图像对比度：使图像中不同区域的亮度差异更加明显，增强图像的层次感，让图像中的物体更容易被区分和识别。例如，对于一幅风景照片，增强对比度可以使天空更蓝、云朵更白、山脉的轮廓更加清晰。

(2) 增强图像亮度：使较暗的图像中的细节更加清晰可见。比如在低光照条件下拍摄的照片，通过增强亮度可以让原本昏暗的场景变得明亮起来，更好地展现出物体的颜色和形状。

(3) 增加色彩饱和度：使图像的颜色更加鲜艳、生动。这对于一些需要突出色彩效果的图像，如艺术作品、广告宣传图片等非常有用。增强色彩饱和度可以让红色更红、蓝色更蓝，使图像更具吸引力。

2. 突出重要特征

(1) 强化边缘信息：通过锐化等处理方法，突出图像中物体的边缘，使物体的轮廓更加清晰。这对于图像分析和目标识别非常重要，因为边缘信息往往包含了物体的形状和结构特征。例如，在医学图像中，增强边缘可以帮助医生更准确地诊断疾病。

(2) 凸显纹理特征：使图像中的纹理更加明显，如木材的纹理、织物的纹理等。纹理特征可以提供关于物体表面性质的信息，对于材料分析、文物保护等领域具有重要意义。

(3) 突出特定目标：在复杂的图像中，通过增强特定目标的对比度、亮度等属性，可以使其更加突出，便于后续的处理和分析。例如，在卫星图像中，突出特定的地物目标，如建筑物、道路等，可以为城市规划和资源管理提供重要依据。

3. 提高图像可读性

(1) 去除噪声。图像在采集、传输和存储过程中可能会受到各种噪声的干扰，如椒盐噪声、高斯噪声等。通过滤波等方法去除噪声，可以提高图像的清晰度和可读性。例如，在数字摄影中，去除噪声可以使图像更加清晰，减少颗粒感。

(2) 增强模糊图像。对于因运动模糊、失焦等原因导致的模糊图像，可以通过图像增强技术进行恢复和改善，使图像中的细节更加清晰可辨。这对于视频监控、交通管理等领域具有重要应用价值。

(3) 适应不同显示设备和环境。图像增强可以根据具体的显示设备和环境条件，对图像进行调整和优化，确保图像在不同的情况下都能呈现出良好的视觉效果。例如，在户外大屏幕显示和手机小屏幕显示上，需要对图像进行不同程度的增强处理，以适应不同的观看条件。下面列举一些需要使用图像增强处理的场景。

① 医学图像——拍摄条件不好—需要增强处理。(图 5-1)

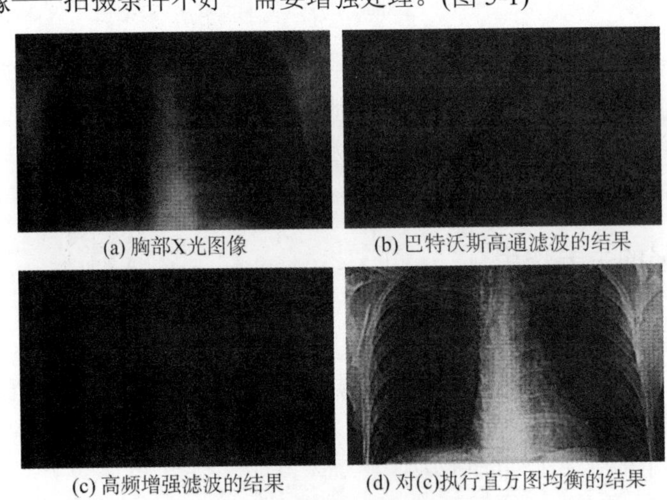

(a) 胸部X光图像　(b) 巴特沃斯高通滤波的结果

(c) 高频增强滤波的结果　(d) 对(c)执行直方图均衡的结果

图 5-1　医学影像图像增强处理

② 车牌识别预处理——车牌图像需要增强处理。(图 5-2)

图 5-2　车牌图像增强处理

③人脸识别预处理——人脸图像需要增强处理。(图 5-3)

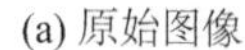

(a) 原始图像

(b) 增强后的图像

图 5-3　人脸图像增强处理

5.1.2　图像增强的方法

图像增强是一种通过对图像进行处理改善其视觉效果或使图像更适合特定应用的技术。以下是一些常见的图像增强方法。

1. 空间域增强

(1) 灰度变换：可细分为线性灰度变换和非线性灰度变换，主要通过改变图像的灰度值改善图像的视觉效果或突出特定的特征。例如，对于 X 光图像，可以通过线性灰度变换或对数变换增强骨骼和软组织的对比度；对于卫星图像，可以通过指数变换增强水体和植被的对比度；在工业检测中，通过灰度变换可以突出显示产品的缺陷部分。OpenCV 库中的查找表函数 cv2.LUT 可实现灰度变换，函数接受输入图像和查找表作为参数。查找表是一个一维数组，其长度通常为 256(对于 uint8 类型的图像)，用于存储每个灰度值的映射结果，返回经过查找表增强后的图像。

(2) 直方图均衡化：通过调整图像的直方图分布，使图像的灰度分布更加均匀，从而增强图像的对比度。该方法不依赖于图像的具体内容，具有自适应性，但在某些情况下，可能会导致图像细节的丢失。常见的函数有 cv2.equalizeHist 和 cv2.createCLAHE。

(3) 图像平滑：可细分为均值滤波和中值滤波。该方法旨在减少图像中的噪声，使图像变得更加平滑，同时尽可能地保留图像的重要特征和细节。例如，图像在采集、传输和处理过程中可能会受到各种噪声的干扰，如椒盐噪声等，图像平滑可以有效地减少这些噪声，使图像更加清晰，并且在一定程度上可以保留图像的边缘信息。常见的函数有均值滤波(cv2.blur)、高斯滤波(cv2.GaussianBlur)和双边滤波(cv2.bilateralFilter)等。

(4) 图像锐化：可细分为拉普拉斯算子(cv2.Laplacian)、Sobel 算子(cv2.Sobel)和 Prewitt 算子。该方法旨在增强图像的边缘和细节，使图像更加清晰、鲜明，提高图像的视觉效果和可辨识度。但如果参数设置不当，可能会导致噪声放大，出现伪边缘等问题。常见的函数有拉普拉斯算子、Sobel 算子和自定义卷积核锐化(cv2.filter2D)等。

2. 频率域增强

(1) 傅里叶变换：将图像从空间域转换到频率域，在频率域中对图像进行处理，然后将处理后的图像转换回空间域。

(2) 低通滤波：通过去除图像中的高频成分，保留低频成分，从而达到平滑图像的目的。常见的低通滤波器有理想低通滤波器、巴特沃斯(Butterworth)低通滤波器和高斯低通滤波器等。

(3) 高通滤波：通过去除图像中的低频成分，保留高频成分，从而突出图像的边缘信息。常见的高通滤波器有理想高通滤波器、Butterworth 高通滤波器和高斯高通滤波器等。

(4) 带通滤波和带阻滤波：分别通过保留或去除图像中的特定频率范围的成分，实现对图像的增强。带通滤波和带阻滤波可以用于提取图像中的特定特征，如纹理、周期性图案等。

3. 其他增强方法

(1) 伪彩色增强：将灰度图像转换为彩色图像，通过赋予不同的灰度值不同的颜色，增强图像的视觉效果。通过伪彩色增强，可以突出图像中的不同区域，便于观察和分析。可以使用自定义的灰度分层法，将图像的灰度值范围划分为多个区间，对每个区间赋予一种颜色，从而将灰度图像转换为彩色图像，以突出不同灰度级别的区域。

(2) 多尺度分析：如小波变换等，将图像分解为不同尺度和频率的子图像，然后对不同尺度的子图像进行增强处理，最后将处理后的子图像组合起来得到增强后的图像。通过多尺度分析，可以在不同尺度上突出图像的不同特征，同时保留图像的细节信息。例如，PyWavelets 库中的 pywt.dwt 函数和 pywt.idwt 函数，它们主要用于离散小波变换(Discrete Warelt Transform，DWT)及逆变换。

在实际应用中，可以根据具体的需求和图像特点选择合适的图像增强方法。有时也可以结合多种方法来达到更好的增强效果。

5.1.3 图像增强的步骤

图像增强一般可以分为以下几个步骤。

1. 确定增强目标

首先要明确图像增强的目的是什么。比如，是为了提高图像的对比度以便更好地观察细节，还是去除噪声使图像更清晰，抑或是突出特定的特征以便后续的分析处理等。不同的目标将决定采用不同的增强方法和参数。

2. 图像分析

观察图像的特点，包括整体亮度、对比度、色彩分布、噪声情况以及是否存在模糊、边缘不清晰等问题。例如，分析图像的直方图，了解图像的灰度分布情况。如果直方图集中在某个狭窄的灰度范围内，说明图像对比度可能较低；如果直方图存在多个峰值，可能意味着图像中有多个不同的亮度区域。

3. 选择增强方法

根据增强目标和图像分析的结果选择合适的增强方法。常见的方法有以下几种。

(1) 空间域增强(灰度变换、直方图均衡化、图像平滑、图像锐化)：可调整图像的亮度和对比度，去除噪声，突出图像的边缘和细节。

(2) 频率域增强：通过傅里叶变换将图像转换到频率域，然后进行低通滤波、高通滤波、带通滤波等操作，分别实现平滑、锐化和提取特定频率特征等目标。

(3) 彩色图像增强：对彩色图像的 RGB 通道分别进行处理或转换到 HSV 等颜色空间，对不同分量进行调整。

4. 参数调整

对于选定的图像增强方法，可能需要调整一些参数以达到最佳的增强效果。

(1) 在灰度变换中，调整线性变换的斜率和截距，或者选择合适的对数变换和指数变换的参数。

(2) 在直方图均衡化中，可以根据需要选择局部直方图均衡化或全局直方图均衡化，以及调整一些相关参数。

(3) 在滤波操作中，调整滤波器的大小、形状和参数，如均值滤波的窗口大小、高斯滤波的标准差等。

5. 效果评估

(1) 直观观察：通过肉眼观察增强后的图像，判断是否实现了预期的增强目标，如图像是否更清晰、对比度是否提高、噪声是否减少、特征是否更突出等。

(2) 定量评估：可以使用一些定量的指标评估增强效果，如峰值信噪比、结构相似性指数等。这些指标可以衡量增强后的图像与原始图像之间的差异和相似性。

6. 优化和调整

如果增强效果不理想，可以返回前面的步骤进行优化和调整。例如，重新选择增强方法、调整参数或者结合多种增强方法进行综合处理，直到获得满意的增强结果。

以上主要介绍了图像增强的定义、作用、具体的增强方法和操作步骤。随着技术的不断发展，图像增强技术也在不断创新和进步。未来，图像增强可能会更加智能化，能够自动识别图像的特点和需求，选择最佳的增强方法和参数。同时，结合深度学习等先进技术，有望实现更加高效、准确的图像增强，为各个领域的图像处理任务提供更强大的支持。

5.2 直方图均衡

直方图均衡是一种通过调整图像的直方图分布增强对比度的方法。它具有算法简单、能显著增强对比度等优点，但也可能导致细节丢失、过度增强和灰度级减少等。

5.2.1 直方图均衡的原理

首先计算原始图像的灰度直方图；然后计算累计分布函数，即累计分布函数表示小于或等于某个灰度级的像素数量占总像素数量的比例；最后根据累计分布函数，将原始图像中的每个像素的灰度值映射到新的灰度值，得到均衡化后的图。直方图均衡化可以使图像的对比度得到显著提升，尤其是对于对比度较低的图像效果明显。但它可能会导致图像一些细节丢失，并且对于某些特定的图像，可能会出现过度增强的情况。实例效果如图 5-4 所示。

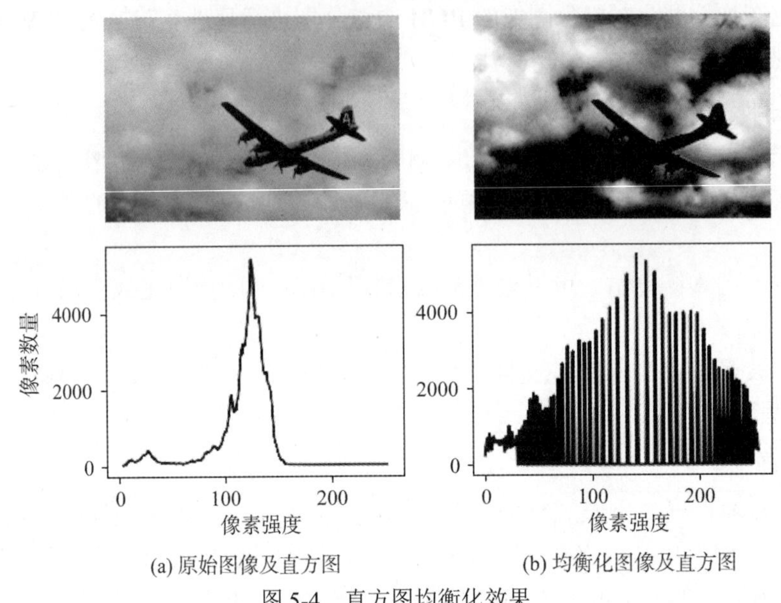

(a) 原始图像及直方图　　(b) 均衡化图像及直方图

图 5-4　直方图均衡化效果

从图 5-4 中可以看到，原始图片整体偏暗且灰度值集中在较小区间的图像中，均衡化后暗部细节会变亮，亮部细节也会更清晰，整体对比度明显提高。

5.2.2　直方图均衡的特点

1. 直方图均衡的优点

直方图均衡化能够有效地扩展图像的灰度动态范围，使图像中原本较暗或较亮的区域变得更加清晰可见，从而显著增强图像的对比度。这对于一些低对比度的图像，如在光线不足或过度曝光条件下拍摄的照片，具有很好的改善效果。例如，在医学影像中，直方图均衡可以使病变组织与正常组织之间的差异更加明显，有助于医生进行准确的诊断。

直方图均衡化算法相对简单，主要涉及对图像灰度直方图的统计和累积分布函数的计算，然后进行灰度映射即可。其计算量较小，执行速度快，适用于实时处理和大规模图像数据的处理。在很多图像处理软件和硬件中都可以很容易地实现直方图均衡化，方便用户快速提升图像质量。它不需要对图像的内容和特征有先验知识，适用于各种类型的图像。它是一种基于图像灰度统计特性的自动增强方法，能够根据图像自身的灰度分布情况进行调整，具有较强的自适应性。

直方图均衡化是一种全局的增强方法，它对整幅图像的灰度分布进行调整，使得图像的整体对比度得到提升。这种全局增强的特性在一些情况下可以使图像的整体视觉效果更加统一和协调。

2. 直方图均衡的缺点

在增强对比度的过程中，直方图均衡可能会导致图像一些细节的丢失。由于是对图像的全局灰度分布进行调整，它可能会使某些局部区域的灰度值被过度调整，从而模糊了一些原本清晰的细节。例如，在一幅包含丰富纹理的图像中，通过直方图均衡化后，纹理细节可能会变得不那么明显。对于一些原本对比度就较高的图像，直方图均衡化可能会导致过度增强的效果，使图像看起来不自然。特别是在图像的边缘和噪声区域，可能会出现明显的增强痕迹，影响图像的质量。 例如，在一些高对比度的摄影作品中，应用直方图均衡可能会使颜色过于鲜艳，使作品失去原本的艺术效果。

直方图均衡化可能会导致图像的灰度级减少，出现所谓的“灰度简并”现象。这是因为在均衡化过程中，一些原本不同的灰度值可能会被映射到相同的灰度值，从而减少了图像的灰度层次。这可能会使图像在某些细节表现上不如原始图像丰富，影响图像的视觉效果。

另外，对于一些具有特殊灰度分布的图像，如包含大量单一颜色区域或具有特定模式的图像，直方图均衡化可能无法取得理想的增强效果。在这些情况下，可能需要采用其他更有针对性的图像增强方法。

5.2.3 实例及代码实现

程序主要对一幅原始图像进行多种直方图相关的处理，并将处理结果以及原始图像和模板图像一起展示出来。由于使用了直方图匹配函数，它是一种将一幅图像的直方图调整为与另一幅图像(模板图像)的直方图相似的技术。通过这种方法，可以使原始图像具有与模板图像相似的灰度分布。图 5-5 展示的图像共有 5 个部分，分别对应原始图像、直方图均衡化后的图像、自适应直方图均衡化后的图像、模板图像及直方图匹配后的图像。

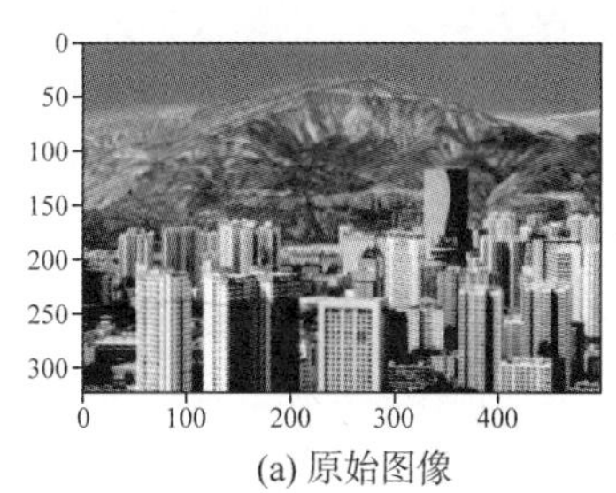

(a) 原始图像

(b) 直方图均衡化图像

(c) 自适应直方图均衡化图像

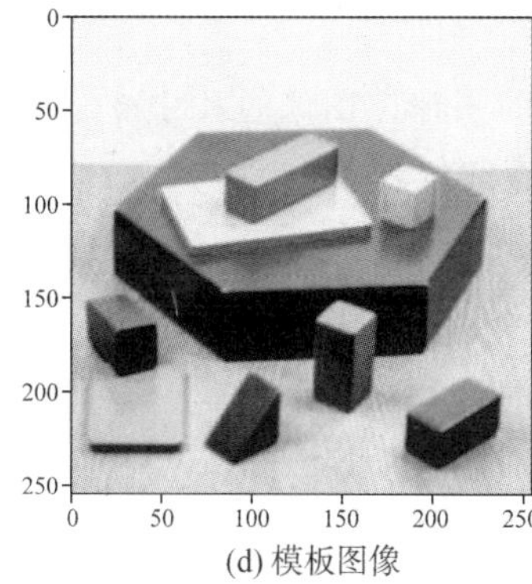

(d) 模板图像

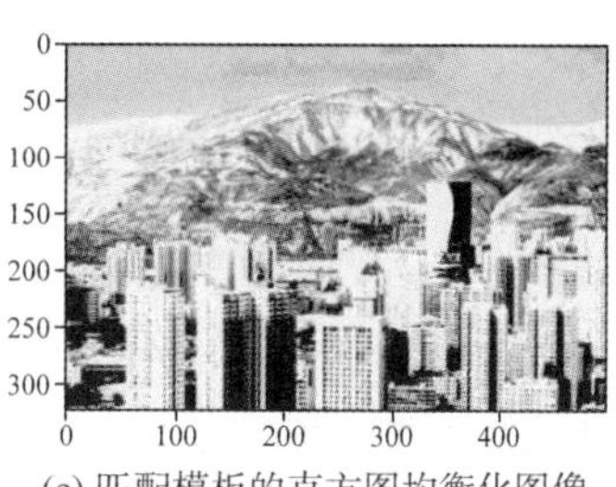

(e) 匹配模板的直方图均衡化图像

图 5-5 直方图均衡化效果对比图

重要函数说明

cv2.equalizeHist(image)：对输入的图像进行直方图均衡化操作。直方图均衡化是一种图像处理技术，它通过调整图像的像素值分布，使得图像的对比度得到增强，从而使图像中的细节更加清晰可见。它的基本原理是将图像的直方图拉伸到整个灰度级范围，使得每个灰度级都有大致相同数量的像素。

- 返回值：返回经过直方图均衡化处理后的图像，图像的尺寸和数据类型与输入图像相同，但像素值分布得到了调整。
- 参数含义：

image：需要进行直方图均衡化的输入图像，要求是单通道的灰度图像(如通过 cv2.IMREAD_GRAYSCALE 模式读取的图像)。

cv2.createCLAHE(clipLimit=2.0, tileGridSize=(8, 8))：创建一个自适应直方图均衡化(CLAHE　Contrast Limited Adaptive Histogram Equalization)对象。自适应直方图均衡化是直方图均衡化的一种改进方法，它通过将图像分成多个小块(称为瓦片，tile)，然后对每个小块分别进行直方图均衡化，从而避免了在全局直方图均衡化中可能出现的过度增强某些区域的问题。同时，通过设置裁剪限制(clipLimit)来控制对比度增强的程度，防止出现过亮或过暗的区域。

- 返回值：返回一个 cv2.CLAHE 类型的对象，该对象可以用于对图像进行自适应直方图均衡化操作。
- 参数含义：

clipLimit：对比度增强的裁剪限制参数，默认值为 2.0。它控制了直方图均衡化过程中对比度增强的程度。如果某个小块中的像素值分布过于集中，超过了这个限制，那么超出的部分将被裁剪，以避免过度增强对比度导致图像失真。

tileGridSize：瓦片网格大小参数，默认值为(8, 8)。它指定了将图像划分成多少行和多少列的小块(瓦片)。例如，(8, 8)表示将图像划分成 8 行 8 列共 64 个小块，每个小块将独立进行直方图均衡化操作。

histogram_matching(source, template)：实现直方图匹配功能。直方图匹配是一种将一幅图像的直方图调整为与另一幅图像(模板图像)的直方图相似的技术。这种方法可以使源图像具有与模板图像相似的灰度分布，从而在某些情况下达到特定的视觉效果或满足特定的处理需求。

- 返回值：返回经过直方图匹配处理后的图像，图像的尺寸与输入的源图像相同，其灰度值分布与模板图像的灰度值分布相似。
- 参数含义：

source：需要进行直方图匹配的源图像，是一个二维的 numpy 数组(通常是单通道的灰度图像数据)。

- template：作为直方图匹配参考的模板图像，也是一个二维的 numpy 数组(同样通常是单通道的灰度图像数据)。

示例代码如下：

```
/**********************************************************
    程序名：eg 5.1
    描  述：直方图均衡化
**********************************************************/
import cv2
import numpy as np
import matplotlib.pyplot as plt
```

```
# 加载原始图像，以灰度模式读取
image = cv2.imread('source.jpg', cv2.IMREAD_GRAYSCALE)
```

```
# 对原始图像进行直方图均衡化
equalized = cv2.equalizeHist(image)
```

```
# 进行自适应直方图均衡化
# 创建自适应直方图均衡化对象，设置裁剪限值为 2.0，瓦片网格大小为(8, 8)
clahe = cv2.createCLAHE(clipLimit=2.0, tileGridSize=(8, 8))
# 应用自适应直方图均衡化到原始图像
adaptive_equalized = clahe.apply(image)
```

```
# 定义直方图匹配函数
def histogram_matching(source, template):
    oldshape = source.shape
    source = source.ravel()
    template = template.ravel()
    s_values, bin_idx, s_counts = np.unique(source, return_inverse=True, return_counts=True)
    t_values, t_counts = np.unique(template, return_counts=True)

    s_quantiles = np.cumsum(s_counts).astype(np.float64)
    s_quantiles /= s_quantiles[-1]
    t_quantiles = np.cumsum(t_counts).astype(np.float64)
    t_quantiles /= t_quantiles[-1]

    interp_t_values = np.interp(s_quantiles, t_quantiles, t_values)
    return interp_t_values[bin_idx].reshape(oldshape)
```

```
# 加载模板图像，以灰度模式读取
template_image = cv2.imread('blox.jpg', cv2.IMREAD_GRAYSCALE)
```

```
# 对原始图像和模板图像进行直方图匹配
matched = histogram_matching(image, template_image)
```

```
# 显示结果
plt.figure(figsize=(10, 8))
plt.subplot(2, 3, 1)
plt.title('Original Image')
plt.imshow(image, cmap='gray')
plt.subplot(2, 3, 2)
plt.title('Histogram Equalized')
plt.imshow(equalized, cmap='gray')
plt.subplot(2, 3, 3)
plt.title('Adaptive Histogram Equalized')
plt.imshow(adaptive_equalized, cmap='gray')
plt.subplot(2, 3, 4)
plt.title('Template')
plt.imshow(template_image, cmap='gray')
plt.subplot(2, 3, 5)
plt.title('Histogram Matched')
plt.imshow(matched, cmap='gray')

plt.tight_layout()
plt.show()
```

通过图 5-5 可以看出，图 5-5(a)展示了原始图像的灰度分布情况。经过直方图均衡化，图像的对比度得到了增强，图像的细节更加清晰。但可能存在过度增强的问题[图 5-5(b)]，而自适应直方图均衡化则在局部区域上进行调整，使图像更加自然 [图 5-5(c)]。直方图匹配可以使图像具有与特定模板 [图 5-5(d)] 相似的灰度分布，这从 [图 5-5(e)] 可以看出，匹配后的图像在灰度分布上与模板图像更加接近，具有相似的视觉效果。这些方法在实际的图像处理应用中都有各自的适用场景，可以根据具体的目标和图像特点选择合适的方法来改善图像质量或达到特定的视觉效果。

5.3 空间域滤波增强

空间域滤波增强是直接在图像空间中进行滤波操作的图像处理方法，主要包括平滑滤波和锐化滤波。平滑滤波用于去除图像中的噪声，使图像变得更加平滑，常见的方法有均值滤波、超限像素平滑法和高斯滤波等；锐化滤波用于增强图像的边缘和细节，使图像更加清晰，常见的方法有拉普拉斯算子、Sobel 算子和 Prewitt 算子等。

5.3.1 平滑滤波

平滑滤波主要通过对图像中的像素及其邻域进行操作，达到去除噪声和平滑图像的目的。其基本思想是将图像中的每个像素与其邻域内的像素进行某种组合或运算，以得到新的像素值。这种组合或运算通常基于邻域内像素值的平均值、中值或其他统计量。常见的平滑滤波方法包括均值滤波和超限像素平滑法等。

1. 均值滤波

均值滤波是一种线性滤波算法，其优点是算法简单、计算速度快，对高斯噪声等具有较好的平滑效果。然而，它也存在一些缺点，如会使图像变得模糊，丢失细节信息，尤其是在处理边缘和细节丰富的图像时这些缺点会表现得更加明显。

Python 调用 OpenCV 库中的 cv2.blur()函数实现均值滤波处理，输出的 dst 图像与输入图像 src 具有相同的大小和类型。其函数原型如下所示：

```
dst = blur(src, ksize[, dst[, anchor[, borderType]]])
```

其中，src 表示输入图像，它可以有任意数量的通道，但深度应为 CV_8U、CV_16U、CV_16S、CV_32F 或 CV_64F。ksize 表示模糊内核大小，以(宽度，高度)的形式呈现。anchor 表示锚点，即被平滑的那个点，其默认值 Point(-1，-1)表示位于内核的中央，可省略。borderType 表示边框模式，用于推断图像外部像素的某种边界模式，默认值为 BORDER_DEFAULT，可省略。示例如下：

```
# 均值滤波
result = cv2.blur(source, (5, 5))
```

2. 超限像素平滑法

对于图像中的每个像素，设定一个阈值(通常基于图像的局部统计信息或全局统计信息确定)。如果该像素与其邻域像素的差值超过了这个阈值，那么这个像素就被定义为超限像素。对于超限像素，不是简单地用邻域像素的平均值或中值替换它，而是根据其邻域像素的分布情况进行更细致的处理。通常会考虑邻域像素的均值、方差等统计信息，以及超限像素与邻域像素的差值方向等因素，来确定如何调整超限像素的值。

实例及代码实现：程序主要首先对图像添加椒盐噪声和高斯噪声，然后分别使用简单平均法(均值滤波)和超限像素平滑法对噪声图像进行处理，最后展示原始图像、添加噪声后的图像以及处理后的图像。(图 5-6、图 5-7)

(a) 原始图

(b) 对应的灰度图

图 5-6 原始图和对应的灰度图

图 5-6(a)

图 5-6(b)

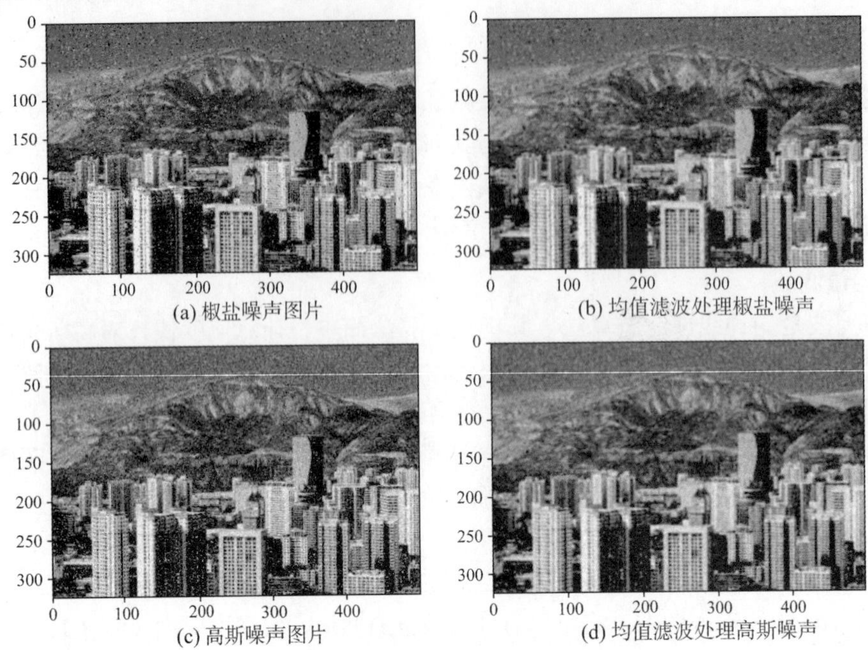
(a) 椒盐噪声图片　(b) 均值滤波处理椒盐噪声

(c) 高斯噪声图片　(d) 均值滤波处理高斯噪声

图 5-7　均值滤波平滑效果对比图

从图 5-7 可以看出，简单平均法(均值滤波)能够在一定程度上减少噪声，但会导致图像模糊和细节丢失。而对比图 5-8，超限像素平滑法在简单平均法的基础上，通过考虑像素差值与阈值的关系，能够更好地保留图像的细节信息，同时能有效地去除噪声，无论是椒盐噪声还是高斯噪声，都取得了较好的处理效果。这表明在图像去噪处理中，超限像素平滑法是一种较为有效的方法，尤其在需要保留图像细节的情况下更具优势。

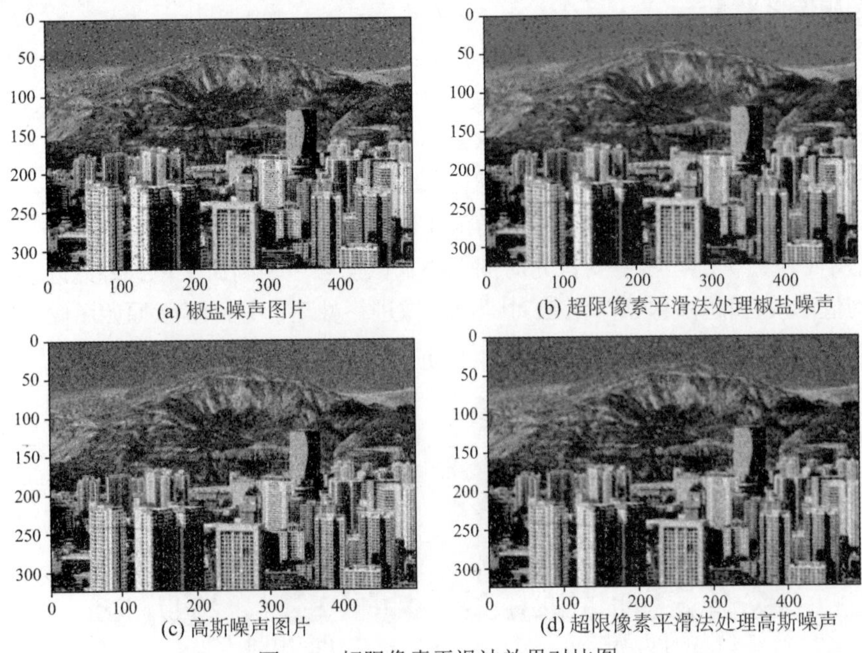
(a) 椒盐噪声图片　(b) 超限像素平滑法处理椒盐噪声

(c) 高斯噪声图片　(d) 超限像素平滑法处理高斯噪声

图 5-8　超限像素平滑法效果对比图

重要函数说明

neighborhood_smooth(img, k=4)：实现简单平均法(均值滤波)对图像进行平滑处理。它遍历图像中除边界像素外的每个像素，计算其 4 邻域(上下左右 4 个相邻像素)像素值的平均值，并用该平均值替换当前像素值，从而达到平滑图像的目的。

- 返回值：返回经过均值滤波处理后的图像，图像的尺寸为原始图像尺寸减去 2 行和 2 列(因为在处理边界像素时未考虑)，数据类型为 np.uint8。
- 参数含义：

img：需要进行平滑处理的输入图像，要求是二维的 numpy 数组(通常为单通道的灰度图像)。

k：邻域像素的数量，默认为 4，表示 4 邻域。理论上可以根据需要修改为其他值，但在本函数中代码是按照 4 邻域的方式编写的。

overite_pixel_smoothing_method(img, T=50)：实现超限像素平滑法对图像进行去噪处理。首先调用 neighborhood_smooth 函数对输入图像进行局部平滑处理，得到一个初步平滑的图像。然后遍历该初步平滑图像中的每个像素，将其与原始图像中对应像素的差值与阈值 *T* 进行比较。如果差值小于等于阈值，则将初步平滑图像中的该像素值替换为原始图像中的对应像素值，最终得到经过超限像素平滑法处理后的图像。

- 返回值：返回经过超限像素平滑法处理后的图像，图像的尺寸和数据类型与 neighborhood_smooth 函数返回的初步平滑图像相同(原始图像尺寸减去 2 行和 2 列，数据类型为 np.uint8)。
- 参数含义：

img：需要进行去噪处理的输入图像，通常是添加了椒盐噪声或高斯噪声的图像，要求是二维的 numpy 数组(单通道的灰度图像)。

T：用于判断像素是否为超限像素的阈值，默认值为 50。如果初步平滑图像中的像素与原始图像中对应像素的差值大于该阈值，则该像素被视为超限像素，可能需要特殊处理(在本函数中特殊处理方式是保持原始值)。

sp_noise(image, prob)：用于给输入图像添加椒盐噪声。它遍历输入图像的每个像素，根据随机生成的概率值决定该像素是否变为椒盐噪声点。如果随机数小于给定的概率 prob，则将像素值设为 0(椒噪声)；如果随机数大于 1 prob，则将像素值设为 255(盐噪声)；否则保持原始像素值不变。

- 返回值：返回添加了椒盐噪声的图像，图像的尺寸和数据类型与输入图像相同(原始图像的尺寸和数据类型)。
- 参数含义：

image：需要添加椒盐噪声的输入图像，要求是二维的 numpy 数组(单通道的灰度图像)。

prob：添加椒盐噪声的概率，取值范围为 0~1。例如，prob = 0.02，表示有 2%的像素可能会被设置为椒盐噪声点。

gasuss_noise(image, mean=0, var=0.001)：用于给输入图像添加高斯噪声。首先将输入图像的像素值归一化到 0 到 1 范围内，然后根据给定的均值 mean 和方差 var 生成符合高斯分布的噪声数组，将该噪声数组与归一化后的图像相加得到添加噪声后的图像。最后将图像的像素值进行裁剪，确保其在 0 到 255 范围内，并转换为 np.uint8 类型。

- 返回值：返回添加了高斯噪声的图像，图像的尺寸和数据类型与输入图像相同(原始图像的尺寸和数据类型)。
- 参数含义：

image：需要添加高斯噪声的输入图像，要求是二维的 numpy 数组(单通道的灰度图像)。

mean：高斯噪声的均值，默认为 0。

var：高斯噪声的方差，默认为 0.001。

示例代码如下：

```
/***************************************************************
    程序名：eg 5.2
    描  述：均值滤波和超限像素平滑法
***************************************************************/
import random
import numpy as np
import matplotlib.pyplot as plt
import cv2 as cv
```

```
# 简单平均法(均值滤波)
def neighborhood_smooth(img, k=4):
    h, w = img.shape[:2]
    # 创建一个新的图像，用于存储滤波结果，尺寸比原图像小 2(去除边界)，因为边界像素无法进行完整的邻域计算
    smooth_img = np.zeros((h - 2, w - 2), dtype=np.uint8)
    for i in range(1, h - 1):
        for j in range(1, w - 1):
            # 计算当前像素点的 4 邻域像素值之和并取平均，将结果赋值给新图像对应位置的像素
            smooth_img[i - 1, j - 1] = (int(img[i - 1, j]) + int(img[i + 1, j])
                                        + int(img[i, j - 1]) + int(img[i, j + 1])) / k
    return smooth_img
```

```
# 超限像素平滑法
def Overite_pixel_smoothing_method(img, T=50):
    # 首先调用局部平滑法进行初步处理
    neighborhood_img = neighborhood_smooth(img, k=4)
    h, w = neighborhood_img.shape[:2]
    for i in range(h):
        for j in range(w):
```

```python
            # 如果当前像素与初步处理后的像素差值小于等于阈值，则保留原始像素值
            if np.abs(neighborhood_img[i, j] - img[i, j]) <= T:
                neighborhood_img[i, j] = img[i, j]
    return neighborhood_img
```

```python
# 生成椒盐噪声图像
def sp_noise(image, prob):
    output = np.zeros(image.shape, np.uint8)
    thres = 1 - prob
    for i in range(image.shape[0]):
        for j in range(image.shape[1]):
            rdn = random.random()
            if rdn < prob:
                output[i][j] = 0    # 生成黑色噪声点(椒噪声)
            elif rdn > thres:
                output[i][j] = 255    # 生成白色噪声点(盐噪声)
            else:
                output[i][j] = image[i][j]
    return output
```

```python
# 生成高斯噪声图像
def gasuss_noise(image, mean=0, var=0.001):
    image = np.array(image / 255, dtype=float)
    noise = np.random.normal(mean, var ** 0.5, image.shape)
    out = image + noise
    if out.min() < 0:
        low_clip = -1.
    else:
        low_clip = 0.
    out = np.clip(out, low_clip, 1.0)
    out = np.uint8(out * 255)
    return out
```

```python
# 读入图像
src = cv.imread("ori.jpg", 0)    # 以灰度图像读入
img = src.copy()
```

```python
# 生成噪声图片
img_sp = sp_noise(img, prob=0.02)    # 添加椒盐噪声，噪声比例为 0.02
img_gauss = gasuss_noise(img, mean=0, var=0.01)    # 添加高斯噪声，均值为 0，方差为 0.01
```

```
# 超限像素平滑法处理两种噪声图片
result_img_sp = Overite_pixel_smoothing_method(img_sp, T=60)
result_img_gauss = Overite_pixel_smoothing_method(img_gauss, T=60)
# 设置中文字体相关参数，使中文标题能正确显示
plt.rcParams["font.sans-serif"] = ["SimHei"]
plt.rcParams["axes.unicode_minus"] = False
# 显示图像
plt.figure(figsize=(10, 8), dpi=100)
plt.subplot(221)
plt.imshow(img_sp, cmap=plt.cm.gray)
plt.title("椒盐噪声图片")
plt.subplot(222)
plt.imshow(result_img_sp, cmap=plt.cm.gray)
plt.title("超限像素平滑法处理椒盐噪声")
plt.subplot(223)
plt.imshow(img_gauss, cmap=plt.cm.gray)
plt.title("高斯噪声图片")
plt.subplot(224)
plt.imshow(result_img_gauss, cmap=plt.cm.gray)
plt.title("超限像素平滑法处理高斯噪声")
plt.show()
```

3. 高斯滤波

高斯滤波是一种常用的线性滤波方法，对于图像中的每个像素，以该像素为中心，选取一个固定大小的窗口(如 3×3、5×5 等)。将窗口内的像素值与高斯函数的值进行加权求和，得到一个新的值来替换原始像素的值。权重由高斯函数在对应位置的值决定，即距离中心像素越近的像素其权重越大，越远的像素其权重越小。相较于一些简单的滤波方法(如均值滤波)，高斯滤波这种加权方式使得在平滑图像、去除噪声的过程中，图像的重要特征(如边缘、纹理等)不会被过度模糊或丢失。高斯滤波函数的实现如下：

```
def gaussian_kernel(size, sigma):
    center = size // 2
    x, y = np.mgrid[-center:center+1, -center:center+1]
    normal = 1 / (2.0 * np.pi * sigma**2)
    kernel = normal * np.exp(-(x**2 + y**2) / (2.0 * sigma**2))
    return kernel

def gaussian_filter(image, kernel_size, sigma):
    kernel = gaussian_kernel(kernel_size, sigma)
```

```
    image_height, image_width = image.shape
    pad_size = kernel_size // 2
    padded_image = np.pad(image, ((pad_size, pad_size), (pad_size, pad_size)), mode='constant')
    filtered_image = np.zeros_like(image)
    for i in range(image_height):
        for j in range(image_width):
            region = padded_image[i:i+kernel_size, j:j+kernel_size]
            filtered_image[i][j] = np.sum(region * kernel)
return filtered_image
```

gaussian_kernel 函数用于生成高斯核。它根据给定的核大小和标准差，按照高斯函数的公式生成一个二维的高斯核矩阵。gaussian_filter 函数实现了高斯滤波。它首先调用 gaussian_kernel 函数生成高斯核，然后对输入图像进行填充，以确保在图像边缘也能正确进行滤波。接着，通过遍历图像中的每个像素，将每个像素周围的区域与高斯核进行加权求和，得到滤波后的像素值，最终得到滤波后的图像。

实例及代码实现：程序首先读取一张有噪声的图片，然后对其进行高斯滤波处理，最后将原始图像和滤波后的图像进行对比展示。Python 中 OpenCV 库主要调用 GaussianBlur() 函数实现高斯平滑处理。

函数原型

dst = GaussianBlur(src, ksize, sigmaX[, dst[, sigmaY[, borderType]]])。

—src 表示待处理的输入图像。

—dst 表示输出图像，其大小和类型与输入图像相同。

—ksize 表示高斯滤波器模板大小，ksize.width 和 ksize.height 可以不同，但它们都必须是正数和奇数，它们也可以是零，即(0, 0) 。

—sigma*X* 表示高斯核函数在 *X* 方向的高斯内核标准差。

—sigma*Y* 表示高斯核函数在 *Y* 方向的高斯内核标准差。如果 sigma*Y* 为零，则设置为等于 sigmaX；如果两个 sigma 均为零，则分别从 ksize.width 和 ksize.height 计算得到。

—borderType 表示边框模式，用于推断图像外部像素的某种边界模式，默认值为 BORDER_DEFAULT，可省略。

示例代码如下：

```
/************************************************************
    程序名：eg 5.3
    描　述：高斯滤波
************************************************************/
import cv2
import numpy as np
import matplotlib.pyplot as plt
```

```
# 读取图片
img = cv2.imread('cat.png')
source = cv2.cvtColor(img, cv2.COLOR_BGR2RGB)

# 高斯滤波
result = cv2.GaussianBlur(source, (15, 15), 0)
# 用来正常显示中文标签
plt.rcParams['font.sans-serif'] = ['SimHei']
# 显示图形
titles = ['原始图像', '高斯滤波']
images = [source, result]
for i in range(2):
    plt.subplot(1, 2, i + 1), plt.imshow(images[i], 'gray')
    plt.title(titles[i])
    plt.xticks([]), plt.yticks([])
plt.show()
```

高斯滤波处理图像的执行结果如图 5-9 所示。

图 5-9

(a) 加入高斯噪声的效果图

(b) 高斯滤波效果图

图 5-9　高斯滤波效果对比图

图 5-9(a)是加入了高斯噪声后的效果，图 5-9(b)是高斯滤波后的效果，通过对比，可以明显看到高斯滤波后的图像变得更加平滑。这是因为高斯滤波通过对图像中的每个像素进行加权平均处理，减少了图像中的高频成分，从而使图像看起来更加柔和。高斯滤波后的图像的主要细节得以保留。例如，猫的轮廓、眼睛、鼻子等关键部位仍然清晰可辨。图像的颜色在滤波前后没有明显变化。

5.3.2　锐化滤波

锐化滤波的原理是通过增强图像中灰度变化明显的区域，即边缘部分，来达到锐化的效果。通常，锐化滤波会使用一个卷积核对图像进行卷积操作，该卷积核的中心系数为正，周围系数为负，使得边缘处的像素值得到增强，而平滑区域的像素值变化较小。常见的锐化滤波方法包括拉普拉斯算子、Sobel 算子、Prewitt 算子等。这些算子通过计算图像的梯度检测边缘，并对边缘进行增强。

锐化滤波的优点是可以突出图像的细节和边缘，使图像更加清晰，但过度的锐化可能会导致图像出现噪声和伪影。因此，在实际应用中，需要根据具体情况选择合适的锐化滤波方法和参数，以达到最佳的效果。

1. 拉普拉斯算子

拉普拉斯算子是一种二阶导数算子，它通过对图像进行二阶微分运算，返回一个与输入图像大小相同的图像，其中边缘和细节部分的像素值会发生变化，从而实现对图像边缘和细节的增强。在图像中，边缘区域通常表现为灰度值的急剧变化，而拉普拉斯算子能够检测到这种变化。拉普拉斯算子可以增强图像的边缘和细节，使图像看起来更加清晰。另外，通过检测拉普拉斯算子的零交叉点，可以确定图像中的边缘位置。

在实际应用中，拉普拉斯算子计算原理相对简单，易于理解和实现，它对噪声比较敏感，容易将噪声误检测为边缘，因此在使用前通常需要对图像进行平滑处理，以减少噪声的影响。该算子的函数实现如下：

```
def laplacian_operator(image):
    if len(image.shape) == 3:   # 如果是彩色图像，对每个通道分别处理
        channels = []
        for channel in range(image.shape[2]):
            channel_image = image[:, :, channel]
            laplacian_channel = cv2.Laplacian(channel_image, cv2.CV_64F)
            channels.append(laplacian_channel)
        return np.stack(channels, axis=-1).astype(np.uint8)
    else:   # 如果是灰度图像
        return cv2.Laplacian(image, cv2.CV_64F).astype(np.uint8)
```

aplacian_operator 函数首先判断输入图像是彩色还是灰度。如果是彩色图像(len(image.shape) ==3)，则对每个通道分别应用 cv2.Laplacian 函数进行拉普拉斯滤波，并将结果存储在一个列表中，最后使用`np.stack`函数将通道重新组合成一个彩色图像并返回。如果是灰度图像，则直接应用 cv2.Laplacian 函数进行滤波并返回结果。

实例及代码实现：程序的主要目的是对输入的灰度图像应用拉普拉斯滤波器进行边缘检测和细节增强，然后通过将原始图像与滤波后的图像相加来实现图像锐化，并展示原始图像和锐化后的图像。

重要函数说明

cv2.filter2D(image, -1, laplacian_kernel)：对输入图像进行二维卷积操作，这里是使用拉普拉斯核进行滤波。卷积操作是将拉普拉斯核与图像中的每个像素及其邻域进行乘法和加法运算，以检测图像中的边缘和细节信息。

- 返回值：返回一个经过拉普拉斯滤波后的图像，其尺寸与输入图像相同，数据类型为 numpy 数组。数组中的每个元素表示经过滤波后对应像素的新值。
- 参数含义：

image：需要进行滤波的输入图像，是一个二维 numpy 数组(灰度图像)。

-1：表示输出图像的数据类型与输入图像相同。在实际应用中，可以根据需要指定不同的数据类型，如 cv2.CV_64F 表示 64 位浮点数类型。

laplacian_kernel：用于卷积的拉普拉斯核，是一个二维 numpy 数组，这里定义为[[0, -1, 0], [-1, 4, -1], [0, -1, 0]]。这个核通过与图像像素的邻域进行运算来突出边缘和细节。

sharpened_image = image + filtered_image：将原始图像和经过拉普拉斯滤波后的图像进行相加操作，实现图像的锐化效果。其原理是基于拉普拉斯滤波后的图像突出了边缘和细节信息，将其与原始图像相加，可以增强这些边缘和细节，使图像看起来更加清晰。

- 返回值：返回一个锐化后的图像，其尺寸与输入图像相同，数据类型为 numpy 数组。数组中的每个元素表示经过锐化后对应像素的新值。
- 参数含义：

image：原始图像，是一个二维 numpy 数组(灰度图像)。

filtered_image：经过拉普拉斯滤波后的图像，也是一个二维 numpy 数组，其尺寸和数据类型与原始图像相同。

示例代码如下：

```
/*****************************************************************
    程序名：eg 5.4
    描  述：拉普拉斯滤波锐化图像
*****************************************************************/
import cv2
import numpy as np
import matplotlib.pyplot as plt
# 定义拉普拉斯核
laplacian_kernel = np.array([[0, -1, 0],
                             [-1, 4, -1],
                             [0, -1, 0]])
# 读取图像
image = cv2.imread('building.jpg', cv2.IMREAD_GRAYSCALE)
# 应用拉普拉斯滤波器
filtered_image = cv2.filter2D(image, -1, laplacian_kernel)
# 锐化图像
sharpened_image = image + filtered_image
```

```
# 显示结果
plt.subplot(121), plt.imshow(image, cmap='gray')
plt.title('Original Image'), plt.xticks([]), plt.yticks([])
plt.subplot(122), plt.imshow(sharpened_image, cmap='gray')
plt.title('Laplacian Filter'), plt.xticks([]), plt.yticks([])
plt.show()
```

拉普拉斯滤波锐化图像的执行结果如图 5-10 所示。

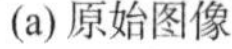

(a) 原始图像　　(b) 拉普拉斯算子滤波图像

图 5-10　拉普拉斯滤波锐化效果对比图

从图 5-10 中可以看到，滤波后的图像中边缘和细节部分更加明显，表现为图像中灰度值变化较大的区域被增强，而相对平滑的区域灰度值变化较小，这符合拉普拉斯滤波的特性。拉普拉斯滤波锐化在图像边缘检测和细节增强方面具有一定的应用价值，但需要注意的是，它对噪声比较敏感，如果原始图像存在较多噪声，可能会导致滤波和锐化后的图像出现较多噪点，影响图像质量。

2. Sobel 算子

Sobel 算子是一种用于边缘检测的离散微分算子。其包含两组 3×3 的卷积核：一个用于检测水平边缘，另一个用于检测垂直边缘。水平方向卷积核主要关注像素点左右的灰度变化，通过与图像卷积来计算水平方向的梯度近似值；而垂直方向卷积核关注像素点上下的灰度变化，用于计算垂直方向的梯度近似值。Sobel 算子在一定程度上可以减少噪声对边缘检测的影响，因为它结合了高斯平滑的思想，对像素点周围的灰度值进行了加权平均。它能够检测出水平和垂直方向的边缘，对于具有特定方向的边缘检测效果较好，并且可以根据梯度方向判断边缘的走向。其计算过程相对简单，使用的卷积核尺寸较小，易于在计算机上实现和应用。

Sobel 算子的边缘定位相对准确，在噪声较多、灰度渐变的图像中表现良好，是一种较为常用的边缘检测方法。但是，得到的边缘可能较粗，并且可能会出现伪边缘。此外，Sobel 算子没有严格地模拟人的视觉生理特征，提取的图像轮廓有时不能令人满意。

实例及代码实现：程序对输入图像应用 Sobel 算子进行锐化处理，包括分别计算水平和垂直方向的梯度，然后合成梯度幅值，并将结果归一化到 0~255 范围，最后展示原始图像和处理后的图像。

重要函数说明

cv2.Sobel：应用 Sobel 算子计算图像的梯度。

- 返回值：计算得到的梯度图像矩阵。
- 参数：输入图像矩阵、数据类型(如'cv2.CV_64F')、x 方向的导数阶数、y 方向的导数阶数、卷积核大小(如'ksize=3')。

np.sqrt：计算平方根。

- 返回值：输入数组元素的平方根。
- 参数：一个数组。

cv2.normalize：用于归一化数组。在此处将梯度幅值归一化到 0~255 范围。

- 返回值：归一化后的数组。
- 参数：输入数组、归一化的范围(通过'None'表示使用数组的最小值和最大值)、目标范围的最小值和最大值、归一化类型(如'cv2.NORM_MINMAX')、数据类型(如'cv2.CV_8U')。

示例代码如下：

```
/****************************************************************
    程序名：eg 5.5
    描  述：Sobel 算子图像锐化
****************************************************************/
import cv2
import numpy as np

# 读取图像
img = cv2.imread('building.jpg')

# 转换为灰度图像
gray = cv2.cvtColor(img, cv2.COLOR_BGR2GRAY)

# 应用 Sobel 算子
sobelx = cv2.Sobel(gray, cv2.CV_64F, 1, 0, ksize=3)
sobely = cv2.Sobel(gray, cv2.CV_64F, 0, 1, ksize=3)

# 计算梯度幅值
magnitude = np.sqrt(sobelx**2 + sobely**2)

# 归一化到 0~255
magnitude = cv2.normalize(magnitude, None, 0, 255, cv2.NORM_MINMAX, cv2.CV_8U)

# 显示原始图像和处理后的图像
cv2.imshow('Original Image', img)
cv2.imshow('Sobel Enhanced Image', magnitude)
```

```
cv2.waitKey(0)
cv2.destroyAllWindows()
```

Sobel 算子图像锐化的执行结果如图 5-11 所示。

(a) 原图　　(b) 锐化效果图

图 5-11　Sobel 算子图像锐化效果对比图

从图 5-11 可以看到，程序成功地实现了对输入图像的 Sobel 算子锐化处理，包括图像读取、转换、Sobel 算子应用、梯度幅值计算和归一化处理等步骤。处理后的图像边缘更加清晰，突出了图像中的物体轮廓和细节，而原始图像则相对较为模糊和平滑。

3. Prewitt 算子

Prewitt 算子是一种用于图像边缘检测的算子。它的原理是通过计算图像中每个像素点邻域的灰度差分值来确定边缘。其优点是计算简单，对噪声有一定的抑制能力。它常用于图像处理中的边缘检测和特征提取等任务。与 Sobel 算子相比，Prewitt 算子的边缘检测结果可能会稍微粗糙一些，但它在一些应用中仍然能够提供有效的边缘信息。

实例及代码实现：程序对输入的灰度图像应用 Prewitt 算子进行锐化处理，包括分别计算水平和垂直方向的边缘信息，然后将原始图像和边缘信息进行加权组合得到锐化后的图像，最后展示原始图像和锐化后的图像。

重要函数说明

cv2.filter2D：用于对图像进行卷积操作。

- 返回值：卷积操作后的图像矩阵。
- 参数：输入图像矩阵、输出图像的数据类型(如-1 表示与输入图像相同的数据类型)、卷积核、锚点位置［默认值为(-1, -1)，表示卷积核中心］。

cv2.addWeighted：用于计算两幅图像的加权和。

- 返回值：加权和后的图像矩阵。
- 参数：第一个输入图像矩阵、第一幅图像的权重、第二个输入图像矩阵、第二幅图像的权重、添加到加权和的常量。

示例代码如下：

```
/************************************************************
   程序名：eg 5.6
   描  述：Prewitt 算子图像锐化
************************************************************/
import cv2
import numpy as np
import matplotlib.pyplot as plt
# Prewitt 算子
prewitt_kernel_x = np.array([[1, 1, 1],
                             [0, 0, 0],
                             [-1, -1, -1]])
prewitt_kernel_y = np.array([[-1, 0, 1],
                             [-1, 0, 1],
                             [-1, 0, 1]])
# 读取图像
image = cv2.imread('building.jpg', cv2.IMREAD_GRAYSCALE)
# 应用 Prewitt 算子
edge_x = cv2.filter2D(image, -1, prewitt_kernel_x)
edge_y = cv2.filter2D(image, -1, prewitt_kernel_y)
# 计算锐化后的图像
sharpened_image = cv2.addWeighted(image, 1.5, edge_x + edge_y, 0.5, 0)
# 显示图像
plt.figure(figsize=(10, 5))
plt.subplot(1, 2, 1)
plt.imshow(image, cmap='gray')
plt.title('Original Image')

plt.subplot(1, 2, 2)
plt.imshow(sharpened_image, cmap='gray')
plt.title('Sharpened Image')
plt.show()
```

上述代码中通过 cv2.addWeighted 函数将原始图像与水平及垂直方向边缘图像的和进行加权组合得到锐化后的图像`sharpened_image`。其中，原始图像的权重为 1.5，边缘图像和的权重为 0.5。这种加权组合的方式使得原始图像的主体信息得以保留，同时边缘信息得到增强。从图 5-12 可以看出，锐化后的图像边缘更加清晰，细节更加突出，相比原始图像在视觉上更加锐利。Prewitt 算子在图像边缘检测和锐化方面具有一定的应用价值，但需要注意的是，它对噪声比较敏感，如果原始图像存在较多噪声，可能会导致边缘检测不准确，影响锐化效果。

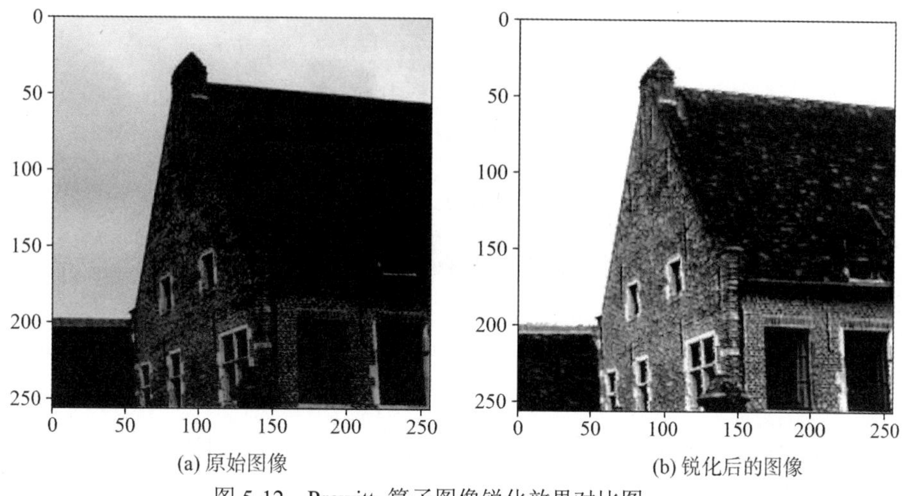

(a) 原始图像　　(b) 锐化后的图像

图 5-12　Prewitt 算子图像锐化效果对比图

5.4 频率域平滑滤波器

频率域平滑滤波器是在频率域对图像进行平滑处理的滤波器，它通过衰减高频分量减少图像中的噪声和细节，使图像变得更加平滑。常见的频率域平滑滤波器有理想低通滤波器、Butterworth 低通滤波器和高斯低通滤波器等。

5.4.1　概述

频率域平滑滤波器是一种在频率域对图像进行平滑处理的滤波器。其原理是通过修改图像的频率成分达到平滑的目的。在频率域中，图像的信息被分解为不同的频率分量。高频分量通常对应着图像的细节和边缘，而低频分量则对应着图像的平滑区域。

滤波器通过定义一个传递函数实现对频率分量的衰减。传递函数的值在低频区域较高，而在高频区域较低。通过将图像的傅里叶变换与传递函数相乘，再进行傅里叶逆变换，就可以得到平滑后的图像。

总的来说，频率域平滑滤波器利用了频率域中图像频率成分的特性，通过衰减高频分量来实现图像的平滑处理。

5.4.2　理想低通滤波器

理想低通滤波器是一种在频率域中使用的滤波器，具体为：在以原点为圆心、指定半径为截止频率的圆内，所有频率分量都能无衰减地通过，而在圆外的频率分量则被完全衰减为零。其原理是通过设定一个截止频率，将频率低于该截止频率的信号成分保留，而将频率高于截止频率的信号成分滤除，从而达到平滑图像的目的。理想低通滤波器的示意图如图 5-13 所示。

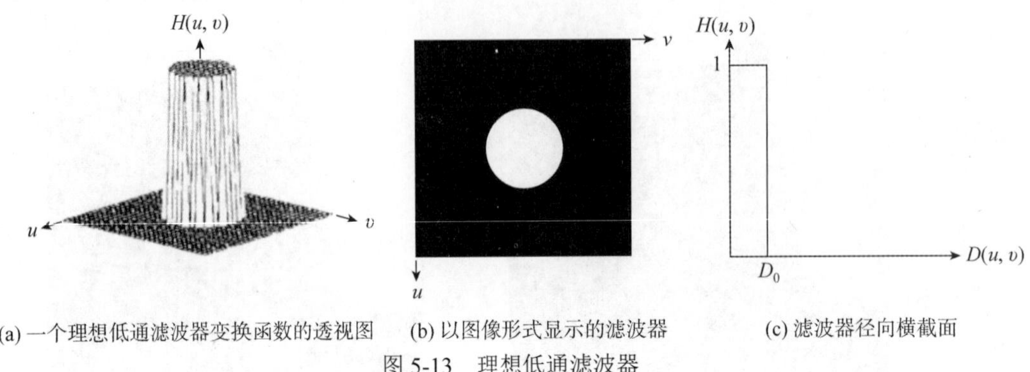

(a) 一个理想低通滤波器变换函数的透视图　(b) 以图像形式显示的滤波器　(c) 滤波器径向横截面

图 5-13　理想低通滤波器

其中，截止频率为 D_0；理想是指小于 D_0 的频率可以完全不受影响地通过滤波器，大于 D_0 的频率则完全通不过。

理想低通滤波器的优点是简单直观，易于理解和实现。然而，它也存在一些缺点，如在处理图像时会导致边缘模糊和振铃效应，因为它的频率响应在截止频率处突然变化，这种突然的变化会在图像中产生不连续的现象。

在实际应用中，理想低通滤波器通常用于对图像进行初步的平滑处理，但为了减少其缺点带来的影响，可能会结合其他滤波器或处理方法一起使用。

实例及代码实现：程序 Butterworth 使用理想低通滤波器对输入的灰度图像进行平滑处理的功能，并展示了原始图像和平滑后的图像，以便对比观察滤波效果。

重要函数说明

np.fft.fft2：对图像进行二维傅里叶变换。其作用是将图像从空间域转换到频率域。

- 返回值：频域图像。
- 参数：图像矩阵。

np.fft.fftshift：将零频率分量移动到图像中心。其作用是使得频域图像的中心为低频分量，便于观察和处理。

- 返回值：移动后的频域图像。
- 参数：频域图像。

np.zeros：创建一个全零的矩阵。其作用是创建指定形状的零矩阵。

- 返回值：创建的零矩阵。
- 参数：矩阵的形状和数据类型(如'np.uint8')。

np.fft.ifftshift：与'fftshift'相反，将频域图像的零频率分量移回原来的位置。

- 返回值：移回后的频域图像。
- 参数：移动后的频域图像。

np.fft.ifft2：对频域图像进行二维傅里叶逆变换。其作用是将频域图像转换回空间域。

- 返回值：逆变换后的图像。
- 参数：频域图像。

示例代码如下：

```
/*******************************************************************
    程序名：eg 5.7
    描  述：理想低通滤波器平滑图像
*******************************************************************/
import cv2
import numpy as np
import matplotlib.pyplot as plt
# 读取图像
image = cv2.imread('your_image.jpg', cv2.IMREAD_GRAYSCALE)
# 傅里叶变换
f = np.fft.fft2(image)
fshift = np.fft.fftshift(f)
# 设计理想低通滤波器
rows, cols = image.shape
crow, ccol = rows // 2, cols // 2
d = 30  # 截止频率
mask = np.zeros((rows, cols), np.uint8)
mask[crow - d:crow + d, ccol - d:ccol + d] = 1
# 应用滤波器
fshift_filtered = fshift * mask
# 傅里叶逆变换
f_ishift = np.fft.ifftshift(fshift_filtered)
image_filtered = np.fft.ifft2(f_ishift)
image_filtered = np.abs(image_filtered)
# 显示结果
plt.subplot(121), plt.imshow(image, cmap='gray')
plt.title('Original Image'), plt.xticks([]), plt.yticks([])
plt.subplot(122), plt.imshow(image_filtered, cmap='gray')
plt.title('Ideal Lowpass Filter'), plt.xticks([]), plt.yticks([])
plt.show()
```

理想低通滤波器平滑图像的执行结果如图 5-14 所示。

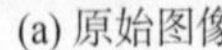

(a) 原始图像

(b) 理想低通滤波器平滑图像

图 5-14　理想低通滤波器平滑效果对比图

从图 5-14 可以直观地看到，经过理想低通滤波器处理后，图像变得更加平滑，一些细节和边缘信息被模糊化。因为理想低通滤波器滤除了高频成分，而高频成分通常对应着图像的细节和边缘，低频成分则对应着图像的平滑区域，所以滤波后的图像主要保留了低频信息，呈现出平滑的效果。但其频率响应在截止频率处突然变化，可能会导致边缘模糊和振铃效应等问题。在实际应用中，可以根据具体需求和图像特点合理调整截止频率，或考虑使用其他滤波器，如 Butterworth 低通滤波器或高斯低通滤波器优化滤波效果。

5.4.3　Butterworth 低通滤波器

Butterworth 低通滤波器是一种在频率域中广泛使用的滤波器，具有平滑的频率响应特性。它在通带内频率响应较为平坦，没有纹波，而在阻带衰减速度较快，可以有效地抑制高频分量，从而可以有效地减少图像中的高频噪声，同时保留图像的低频信息，使图像变得更加平滑。Butterworth 低通滤波器示意图如图 5-15 所示。

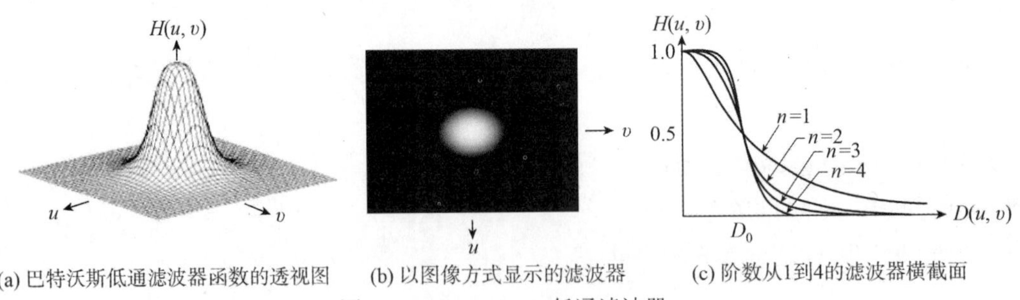

(a) 巴特沃斯低通滤波器函数的透视图　(b) 以图像方式显示的滤波器　(c) 阶数从1到4的滤波器横截面

图 5-15　Butterworth 低通滤波器

实例及代码实现：程序 Butterworth 使用 Butterworth 低通滤波器对输入的灰度图像进行平滑处理的功能，并展示了原始图像和平滑后的图像，以便对比观察滤波效果。

重要函数说明

np.meshgrid：创建二维网格坐标矩阵。其作用是根据给定的坐标轴范围生成网格坐标矩阵。

- 返回值：两个二维矩阵，分别表示横坐标和纵坐标。
- 参数：坐标轴的范围。

np.sqrt：计算数组元素的平方根。其作用是对数组中的每个元素进行平方根运算。

- 返回值：计算后的数组。
- 参数：数组。

示例代码如下：

```
/*****************************************************************
    程序名：eg 5.8
    描　述：Butterworth 低通滤波器平滑图像
*****************************************************************/
import cv2
import numpy as np
import matplotlib.pyplot as plt
# 读取图像
image = cv2.imread('blox.jpg', cv2.IMREAD_GRAYSCALE)
# 傅里叶变换
f = np.fft.fft2(image)
fshift = np.fft.fftshift(f)
# 设计 Butterworth 低通滤波器
rows, cols = image.shape
crow, ccol = rows // 2, cols // 2
d0 = 30  # 截止频率
n = 2  # 阶数
u, v = np.meshgrid(np.arange(cols), np.arange(rows))
d = np.sqrt((u - ccol)**2 + (v - crow)**2)
h = 1 / (1 + (d / d0)**(2 * n))
# 应用滤波器
fshift_filtered = fshift * h
# 傅里叶逆变换
f_ishift = np.fft.ifftshift(fshift_filtered)
image_filtered = np.fft.ifft2(f_ishift)
image_filtered = np.abs(image_filtered)
# 显示结果
plt.subplot(121), plt.imshow(image, cmap='gray')
plt.title('Original Image'), plt.xticks([]), plt.yticks([])
plt.subplot(122), plt.imshow(image_filtered, cmap='gray')
```

```
plt.title('Butterworth filter Image'), plt.xticks([]), plt.yticks([])
plt.show()
```

代码首先读取图像并转换为灰度图像，然后进行傅里叶变换，设计 Butterworth 低通滤波器并应用于频域图像，最后进行傅里叶逆变换得到平滑后的图像，并显示原始图像和平滑后的图像。(图 5-16)

截止频率 D_0 和阶数 n 的值可以根据需要进行调整，以控制滤波的效果。

(a) 原始图像

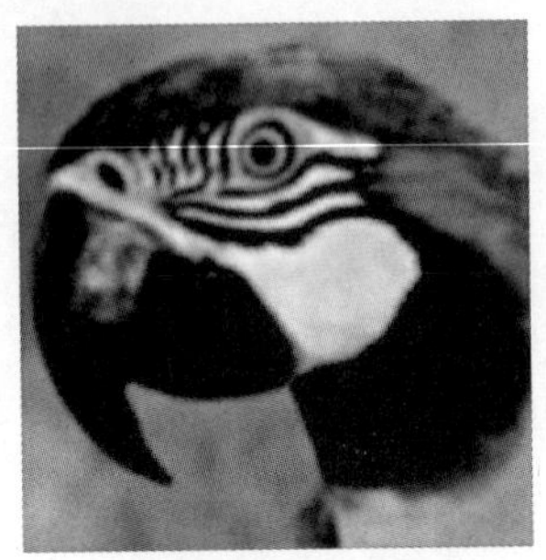

(b) 巴特沃斯滤波图像

图 5-16　Butterworth 低通滤波器平滑效果对比图

从图 5-16 可以直观地看到，经过 Butterworth 低通滤波器处理后，图像变得更加平滑，一些细节和边缘信息被模糊化。因为 Butterworth 低通滤波器衰减了高频成分，而高频成分通常对应着图像的细节和边缘，低频成分则对应着图像的平滑区域，所以滤波后的图像主要保留了低频信息，呈现出平滑的效果。同时，与理想低通滤波器相比，Butterworth 低通滤波器的频率响应更加平滑，没有理想低通滤波器在截止频率处的突然变化，因此边缘模糊和振铃效应相对较小。

5.4.4　高斯低通滤波器

高斯低通滤波器是一种在频率域中使用的平滑滤波器，它的特点是采用高斯函数定义滤波器的传递函数。其作用是通过衰减高频分量来平滑图像，减少噪声和细节，同时保留图像的低频信息。它在图像处理中常用于图像模糊、去噪和特征提取等任务。高斯低通滤波器示意图如图 5-17 所示。

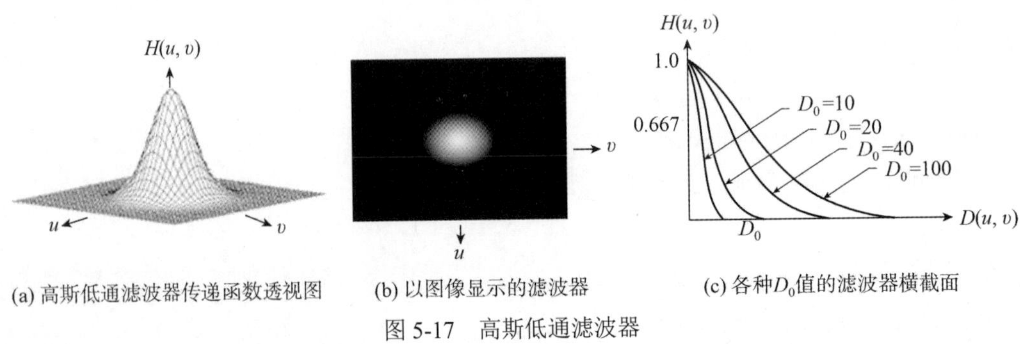

(a) 高斯低通滤波器传递函数透视图　(b) 以图像显示的滤波器　(c) 各种 D_0 值的滤波器横截面

图 5-17　高斯低通滤波器

实例及代码实现：程序使用高斯低通滤波器对输入的灰度图像进行平滑处理的功能，

并展示了原始图像和平滑后的图像，以便对比观察滤波效果。

重要函数说明

np.meshgrid: 创建二维网格坐标矩阵。其作用是根据给定的坐标轴范围生成网格坐标矩阵。

- 返回值：两个二维矩阵，分别表示横坐标和纵坐标。
- 参数：坐标轴的范围

np.exp: 计算指数函数。其作用是对数组中的每个元素进行指数运算。

- 返回值：计算后的数组。
- 参数：数组。

示例代码如下：

```
/*****************************************************************
    程序名：eg 5.9
    描  述：高斯低通滤波器平滑图像
*****************************************************************/
import cv2
import numpy as np
import matplotlib.pyplot as plt
# 读取图像
image = cv2.imread('your_image.jpg', cv2.IMREAD_GRAYSCALE)
# 傅里叶变换
f = np.fft.fft2(image)
fshift = np.fft.fftshift(f)
# 设计高斯低通滤波器
rows, cols = image.shape
crow, ccol = rows // 2, cols // 2
sigma = 30   # 标准差
u, v = np.meshgrid(np.arange(cols), np.arange(rows))
d = np.sqrt((u - ccol)**2 + (v - crow)**2)
h = np.exp(-(d**2) / (2 * sigma**2))
# 应用滤波器
fshift_filtered = fshift * h
# 傅里叶逆变换
f_ishift = np.fft.ifftshift(fshift_filtered)
image_filtered = np.fft.ifft2(f_ishift)
image_filtered = np.abs(image_filtered)
```

```
# 显示结果
plt.subplot(121), plt.imshow(image, cmap='gray')
plt.title('Original Image'), plt.xticks([]), plt.yticks([])
plt.subplot(122), plt.imshow(image_filtered, cmap='gray')
plt.title('Gaussian Filtered Image'), plt.xticks([]), plt.yticks([])
plt.show()
```

代码首先读取图像并将其转换为灰度图像，然后进行傅里叶变换，设计高斯低通滤波器并应用于频域图像，最后进行傅里叶逆变换得到平滑后的图像，并显示原始图像和平滑后的图像。(图 5-18)

标准差 *sigma* 的值可以根据需要进行调整，以控制滤波的效果。

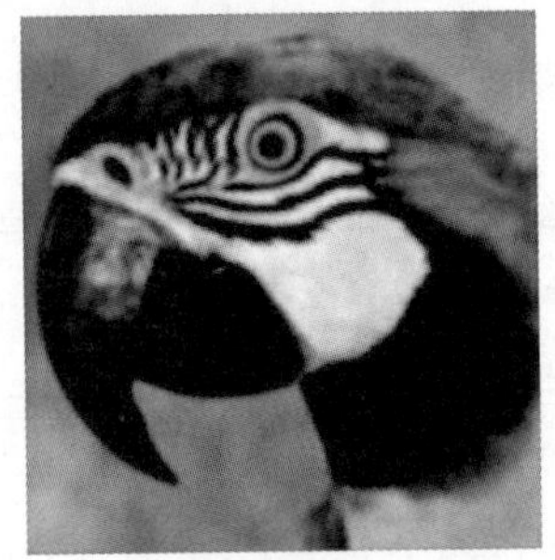

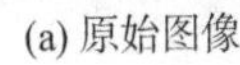

(a) 原始图像　　(b) 高斯低通滤波器平滑图像

图 5-18　高斯低通滤波器平滑效果对比图

从图 5-18 可以直观地看到，经过高斯低通滤波器处理后，图像变得更加平滑，一些细节和边缘信息被模糊化。因为高斯低通滤波器衰减了高频成分，而高频成分通常对应着图像的细节和边缘，低频成分则对应着图片的平滑区域，所以滤波后的图像主要保留了低频信息，呈现出平滑的效果。同时，与理想低通滤波器和 Butterworth 低通滤波器相比，高斯低通滤波器的传递函数在频域中是平滑连续的，不会出现振铃效应，因此在处理图像时能够更好地保留图像的边缘和细节信息，图像看起来更加自然。

5.5 频率域锐化滤波器

频率域锐化滤波器是用于增强图像中边缘和细节信息的滤波器，它通过增强高频成分使图像的边缘更加清晰，细节更加突出。常见的频率域锐化滤波器是高通滤波器，其主要特点是增强图像中的边缘和细节信息，因为边缘和细节通常对应着图像中的高频成分。通过使用高通滤波器，可以使图像中的边缘更加清晰，细节更加突出。在实际应用中，高通滤波器的设计和参数选择会根据具体需求进行调整。常见的高通滤波器有理想高通滤波器、Butterworth 高通滤波器和高斯高通滤波器等。理想高通滤波器在截止频率处具有陡峭的截止特性，但会导致振铃效应。Butterworth 高通滤波器和高斯高通滤波器则具有较平滑的频率响应，能够减少振铃效应的影响。

5.5.1 概述

频率域锐化滤波器是一种用于增强图像中边缘和细节信息的滤波器，它在频率域中对图像进行处理。其主要作用是通过增强图像的高频成分，使图像的边缘更加清晰，细节更加突出。与平滑滤波器相反，锐化滤波器强调图像的变化和差异。

在频率域中，图像的信息被分解为不同的频率成分。低频成分通常对应着图像的平滑区域，而高频成分则对应着图像的边缘和细节。频率域锐化滤波器通过调整不同频率成分的幅度实现图像的锐化。常见的频率域锐化滤波器就是高通滤波器。高通滤波器允许高频成分通过，而抑制低频成分，从而增强图像的边缘。

使用频率域锐化滤波器时，需要先将图像从空间域转换到频率域，进行滤波操作后，再将图像转换回空间域。总的来说，频率域锐化滤波器能够有效地增强图像的边缘和细节，提高图像的清晰度和可读性。

5.5.2 理想高通滤波器

理想高通滤波器是一种在频率域中使用的滤波器，它的传递函数在频率平面上以某个截止频率为界，将频率分为两部分：低于截止频率的部分传递函数值为 0，高于截止频率的部分传递函数值为 1。其主要作用是通过完全阻止低频信号通过，而允许高频信号通过，从而实现图像的锐化。理想高通滤波器可以突出图像中的边缘和细节信息，使图像看起来更加清晰。

理想高通滤波器在实际应用中存在一些问题，如会导致图像中出现振铃效应，即在边缘周围出现明暗相间的条纹。这是因为理想高通滤波器的传递函数在截止频率处突然变化，导致信号在时域中发生突变。为了减少振铃效应的影响，可以使用其他类型的高通滤波器，如 Butterworth 高通滤波器或高斯高通滤波器，它们的传递函数在截止频率附近的变化更加平滑。

实例及代码实现：程序使用理想高通滤波器对输入的灰度图像进行锐化处理的功能，并展示了原始图像和锐化后的图像，以便对比观察滤波效果。

重要函数说明

np.ones 创建一个指定形状的数组，数组中的元素全部为 1。

- 返回值：创建的全为 1 的数组。
- 参数含义：参数为数组的形状，如 np.ones ((3, 4))会创建一个 3 行 4 列的全为 1 的数组。

示例代码如下：

```
/*************************************************************
    程序名：eg 5.10
    描　述：理想高通滤波器锐化图像
*************************************************************/
import cv2
```

```
import numpy as np
import matplotlib.pyplot as plt
# 读取图像
image = cv2.imread('your_image.jpg', cv2.IMREAD_GRAYSCALE)
# 傅里叶变换
f = np.fft.fft2(image)
fshift = np.fft.fftshift(f)
# 设计理想高通滤波器
rows, cols = image.shape
crow, ccol = rows // 2, cols // 2
d = 10  # 截止频率
mask = np.ones((rows, cols), np.uint8)
mask[crow - d:crow + d, ccol - d:ccol + d] = 0
# 应用滤波器
fshift_filtered = fshift * mask
# 傅里叶逆变换
f_ishift = np.fft.ifftshift(fshift_filtered)
image_filtered = np.fft.ifft2(f_ishift)
image_filtered = np.abs(image_filtered)
# 显示结果
plt.subplot(121), plt.imshow(image, cmap='gray')
plt.title('Original Image'), plt.xticks([]), plt.yticks([])
plt.subplot(122), plt.imshow(image_filtered, cmap='gray')
plt.title('High-pass Filtered Image'), plt.xticks([]), plt.yticks([])
plt.show()
```

理想高通滤波器锐化图像的执行结果如图 5-19 所示。

(a) 原始图像

(b) 理想高斯滤波器锐化图像

图 5-19　理想高通滤波器锐化效果对比图

从图 5-19 可以直观地看到，经过理想高通滤波器处理后，图像的边缘和细节部分得到了增强，变得更加清晰。因为理想高通滤波器保留了高频成分，而高频成分通常对应着图像的边缘和细节，滤除了低频成分，所以锐化后的图像突出了边缘和细节信息。同时，理想高通滤波器在截止频率处具有陡峭的截止特性，这可能会导致振铃效应，即在图像边缘周围可能出现明暗相间的条纹，但在展示的图像中不太明显。在实际应用中，可以根据具体需求和图像特点，合理调整截止频率或考虑使用其他更平滑的高通滤波器如 Butterworth 高通滤波器或高斯高通滤波器来优化锐化效果。

5.5.3 Butterworth 高通滤波器

Butterworth 高通滤波器是一种在频率域中使用的滤波器，它的特点是在通带内具有较为平坦的频率响应，而在阻带内则能够迅速衰减信号。它的作用是通过衰减低频信号，使高频信号能够通过，从而实现图像的锐化。阶数 n 越大，滤波器的频率响应越接近理想高通滤波器，但同时会增加计算量。在实际应用中，Butterworth 高通滤波器常用于图像增强、边缘检测等领域。

实例及代码实现：程序使用 Butterworth 高通滤波器对输入的灰度图像进行锐化处理的功能，并展示了原始图像和锐化后的图像，以便对比观察滤波效果。

示例代码如下：

```
/**************************************************************
    程序名：eg 5.11
    描  述：Butterworth 高通滤波器锐化图像
**************************************************************/
import cv2
import numpy as np
import matplotlib.pyplot as plt
# 读取图像
image = cv2.imread('your_image.jpg', cv2.IMREAD_GRAYSCALE)
# 傅里叶变换
f = np.fft.fft2(image)
fshift = np.fft.fftshift(f)
# 设计 Butterworth 高通滤波器
rows, cols = image.shape
crow, ccol = rows // 2, cols // 2
d0 = 3  # 截止频率
n = 2  # 阶数
u, v = np.meshgrid(np.arange(cols), np.arange(rows))
d = np.sqrt((u - ccol)**2 + (v - crow)**2)
```

```
h = 1 / (1 + (d0 / d)**(2 * n))
# 应用滤波器
fshift_filtered = fshift * h
# 傅里叶逆变换
f_ishift = np.fft.ifftshift(fshift_filtered)
image_filtered = np.fft.ifft2(f_ishift)
image_filtered = np.abs(image_filtered)
# 显示结果
plt.subplot(121), plt.imshow(image, cmap='gray')
plt.title('Original Image'), plt.xticks([]), plt.yticks([])
plt.subplot(122), plt.imshow(image_filtered, cmap='gray')
plt.title('Butterworth High-pass Filtered Image'), plt.xticks([]), plt.yticks([])
plt.show()
```

Butterworth 高通滤波器锐化图像的执行结果如图 5-20 所示。

(a) 原始图像

(b) Butterworth高通滤波锐化图像

图 5-20　Butterworth 高通滤波器锐化效果对比图

从图 5-20 可以看出，程序成功地实现了 Butterworth 高通滤波器对图像的锐化处理，并有效地展示了原始图像和锐化后的图像。Butterworth 高通滤波器能够有效地增强图像的边缘和细节信息，且其频率响应更加平滑，相比理想高通滤波器可以减少振铃效应等问题。在实际应用中，可以根据具体需求和图像特点，合理调整截止频率和阶数优化锐化效果。

5.5.4 高斯高通滤波器

高斯高通滤波器是一种在频率域中使用的滤波器，它采用高斯函数定义滤波器的传递函数。其作用是通过衰减低频分量，使高频分量能够通过，从而实现图像的锐化。与其他高通滤波器相比，高斯高通滤波器的频率响应更加平滑，能够减少振铃效应的影响。

实例及代码实现：程序使用高斯高通滤波器对输入的灰度图像进行锐化处理的功能，并展示了原始图像和锐化后的图像，以便对比观察滤波效果。

示例代码如下：

```
/************************************************************
    程序名：eg 5.12
    描  述：高斯高通滤波器锐化图像
************************************************************/
import cv2
import numpy as np
import matplotlib.pyplot as plt
# 读取图像
image = cv2.imread('your_image.jpg', cv2.IMREAD_GRAYSCALE)
# 傅里叶变换
f = np.fft.fft2(image)
fshift = np.fft.fftshift(f)
# 设计高斯高通滤波器
rows, cols = image.shape
crow, ccol = rows // 2, cols // 2
sigma = 3  # 标准差
u, v = np.meshgrid(np.arange(cols), np.arange(rows))
d = np.sqrt((u - ccol)**2 + (v - crow)**2)
h = 1 - np.exp(-(d**2) / (2 * sigma**2))
# 应用滤波器
fshift_filtered = fshift * h
# 傅里叶逆变换
f_ishift = np.fft.ifftshift(fshift_filtered)
image_filtered = np.fft.ifft2(f_ishift)
image_filtered = np.abs(image_filtered)
# 显示结果
plt.subplot(121), plt.imshow(image, cmap='gray')
plt.title('Original Image'), plt.xticks([]), plt.yticks([])
plt.subplot(122), plt.imshow(image_filtered, cmap='gray')
plt.title('Gaussian High-pass Filtered Image'), plt.xticks([]), plt.yticks([])
plt.show()
```

代码首先读取图像并将其转换为灰度图像，然后进行傅里叶变换，设计高斯高通滤波器并应用于频域图像，最后进行傅里叶逆变换得到锐化后的图像，并显示原始图像和锐化后的图像。(图 5-21)

(a) 原始图像

(b) 高斯高通滤波器锐化图像

图 5-21 高斯高通滤波器锐化效果对比图

从图 5-21 可以看到，高斯高通滤波器能够有效地增强图像的边缘和细节信息，且其传递函数的特性使得它在处理图像时能够更好地保留图像的边缘和细节信息，避免了振铃效应，使图像看起来更加自然。在实际应用中，可以根据具体需求和图像特点，合理调整标准差 *sigma* 的值，以控制锐化的效果。

【扩展阅读】
冈萨雷斯在数字图像处理领域的贡献

5.6 思考练习

1. 超限像素平滑法去噪

题目描述：给一幅灰度图像添加椒盐噪声，然后使用超限像素平滑法去除噪声，比较该方法与均值滤波在去噪效果和细节保留方面的差异。

实验要求：使用 Python 和相关库在图像中加入椒盐噪声。分别使用超限像素平滑法和中值滤波对噪声图像进行处理。通过 matplotlib.pyplot 库展示原始图像、添加噪声后的图像以及两种方法处理后的图像。对比分析两种方法在去噪效果(如噪声残留情况)和细节保留(如图像边缘和纹理清晰度)方面的优劣。

2. 高斯滤波平滑彩色图像

题目描述：对一幅彩色图像进行高斯滤波处理，观察滤波前后图像的色彩和细节变化，分析高斯滤波对彩色图像的平滑效果。

实验要求：使用高斯滤波(如 cv2.GaussianBlur 函数)对彩色图像进行处理，设置合适的滤波核大小(如 5×5)和标准差(如 1.5)。使用 matplotlib.pyplot 库展示原始彩色图像和滤波后的图像。分析滤波前后图像的色彩是否有变化以及图像中的细节(如物体边缘和纹理)是否变得更加平滑。

3. Butterworth 高通滤波器锐化与参数调整

题目描述：采用 Butterworth 高通滤波器对一幅灰度图像进行锐化处理，调整滤波器的阶数和截止频率，研究这些参数对图像锐化效果和振铃效应的影响。

实验要求：进行傅里叶变换后设计 Butterworth 高通滤波器，分别调整阶数(如 2、3、4 等)和截止频率(如 25、30、35 等)。应用滤波器并进行傅里叶逆变换得到锐化后的图像。展示原始图像和不同参数组合下锐化后的图像，分析阶数和截止频率对锐化效果(如边缘清晰度、细节突出程度)和振铃效应(如边缘周围条纹情况)的影响。

第 6 章

图像复原

图像复原是图像处理中的一个重要领域，其概念是根据图像退化的先验知识，建立退化模型，然后采用相反的过程，对退化图像进行处理，以恢复原始图像的尽可能真实的信息。

图像复原的方法通常基于对图像降质过程的建模和理解。常见的图像复原方法包括逆滤波、维纳滤波、最小二乘滤波等。这些方法通常需要估计降质函数的参数，然后通过反演降质过程来恢复图像。

图像复原的应用场景非常广泛。医学领域：如 X 光、CT、MRI 等图像中，常常存在噪声和模糊等问题，图像复原可以提高图像的清晰度和诊断准确性。遥感成像：遥感图像在获取过程中可能会受到大气干扰、传感器噪声等影响，图像复原可以改善图像的质量，提高地物识别和分类的精度。文物保护：文物图像可能存在破损、模糊等问题，图像复原可以帮助修复和保护这些珍贵的图像资料。数字摄影：在数字摄影中，相机抖动、对焦不准等可能会导致图像模糊，图像复原可以改善图像的质量。

在实际应用中，图像复原通常需要结合先验知识和图像的特点选择合适的方法和参数。同时，图像复原也面临着一些挑战，如噪声的不确定性、降质函数的估计误差等问题。

本章学习目标

◎ 理解图像复原的基本概念和原理，包括图像退化的原因、退化模型的建立以及图像复原的目标。

◎ 理解常见的图像复原方法的基本思想和适用场景。

◎ 熟悉图像复原中常用的数学工具和技术，如傅里叶变换、卷积等。

◎ 熟悉不同图像复原方法的具体实现步骤和参数设置。

◎ 掌握如何根据具体的图像退化情况选择合适的图像复原方法，并能够使用相关的图像处理工具和库实现图像复原。

素质要点

◎ 培养科学思维与问题解决能力：学生在学习图像复原技术时，要像科学家一样思考图像退化的原因和复原方法，培养逻辑思维、系统分析能力及解决复杂问题的能力。面对图像复原中的挑战，如噪声不确定性和降质函数估计误差，积极探索创新解决方案，提升科学素养和实践能力。

◎ 增强社会责任感与使命感：学生在学习图像复原技术时，应深刻认识到图像复原技术在医学、文物保护、遥感成像等众多领域的关键作用，关心人类健康、文化传承和社会发展，激发社会责任感，明白自己的学习和研究成果可以为社会作出重要贡献，努力掌握专业知识，为推动计算机领域的发展贡献力量，助力社会进步。

6.1 图像复原及退化模型

图像复原是针对图像的退化原因进行补偿，以重现原始图像，提高图像的逼真度。图像复原的方法包括空间域滤波方法、频率域滤波方法和基于模型的方法等，步骤包括建立退化模型、估计退化参数、反演复原、约束和优化。常见的退化模型有模糊退化模型、噪声退化模型和几何畸变退化模型等。

6.1.1 图像复原及相关概念

图像复原是针对图像的退化原因设法进行补偿，沿着质量降质的逆过程重现原始图像，使复原后的图像尽可能地接近原图像，提高图像的逼真度。其涉及的关键概念有以下几个。

退化模型。图像在获取、传输和处理过程中会受到各种因素的影响，导致图像质量下降。退化模型描述了图像从原始状态到退化状态的过程，包括噪声、模糊、失真等因素的影响。

先验知识。在图像复原中，需要利用一些先验知识约束复原过程，如图像的统计特性、纹理特征、边缘信息等。这些先验知识可以帮助提高复原图像的质量。

反演过程。图像复原是通过对退化模型进行反演来实现的，即根据退化图像和先验知识，估计出原始图像的近似值。

6.1.2 图像复原的方法和步骤

1. 图像复原方法

(1) 空间域滤波方法：直接在图像的空间域上进行操作，如使用各种空间滤波器对图像进行滤波处理。常见的空间滤波器有均值滤波器、中值滤波器、自适应滤波器等。其中，均值滤波器可以减少图像中的随机噪声，但会使图像变得模糊；中值滤波器对椒盐噪声等脉冲噪声有很好的去除效果，并且能较好地保持图像的细节。

(2) 频率域滤波方法：将图像从空间域转换到频率域进行处理，利用傅里叶变换等工具。在频率域中，可以通过设计合适的滤波器去除噪声或增强图像的某些频率成分。例如，低通滤波器可以去除高频噪声，使图像变得平滑；高通滤波器可以增强图像的边缘和细节。

(3) 基于模型的方法：根据对图像退化过程的建模，利用数学优化方法求解复原图像。例如，维纳滤波就是一种基于统计特性的图像复原方法，它假设图像和噪声都是随机过程，通过最小化均方误差估计原始图像。

2. 图像复原步骤

(1) 建立退化模型。分析图像退化的原因，如噪声、模糊、失真等，并建立相应的数学模型描述这些退化过程。

(2) 估计退化参数。根据退化模型，估计出退化过程中的相关参数，如噪声的强度、模糊核的大小和形状等。

(3) 反演复原。利用估计得到的退化参数，通过逆运算或其他方法，对退化图像进行处理，以恢复原始图像。

(4) 约束和优化。在复原过程中，通常会引入一些约束条件或优化准则，以保证复原结果的合理性和准确性。例如，最小二乘法、最大似然估计等。

图像复原的关键是准确地建立退化模型和估计退化参数，以及选择合适的复原方法。不同的复原方法适用于不同的退化情况，需要根据具体问题进行选择和调整。

6.1.3 退化模型的表示

图像的退化是由于某种原因，图像从理想图像转变为实际我们看到的有瑕疵图像的过程。而图像复原，就是通过某种方法，将退化后的图像进行改善，尽量使复原后的图像接近理想图像的过程。整幅图像退化和复原的过程可以用图 6-1 表示。

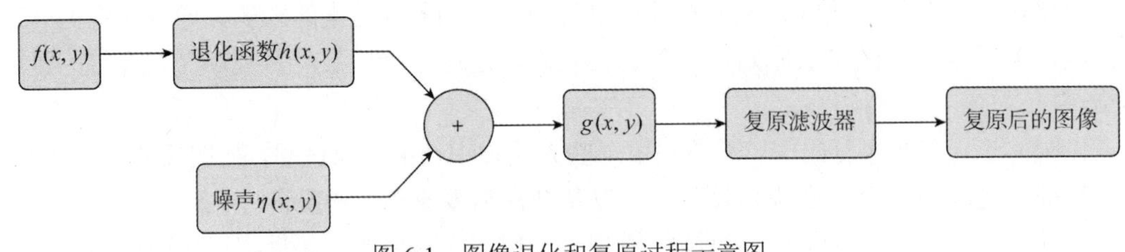

图 6-1 图像退化和复原过程示意图

图像退化和复原过程的数学表达式为

$$g(x,y)=h(x,y)\times f(x,y)+n(x,y) \tag{6.1}$$

其中，$g(x,y)$是退化后的图像，$h(x,y)$是退化函数，$f(x,y)$是原始图像，$n(x,y)$是噪声。退化函数 $h(x,y)$描述了图像在获取、传输或处理过程中所受到的模糊、失真等影响。例如，在摄影中，相机镜头的聚焦不准确或物体的运动，可能会导致图像模糊，此时退化函数可以表示为一个模糊核。噪声 $n(x,y)$是图像中随机出现的干扰，它可能来自传感器的噪声、传输过程中的干扰等。

在图像复原中，需要根据退化模型估计原始图像。这通常需要对退化函数和噪声进行建模和估计，然后使用相应的复原算法恢复原始图像。

6.1.4 常见退化模型及形式

常见的退化模型有以下几类。

(1) 模糊退化模型。模糊可细分为均匀模糊、高斯模糊和运动模糊。模糊退化模型一般由清晰图像、模糊核和加性噪声三部分构成。

(2) 噪声退化模型。噪声可细分为高斯噪声、椒盐噪声和瑞利噪声等。其噪声可以是加性噪声、乘性噪声或其他类型的噪声。

(3) 几何畸变退化模型。几何畸变分为仿射变换和透视变换。几何畸变退化模型由原始图像、畸变参数和畸变函数构成。

常见的图像退化形式有图像模糊和图像有干扰。(图 6-2)

(a) 图像模糊

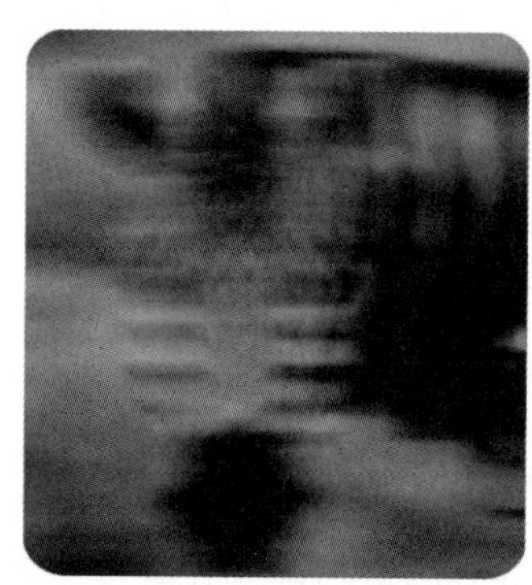

(b) 图像有干扰

图 6-2 图像退化

图 6-3 显示的是由于镜头畸变引起图像的几何失真情况。

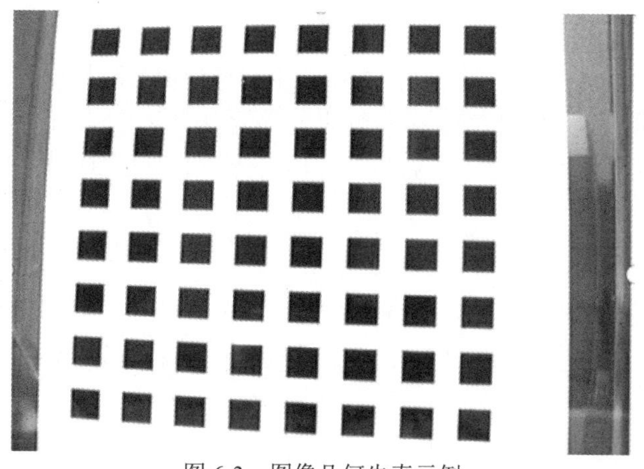

图 6-3 图像几何失真示例

6.2 图像噪声

图像噪声是指在图像采集、传输或处理过程中引入的随机干扰，使得图像的像素值发生随机变化，从而导致图像质量下降(包括图像变得模糊、失真或降低对比度)。图像噪声通常表现为图像中出现的颗粒状、斑点状或随机的干扰信号。

图像噪声的来源很广，主要包括以下几个方面。

(1) 传感器噪声。在图像采集过程中，传感器本身会产生一定的噪声，如热噪声、散粒噪声等。

(2) 传输噪声。在图像传输过程中，由于信道干扰、信号衰减等原因，会引入噪声。

(3) 量化噪声。在图像数字化过程中，量化精度的限制，会导致量化噪声的产生。

(4) 其他因素。如光照条件变化、电磁干扰等也可能导致图像噪声的出现。

6.2.1 图像噪声的分类

噪声模型用于描述图像中噪声的特性，常见的噪声类型有高斯噪声、椒盐噪声、瑞利噪声、指数噪声和均匀噪声等。噪声模型的应用包括图像复原、图像增强、图像质量评估、图像处理算法设计和图像压缩等。

1. 高斯噪声

高斯噪声是一种随机噪声，其概率密度函数服从高斯分布(也称为正态分布)，常见于传感器噪声、电子设备热噪声等实际情况中。它具有对称性，即噪声值在均值附近出现的概率较高，而远离均值的噪声值出现的概率较低。它会使图像变得模糊，降低图像的质量和可读性。

2. 椒盐噪声

椒盐噪声也称为脉冲噪声，它会使图像中的某些像素值被随机设置为极大值(通常称为盐噪声)或极小值(通常称为椒噪声)。椒盐噪声通常是由图像采集或传输过程中的突发干扰引起的，它会在图像中产生明显的亮点和暗点。其会严重破坏图像的细节和纹理信息，使图像看起来非常不自然。

3. 瑞利噪声

瑞利噪声概率密度函数服从瑞利分布。瑞利噪声在一些特定的场景中可能会出现，如在无线通信中。其会使图像的亮度和对比度发生变化，影响图像的质量。

4. 指数噪声

指数噪声概率密度函数服从指数分布，其通常与某些物理过程相关，如放射性衰变。其使图像的灰度值分布发生变化，导致图像的对比度降低。

5. 均匀噪声

均匀噪声在一定范围内的取值是等概率的，其噪声值在给定的范围内均匀分布。其会使图像的灰度值变得不均匀，影响图像的视觉效果。

在实际应用中，图像中可能同时存在多种噪声，或者噪声的特性可能会随着图像的不同区域而发生变化。因此，在进行图像处理时，需要根据具体情况选择合适的噪声模型，并采用相应的降噪方法提高图像的质量。

6.2.2 图像噪声模型应用领域

图像噪声模型的应用主要包括以下几个方面。

1. 图像复原

在图像复原中，图像噪声模型用于描述图像退化的原因，帮助恢复原始图像。通过对噪声模型的了解，可以选择合适的复原算法去除噪声并恢复图像的细节。

2. 图像增强

噪声模型可以用于评估图像增强算法的效果。在增强图像时，需要考虑噪声的影响，以避免增强过程中噪声的放大。

3. 图像质量评估

通过对噪声模型的分析，可以评估图像的质量。例如，可以计算图像的信噪比等指标衡量噪声对图像的影响程度。

4. 图像处理算法设计

在设计图像处理算法时，需要考虑图像噪声的存在。噪声模型可以帮助算法设计者选择合适的算法参数和策略，以提高算法在图像噪声环境下的性能。

5. 图像压缩

在图像压缩中，噪声模型可以用于确定压缩算法的参数，以在保证图像质量的前提下尽可能地减少数据量。

6.2.3 实例及代码实现

以下实例使用 Python+OpenCV 实现在图片中加入高斯噪声、椒盐噪声、瑞利噪声、指数噪声和均匀噪声，显示加入噪声的图片，并保存图片和源代码同一目录。需要注意的是，代码中的噪声参数(如均值、标准差、概率等)可以根据实际需求进行调整，以获得不同程度的噪声效果。在使用 matplotlib 显示 cv2 读取的图像时，需要将 BGR 格式转换为 RGB 格式，因为 cv2 读取图像为 BGR 格式，而 matplotlib 默认显示 RGB 格式的图像。

重要函数说明

add_gaussian_noise 函数：给输入的图像添加高斯噪声。高斯噪声的概率密度函数服从高斯分布(正态分布)，通过在图像像素值上添加符合该分布的随机值模拟图像在采集或传输过程中受到的噪声干扰。

返回值：添加高斯噪声后的图像，数据类型与输入图像相同，是 numpy.ndarray 类型，表示添加噪声后的图像像素数据。

参数含义：

image：要添加噪声的原始图像，由 cv2.imread 等函数读取得到的 numpy.ndarray 类型数组，包含图像像素信息。

mean：高斯分布的均值，默认值为 0，决定高斯分布的中心位置，即噪声的平均强度，影响添加噪声后图像整体亮度。

std：高斯分布的标准差，默认值为 10，描述分布的离散程度，即噪声值的波动范围，标准差越大图像越模糊嘈杂。

add_salt_and_pepper_noise 函数：给输入图像添加椒盐噪声。椒盐噪声由随机出现的黑白像素点构成，模拟图像中个别像素损坏或受干扰情况。

返回值：添加椒盐噪声后的图像，与输入图像数据类型相同，是 numpy.ndarray 类型，表示添加噪声后的图像像素数据。

参数含义：

image：原始图像，是 numpy.ndarray 类型数组，包含图像像素信息。

salt_prob：盐噪声(白色点)出现的概率，默认值为 0.01，该值越大图像中白色噪声点出现可能性越高。

pepper_prob：椒噪声(黑色点)出现的概率，默认值为 0.01，该值越大图像中黑色噪声点出现可能性越高。

add_rayleigh_noise 函数：给图像添加瑞利噪声。瑞利噪声概率密度函数服从瑞利分布，通过添加符合该分布的噪声值模拟特定类型噪声干扰情况。

返回值：添加瑞利噪声后的图像，数据类型与输入图像相同，是 numpy.ndarray 类型，表示添加噪声后的图像像素数据。

参数含义：

image：原始图像，是 numpy.ndarray 类型数组，包含图像像素信息。

a：瑞利分布的参数，默认值为 10，决定瑞利分布的形状，进而影响添加到图像上的噪声特性。

add_exponential_noise 函数：给输入图像添加指数噪声。指数噪声概率密度函数服从指数分布，通过添加符合该分布的噪声值模拟相关噪声影响。

返回值：添加指数噪声后的图像，数据类型与输入图像相同，是 numpy.ndarray 类型，表示添加噪声后的图像像素数据。

参数含义：

image：原始图像，是 numpy.ndarray 类型数组，包含图像像素信息。

scale：指数分布的参数，默认值为 10，决定指数分布的形状和噪声特性，不同值使噪声在图像上呈现不同表现形式。

add_uniform_noise 函数：给输入图像添加均匀噪声。均匀噪声概率密度函数服从均匀分布，通过添加符合该分布的噪声值模拟均匀分布噪声干扰情况。

返回值：添加均匀噪声后的图像，数据类型与输入图像相同，是 numpy.ndarray 类型，表示添加噪声后的图像像素数据。

参数含义：

image：原始图像，是 numpy.ndarray 类型数组，包含图像像素信息。

low：均匀分布的下限，默认值为 10，决定噪声值最小可能取值范围，影响添加噪声后图像暗部变化情况。

high：均匀分布的上限，默认值为 10，决定噪声值最大可能取值范围，影响添加噪声后图像亮部变化情况。

示例代码如下：

```
/***************************************************************
程序名：eg 6.1
描  述：图片加入噪声
***************************************************************/
import cv2
import matplotlib.pyplot as plt
import numpy as np
```

定义添加高斯噪声的函数

```
def add_gaussian_noise(image, mean=0, std=10):
    noise = np.random.normal(mean, std, image.shape).astype(np.uint8)
    noisy_image = cv2.add(image, noise)
    return noisy_image
```

定义添加椒盐噪声的函数

```
def add_salt_and_pepper_noise(image, salt_prob=0.01, pepper_prob=0.01):
    noisy_image = image.copy()
    height, width = image.shape[:2]
    num_salt = np.ceil(salt_prob * height * width).astype(int)
    num_pepper = np.ceil(pepper_prob * height * width).astype(int)
    # 添加盐噪声(白色点)
    coords = [np.random.randint(0, i - 1, num_salt) for i in image.shape[:2]]
    noisy_image[coords[0], coords[1]] = 255
    # 添加椒噪声(黑色点)
    coords = [np.random.randint(0, i - 1, num_pepper) for i in image.shape[:2]]
    noisy_image[coords[0], coords[1]] = 0
    return noisy_image
```

定义添加瑞利噪声的函数

```
def add_rayleigh_noise(image, a=50):
    noise = np.random.rayleigh(a, size=image.shape).astype(np.uint8)
    noisy_image = cv2.add(image, noise)
    return noisy_image
```

```
# 定义添加指数噪声的函数
def add_exponential_noise(image, scale=50):
    noise = np.random.exponential(scale, size=image.shape).astype(np.uint8)
    noisy_image = cv2.add(image, noise)
    return noisy_image
```

```
# 定义添加均匀噪声的函数
def add_uniform_noise(image, low=-10, high=10):
    noise = np.random.uniform(low, high, image.shape).astype(np.uint8)
    noisy_image = cv2.add(image, noise)
    return noisy_image
```

```
# 读取原始图像
image = cv2.imread('ori.jpg')
```

```
# 添加各种噪声
gaussian_noisy_image = add_gaussian_noise(image)
salt_and_pepper_noisy_image = add_salt_and_pepper_noise(image)
rayleigh_noisy_image = add_rayleigh_noise(image)
exponential_noisy_image = add_exponential_noise(image)
uniform_noisy_image = add_uniform_noise(image)
```

```
# 设置中文字体相关参数，使中文标题能正确显示
plt.rcParams["font.sans-serif"] = ["SimHei"]
plt.rcParams["axes.unicode_minus"] = False
```

```
# 以子图形式展示原始图像
plt.subplot(2, 3, 1)
plt.imshow(cv2.cvtColor(image, cv2.COLOR_BGR2RGB))
plt.title('原始图像')
plt.axis('off')
```

```
# 以子图形式展示添加高斯噪声后的图像
plt.subplot(2, 3, 2)
plt.imshow(cv2.cvtColor(gaussian_noisy_image, cv2.COLOR_BGR2RGB))
plt.title('高斯噪声图像')
plt.axis('off')
# 以子图形式展示添加椒盐噪声后的图像
plt.subplot(2, 3, 3)
plt.imshow(cv2.cvtColor(salt_and_pepper_noisy_image, cv2.COLOR_BGR2RGB))
plt.title('椒盐噪声图像')
plt.axis('off')
```

```
# 以子图形式展示添加瑞利噪声后的图像
plt.subplot(2, 3, 4)
plt.imshow(cv2.cvtColor(rayleigh_noisy_image, cv2.COLOR_BGR2RGB))
plt.title('瑞利噪声图像')
plt.axis('off')

# 以子图形式展示添加指数噪声后的图像
plt.subplot(2, 3, 5)
plt.imshow(cv2.cvtColor(exponential_noisy_image, cv2.COLOR_BGR2RGB))
plt.title('指数噪声图像')
plt.axis('off')

# 以子图形式展示添加均匀噪声后的图像
plt.subplot(2, 3, 6)
plt.imshow(cv2.cvtColor(uniform_noisy_image, cv2.COLOR_BGR2RGB))
plt.title('均匀噪声图像')
plt.axis('off')
plt.show()
```

保存添加各种噪声后的图像

```
cv2.imwrite('gaussian_noisy_image.jpg', gaussian_noisy_image)
cv2.imwrite('salt_and_pepper_noisy_image.jpg', salt_and_pepper_noisy_image)
cv2.imwrite('rayleigh_noisy_image.jpg', rayleigh_noisy_image)
cv2.imwrite('exponential_noisy_image.jpg', exponential_noisy_image)
cv2.imwrite('uniform_noisy_image.jpg', uniform_noisy_image)
cv2.waitKey(0)
cv2.destroyAllWindows()
```

图像加入噪声的执行结果如图 6-4 所示。

图 6-4 展示了原始图像以及添加 5 种不同噪声后的图像。高斯噪声使图像整体变得模糊，像素值有微小的随机变化，符合高斯分布的特性。它模拟了一些常见的电子设备噪声。椒盐噪声图像上出现明显的黑白噪点，这些黑白噪点随机分布，严重影响图像细节。椒盐噪声模拟了像素损坏或突发干扰。瑞利噪声产生一种独特的模糊效果，呈现出特定的纹理干扰。指数噪声造成不均匀的干扰，与指数分布特性相关。它模拟了具有指数衰减特性的干扰因素。均匀噪声带来较为均匀的亮度和颜色变化，在整幅图像上均匀分布，符合均匀分布的特点。

瑞利噪声和指数噪声未根据图像特征自适应调整噪声强度，可能导致某些区域的噪声效果不明显。同时，为了提高程序的易用性，可以考虑添加一个简单的用户交互界面，让用户能够方便地选择要添加的噪声类型、调整噪声参数，并直观地查看处理后的图像效果。

(a) 原始图像　(b) 高斯噪声图像　(c) 椒盐噪声图像

(d) 瑞利噪声图像　(e) 指数噪声图像　(f) 均匀噪声图像

图 6-4　加入不同噪声后的效果图

6.3 空间域滤波复原

空间域滤波复原是在图像空间域中进行的图像复原技术，它通过对图像中的每个像素及其邻域进行操作改善图像的质量。空间域滤波复原的分类包括均值滤波器、顺序统计滤波器和自适应滤波器等。

6.3.1　基本原理

空间域滤波复原的基本原理是基于以下假设：图像中的噪声是随机的，可以通过对图像进行滤波操作来去除；图像中的信号是局部相关的，可以通过对图像进行滤波操作来增强。空间域滤波复原的优点是简单直观，可以快速地对图像进行复原；其缺点是可能导致图像的细节丢失，并且对于复杂的噪声和退化模型可能效果不佳。

总之，空间域滤波复原是一种简单直观的图像复原技术，适用于一些简单的噪声和退化模型。

6.3.2　空间域滤波复原的基本步骤

(1) 选择一个滤波器：滤波器可以是线性的或非线性的，它的作用是对图像中的每个像素及其邻域进行操作。

(2) 对图像中的每个像素进行滤波操作：将滤波器应用于图像中的每个像素，以计算该像素的新值。

(3) 重复步骤(2)，直到对整幅图像进行了滤波操作。

6.3.3　空间域滤波复原的分类

1. 均值滤波器

均值滤波器是一种线性滤波器。它的基本原理是用模板(也称为滤波器核)覆盖图像中的每个像素，然后计算模板内像素的平均值，并用这个平均值替换模板中心像素的值。例如，对于一个 3×3 的均值滤波器模板，它会对图像中每个像素周围 3×3 邻域内的像素进行处理。它主要用于去除图像中的椒盐噪声和高斯噪声。算术均值滤波器示意图如图 6-5 所示。

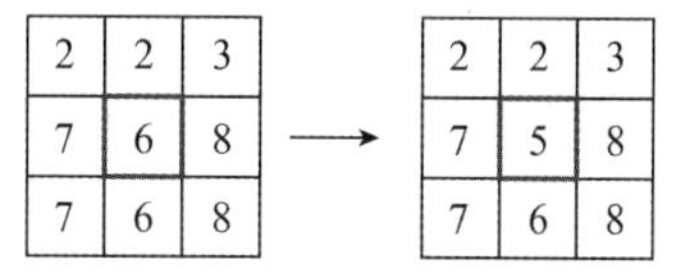

(a) 原始像素矩阵　　(b) 处理后的结果

图 6-5　算术均值滤波器示意图

一个 3×3 的像素矩阵，灰度值分别是 2、2、3、7、6、8、7、6、8，它们的平均值是 5.44，四舍五入取 5，目标像素的灰度值 6 就改为 5。

均值滤波器能够有效地平滑图像，减少图像中的噪声。它对随机噪声有较好的抑制作用，因为随机噪声的特点是在图像中无规律地出现，通过取平均值可以降低噪声的影响。然而，均值滤波器也会使图像变得模糊。这是因为它在平滑噪声的同时，也对图像的边缘和细节进行了平均处理，导致边缘和细节信息的丢失。均值滤波器可细分为算术均值滤波器、几何均值滤波器、谐波均值滤波器、逆谐波均值滤波器四类。

(1) 使用 Python+OpenCV 实现在图片中加入高斯噪声、椒盐噪声和均匀噪声，对比显示加入噪声的图片，然后使用算术均值滤波器对加入噪声后的图片进行恢复。

重要函数说明

arithmetic_mean_filter 函数：通过计算图像中每个像素周围邻域内像素值的算术平均值来平滑图像，从而达到去除噪声或减少图像细节的效果。

kernel = np.ones((3, 3), np.float32)/9

这个模板定义了滤波操作中每个邻域像素对中心像素的贡献权重。由于所有元素相同，这是简单的算术平均权重。

使用'cv2.filter2D'函数对输入的图像'image'进行滤波操作。

'cv2.filter2D'函数的第一个参数是要滤波的图像，这里是传入的'image'。

第二个参数'-1'表示输出图像的深度与输入图像相同。

第三个参数是滤波器模板'kernel'。这个函数会将模板在图像上滑动，对于每个像素，计算模板覆盖区域内像素值与模板对应元素的乘积之和，然后将结果作为滤波后该像素的值。本质上，就是对每个像素周围 3×3 邻域内的像素值进行加权求和(这里权重都为'1/9'，相当于求算术平均值)，从而得到滤波后的图像'filtered_image'。

示例代码如下：

```
/**********************************************************
    程序名：eg 6.2
    描　述：算术均值滤波器
**********************************************************/
import cv2
import matplotlib.pyplot as plt
import numpy as np
```

```
# 定义添加噪声的函数
# 添加高斯噪声的函数
```

```
def add_gaussian_noise(image, mean=0, var=200):
    # 计算标准差
    std = var ** 0.5
    # 复制图像并转换为浮点数类型，方便后续计算
    noisy_image = image.copy().astype(np.float32)
    # 根据均值和标准差生成符合高斯分布的噪声
    noise = np.random.normal(mean, std, image.shape).astype(np.float32)
    # 将噪声加到图像上
    noisy_image = cv2.add(noisy_image, noise)
    # 将像素值限制在 0~255 之间，并转换为无符号 8 位整数类型
    noisy_image = np.clip(noisy_image, 0, 255).astype(np.uint8)
    return noisy_image

```

```
#  添加椒盐噪声的函数
```

```
def add_salt_and_pepper_noise(image, salt_prob=0.02, pepper_prob=0.02):
    noisy_image = image.copy()
    height, width = image.shape[:2]
    # 计算盐噪声(白色噪声)的像素数量
    num_salt = np.ceil(salt_prob * height * width).astype(int)
    # 计算椒噪声(黑色噪声)的像素数量
    num_pepper = np.ceil(pepper_prob * height * width).astype(int)
    # 随机生成盐噪声的坐标
    salt_coords = [np.random.randint(0, i-1, num_salt) for i in image.shape[:2]]
    # 随机生成椒噪声的坐标
    pepper_coords = [np.random.randint(0, i-1, num_pepper) for i in image.shape[:2]]
    # 将盐噪声的坐标对应的像素设置为白色(255)
    noisy_image[salt_coords[0], salt_coords[1]] = 255
    # 将椒噪声的坐标对应的像素设置为黑色(0)
```

```python
        noisy_image[pepper_coords[0], pepper_coords[1]] = 0
        return noisy_image

# 添加均匀噪声的函数
def add_uniform_noise(image, low=-50, high=50):
        noisy_image = image.copy().astype(np.int16)
        # 生成均匀分布的噪声
        noise = np.random.uniform(low, high, image.shape).astype(np.int16)
        # 将噪声加到图像上
        noisy_image = cv2.add(noisy_image, noise)
        # 将像素值限制在 0~255，并转换为无符号 8 位整数类型
        noisy_image = np.clip(noisy_image, 0, 255).astype(np.uint8)
        return noisy_image

# 定义算术均值滤波器函数
def arithmetic_mean_filter(image):
        # 创建 3×3 的滤波器模板，所有元素为 1/9
        kernel = np.ones((3, 3), np.float32) / 9
        # 使用滤波器对图像进行滤波
        filtered_image = cv2.filter2D(image,-1, kernel)
        return filtered_image

# 读取原始图像
original_image = cv2.imread('building.jpg')
# 将图像从 BGR 颜色空间转换为 RGB 颜色空间，方便 matplotlib 显示
original_image = cv2.cvtColor(original_image, cv2.COLOR_BGR2RGB)

# 添加不同类型的噪声
gaussian_noisy_image = add_gaussian_noise(original_image)
salt_and_pepper_noisy_image = add_salt_and_pepper_noise(original_image)
uniform_noisy_image = add_uniform_noise(original_image)

# 使用均值滤波器恢复噪声图像
gaussian_filtered_image = arithmetic_mean_filter(gaussian_noisy_image)
salt_and_pepper_filtered_image = arithmetic_mean_filter(salt_and_pepper_noisy_image)
uniform_filtered_image = arithmetic_mean_filter(uniform_noisy_image)
# 设置中文字体相关参数，使中文标题能正确显示
```

```
plt.rcParams["font.sans-serif"] = ["SimHei"]
plt.rcParams["axes.unicode_minus"] = False
```

```
# 显示并保存图像
# 创建一个 3×3 的子图布局
# 显示添加高斯噪声后的图像
plt.subplot(331), plt.imshow(gaussian_noisy_image), plt.title('高斯噪声图像')
plt.axis('off')
# 显示添加椒盐噪声后的图像
plt.subplot(332), plt.imshow(salt_and_pepper_noisy_image), plt.title('椒盐噪声图像')
plt.axis('off')
# 显示添加均匀噪声后的图像
plt.subplot(333), plt.imshow(uniform_noisy_image), plt.title('均匀噪声图像')
plt.axis('off')
# 显示高斯噪声图像经过均值滤波后的图像
plt.subplot(334), plt.imshow(gaussian_filtered_image), plt.title('高斯噪声滤波后')
plt.axis('off')
# 显示椒盐噪声图像经过均值滤波后的图像
plt.subplot(335), plt.imshow(salt_and_pepper_filtered_image), plt.title('椒盐噪声滤波后')
plt.axis('off')
# 显示均匀噪声图像经过均值滤波后的图像
plt.subplot(336), plt.imshow(uniform_filtered_image), plt.title('均匀噪声滤波后')
plt.axis('off')

# 保存包含所有图像的对比图
plt.savefig('noise_and_filter_images.jpg')
# 显示图像
plt.show()
```

算术均值滤波器去噪的执行结果如图 6-6、图 6-7 所示。

图 6-6

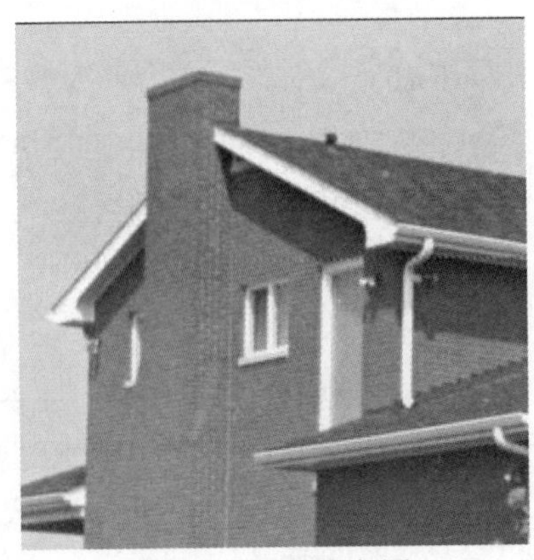

图 6-6　原始彩色图

(a) 高斯噪声图像

(b) 椒盐噪声图像

(c) 均匀噪声图像

图 6-7

(d) 高斯噪声滤波后

(e) 椒盐噪声滤波后

(f) 均匀噪声滤波后

图 6-7　算术均值滤波器去噪效果对比图

图 6-6 中原始图像是一张彩色建筑图片，从中能够清晰地看到建筑的轮廓、颜色以及周围环境的一些细节。在图 6-7 中，由于添加了高斯噪声('var = 200'，相对较大的方差)，图像整体变得模糊，并且有一些类似于雾状的效果，细节部分变得不太清晰，但图像的大致轮廓仍然可辨。在椒盐噪声图像中可以看到随机分布的白色(盐噪声)和黑色(椒噪声)噪声点，这些噪声点在图像中比较明显，尤其是在图像的纯色区域或者对比度较高的区域，对图像的视觉效果干扰较大。均匀噪声图像整体看起来有一种颗粒感，因为均匀噪声在一定范围内均匀地改变了像素值，使得图像的色彩和亮度出现了不规则的变化。

经过算术均值滤波器处理后，图像的模糊效果有一定程度的减轻，一些细节开始显现出来，但与原始图像相比，仍然存在一定的模糊和细节损失。椒盐噪声滤波后白色和黑色的噪声点数量明显减少，图像的视觉效果得到了改善，但由于算术均值滤波器的特性，图像也出现了一些模糊，特别是在噪声点密集的区域，边缘和细节信息有所丢失。均匀噪声滤波后图像的颗粒感有所减轻，色彩和亮度变得更加均匀，但同样存在一定程度的模糊，一些原本的细节可能因为滤波操作而变得不那么清晰。

(2) 使用几何均值滤波器对加入噪音后的图片进行恢复，相比于算术均值滤波器来说，丢失的图像信息更少。其中，定义的几何均值滤波器函数如下：

```
def geometric_mean_filter(image):
    height, width = image.shape[:2]
    filtered_image = np.zeros((height, width), dtype=np.float32)
    for i in range(1, height -1):
        for j in range(1, width -1):
            product = 1
            for m in range(i-1, i + 2):
                for n in range(j-1, j + 2):
                    product *= image[m, n]
```

```
            filtered_image[i, j] = product ** (1 / 9)
    return filtered_image.astype(np.uint8)
```

该函数首先获取输入图像的 height(高度)和 width(宽度)。然后创建一个与输入图像大小相同的全零数组 filtered_image，数据类型为 np.float32。这个数组将用于存储滤波后的图像结果。

接着，通过两层嵌套的 for 循环遍历图像中除边缘像素外的每个像素。外层循环控制行索引 i，range(1, height−1)；内层循环控制列索引 j，range(1, width−1)。对于每个像素，初始化一个变量 product 为 1。然后通过内层的两层嵌套 for 循环，再次遍历以当前像素为中心的 3×3 邻域内的像素。对于邻域内的每个像素 image[m, n]，将其与 product 相乘。这样，在循环结束后，product 的值就是 3×3 邻域内像素值的乘积。计算几何平均值，将 product 的值开 9 次方(因为是 3×3 邻域，共 9 个像素)，即 product ** (1 / 9)，并将结果赋值给 filtered_image[i, j]，作为当前像素滤波后的结果。

最后，将 filtered_image 的数据类型转换为 np.uint8，以匹配输入图像的常见数据类型，并返回滤波后的图像。

几何均值滤波器更注重像素值之间的乘积关系，对于一些噪声分布情况可能会有更好的平滑效果，同时在一定程度上可能会保留图像的某些特征。例如，对于某些具有特定纹理或结构的图像，几何均值滤波可能会在去除噪声的同时，更好地保留这些纹理和结构的相对关系，而算术均值滤波可能会过度平滑这些特征。

(3) 谐波均值滤波器善于处理高斯噪声一类噪声，对盐粒噪声处理效果好，但不适用于对胡椒噪声的处理。其中，定义的谐波均值滤波器函数如下：

```
def HarmonicMean(img, kernelSize):
    HImg = np.zeros(img.shape)
    k = int((kernelSize−1) / 2)
    for i in range(img.shape[0]):
        for j in range(img.shape[1]):
            # 不在滤波核范围内
            if i < k or i > (img.shape[0]−k−1) or j < k or j > (img.shape[1]−k−1):
                HImg[i][j] = img[i][j]   # 像素值不变
            else:
                for n in range(kernelSize):
                    for m in range(kernelSize):
                        if all(img[i−k + n][j−k + m]) == 0:
                            HImg[i][j] = 0
                            break
                        else:
                            HImg[i][j] += 1 / img[i−k + n][j−k + m]
                    else:
                        continue
                    break
```

```
                if all(HImg[i][j]) != 0:
                    HImg[i][j] = (kernelSize * kernelSize) / HImg[i][j]
HImg = np.uint8(HImg)
return HImg
```

该函数通过两层嵌套的'for'循环遍历输入图像的每个像素。外层循环控制行索引 i，从 0 到 img.shape[0]−1；内层循环控制列索引 j，从 0 到 img.shape[1]−1。对于每个像素，首先判断它是否在滤波核范围内。如果像素的行索引 i 小于 k，或者大于 img.shape[0]−k−1，或者列索引 j 小于 k，或者大于 img.shape[1]−k−1，则直接将该像素的值复制到滤波效果图像 HImg 中，即 HImg[i][j] = img[i][j]。

如果像素在滤波核范围内，则通过内层的两层嵌套 for 循环遍历以该像素为中心的 kernelSize×kernelSize 的邻域内的像素。对于邻域内的每个像素 img[i−k + n][j−k + m]，首先判断它是否全部为 0。如果是，则将滤波效果图像 HImg 中对应位置的像素值设为 0，并使用 break 语句跳出内层的两层嵌套循环。如果邻域内像素不全为 0，则将该像素值的倒数累加到 HImg[i][j]中，即 HImg[i][j] += 1 / img[i−k + n][j−k + m]。在完成邻域内像素的遍历后，再次判断 HImg[i][j]是否全部不为 0。如果是，则计算谐波平均值，即(kernelSize * kernelSize) / HImg[i][j]，并将结果赋值给 HImg[i][j]。

(4) 逆谐波均值滤波器适合减少椒盐噪声的影响，其中，定义的逆谐波均值滤波器函数如下：

```
def IHarmonicMean(img, kernelSize, Q):
    IHImg = np.zeros(img.shape)
    # print(IHImg)
    # print(img[0][0])
    k = int((kernelSize-1) / 2)
    for i in range(img.shape[0]):
        for j in range(img.shape[1]):
            # 不在滤波核范围内
            if i < k or i > (img.shape[0]-k-1) or j < k or j > (img.shape[1]-k-1):
                IHImg[i][j] = img[i][j]  # 像素值不变
            else:
                res_top = 0
                res_bottom = 0
                for n in range(kernelSize):
                    for m in range(kernelSize):
                        if Q > 0:
                            res_top += pow(img[i-k + n][j-k + m], Q + 1)
                            res_bottom += pow(img[i-k + n][j-k + m], Q)
                        # print(res_top)
                        else:
```

```
                                if all(img[i-k + n][j-k + m]) == 0:
                                    IHImg[i][j] = 0
                                    break
                                else:
                                    res_top += pow(img[i-k + n][j-k + m], Q + 1)
                                    res_bottom += pow(img[i-k + n][j-k + m], Q)
                        else:
                            continue
                        break
                    else:
                        if all(res_bottom) != 0:
                            IHImg[i][j] = res_top / res_bottom
        HImg = np.uint8(IHImg)
    return HImg
```

该函数的第 2 个参数 Q 称为滤波器的阶数：当 Q 为正数时，适合消除胡椒噪声；当 Q 为负数时，适合消除盐粒噪声，但无法同时消除盐粒噪声和胡椒噪声；当 Q=0 时，退化为算术均值滤波器；当 Q=−1 时，退化为谐波均值滤波器。

首先在图片中加入高斯噪声，然后分别使用谐波均值滤波器和逆谐波均值滤波器对其进行恢复，效果图命名为滤波器名称及其参数。

重要函数说明如下所示。

重要函数说明

harmonic_mean_filter(image, kernel_size=3)：此函数实现了对彩色图像的谐波均值滤波操作。首先获取图像的高度、宽度和通道数，计算滤波器的填充大小，以确保在滤波过程中能够处理图像边缘的像素。使用 np.pad 函数对图像进行填充，填充方式为常数填充，即在图像周围添加一圈值为 0 的像素。创建一个与原始图像大小相同的全零数组，用于存储滤波后的结果，数据类型为 np.float64，以避免在计算过程中出现数据溢出。然后，通过嵌套的循环遍历图像的每个像素。对于每个像素，提取以该像素为中心的邻域窗口(大小由 kernel_size 确定)内的像素值。计算窗口内像素值的倒数之和，并加上一个小的数值(1e10)以避免除以 0 的情况。根据谐波均值的计算公式，将窗口大小的平方除以倒数之和，得到滤波后的像素值，并将其存储在结果数组中。最后，将结果数组的数据类型转换为 np.uint8 并返回。

- 参数含义：

  image：要进行滤波的彩色图像，数据类型为 numpy.ndarray。

kernel_size：滤波器的核大小，默认为 3，表示滤波器窗口的边长，数据类型为整数。必须为奇数，以确保有一个中心像素。

inverse_harmonic_mean_filter(image, kernel_size=3,Q=1.5)：该函数用于对彩色图像进行逆谐波均值滤波。同样先获取图像的高度、宽度和通道数，并计算填充大小，对图像进行填充。创建一个与原始图像大小相同的全零数组，用于存储滤波结果，数据类型为 np.float64。通过循环遍历图像的每个像素，提取以该像素为中心的邻域窗口内的像素值。

分别计算窗口内像素值的 $Q+1$ 次幂之和作为分子，像素值的 Q 次幂之和作为分母。如果分母不为 0，则根据逆谐波均值的计算公式，将分子除以分母得到滤波后的像素值；否则，简单地将窗口的左上角像素值作为滤波后的像素值(这是一种避免除以 0 的简单处理方式，可根据实际需求进行调整)。最后，将结果数组的数据类型转换为 np.uint8 并返回。

- 参数含义：

image：要进行滤波的彩色图像，数据类型为 numpy.ndarray。

kernel_size：滤波器的核大小，默认为 3，用于确定滤波窗口的大小，数据类型为整数且必须为奇数。

Q：逆谐波均值滤波器的参数，默认为 1.5，不同的 Q 值会对滤波效果产生影响，Q 大于 0 时有助于去除椒盐噪声，Q 小于 0 时有助于去除高斯噪声，数据类型为浮点数。

示例代码如下：

```
/******************************************************************
    程序名：eg 6.3
    描  述：谐波均值滤波器和逆谐波均值滤波器
******************************************************************/
import cv2
import numpy as np
import matplotlib.pyplot as plt

# 添加高斯噪声的函数(适用于彩色图像)
def add_gaussian_noise(image, mean=0, var=2):
    height, width, channels = image.shape
    sigma = var ** 0.5   # 根据方差计算标准差
    gaussian_noise = np.random.normal(mean, sigma, (height, width, channels)).astype(np.uint8)
    noisy_image = cv2.add(image, gaussian_noise)
    return noisy_image

# 谐波均值滤波器函数(适用于彩色图像)
def harmonic_mean_filter(image, kernel_size=3):
    height, width, channels = image.shape
    pad_size = kernel_size // 2
    padded_image = np.pad(image, ((pad_size, pad_size), (pad_size, pad_size), (0, 0)), 'constant')
    filtered_image = np.zeros_like(image, dtype=np.float64)
    for y in range(height):
        for x in range(width):
            for c in range(channels):
                window = padded_image[y:y + kernel_size, x:x + kernel_size, c]
                denominator = np.sum(1 / (window + 1e-10))   # 加一个小的数值避免除以 0
                filtered_image[y, x, c] = (kernel_size ** 2) / denominator if denominator != 0 else 0
```

```
    return filtered_image.astype(np.uint8)
# 逆谐波均值滤波器函数(适用于彩色图像)
def inverse_harmonic_mean_filter(image, kernel_size=3, Q=1.5):
    height, width, channels = image.shape
    pad_size = kernel_size // 2
    padded_image = np.pad(image, ((pad_size, pad_size), (pad_size, pad_size), (0, 0)), 'constant')
    filtered_image = np.zeros_like(image, dtype=np.float64)
    for y in range(height):
        for x in range(width):
            for c in range(channels):
                window = padded_image[y:y + kernel_size, x:x + kernel_size, c]
                numerator = np.sum(np.power(window, Q + 1))
                denominator = np.sum(np.power(window, Q))
                if denominator != 0:
                    filtered_image[y, x, c] = numerator / denominator
                else:
    filtered_image[y, x, c] = window[0, 0]  # 简单处理避免除以 0 情况，可按需调整
    return filtered_image.astype(np.uint8)
if __name__ == "__main__":
# 读取彩色图像
    image_path = "1.png"  # 替换为实际的图像路径
    image = cv2.imread(image_path)
# 添加高斯噪声
    noisy_image = add_gaussian_noise(image)
# 使用谐波均值滤波器恢复
    harmonic_filtered_image = harmonic_mean_filter(noisy_image)
# 使用逆谐波均值滤波器(Q = 1.5)恢复
    inverse_harmonic_filtered_image_q1_5 = inverse_harmonic_mean_filter(noisy_image, Q=1.5)
# 使用逆谐波均值滤波器(Q =-1.5)恢复
    inverse_harmonic_filtered_image_Q_1_5 = inverse_harmonic_mean_filter(noisy_image, Q=-1.5)
    # 准备用于显示的图像列表和标题列表
# 设置中文字体相关参数，使中文标题能正确显示
    plt.rcParams["font.sans-serif"] = ["SimHei"]
    plt.rcParams["axes.unicode_minus"] = False
    images = [image, noisy_image, harmonic_filtered_image, inverse_harmonic_filtered_image_Q1_5,
              inverse_harmonic_filtered_image_Q_1_5]
```

```
titles = ["原始彩色图像", "添加高斯噪声", "谐波均值滤波器处理", "逆谐波均值(Q = 1.5)", "逆谐波均值(Q =-1.5)"]
```

```
# 设置图像显示的相关参数，以彩色形式显示
plt.rcParams['image.cmap'] = 'viridis'
```

```
# 循环显示图像
for i in range(len(images)):
    plt.subplot(2, 3, i + 1)
    plt.imshow(cv2.cvtColor(images[i], cv2.COLOR_BGR2RGB))  # 将 BGR 格式转换为 RGB 格式用于正确显示
    plt.title(titles[i])
    plt.axis('off')
plt.show()
```

谐波均值滤波器和逆谐均值滤波器去高斯噪声的执行结果如图 6-8 所示。

(a) 原始彩色图像

(b) 添加高斯噪声

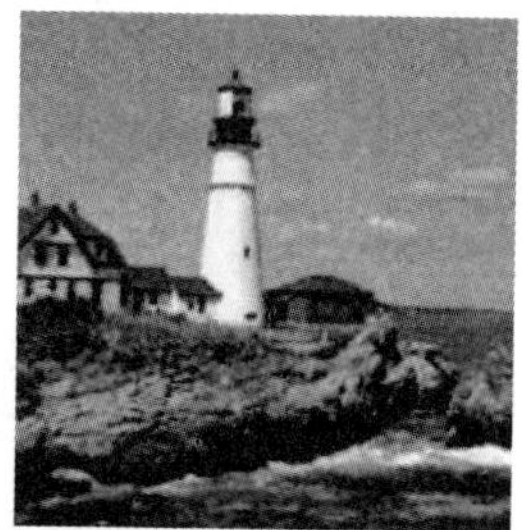

(c) 谐波均值滤波器处理

(d) 逆谐波均值(Q=1.5)

(e) 逆谐波均值(Q=−1.5)

图 6-8　两类滤波器去高斯噪声效果对比图

在上述代码中，将加入的噪声换成椒盐噪声，其函数原型如下：

```
def add_salt_and_pepper_noise(image, salt_prob=0.01, pepper_prob=0.01):
    noisy_image = np.copy(image)
    height, width, channels = image.shape
    for y in range(height):
        for x in range(width):
```

```
            rdn = random.random()
            if rdn < salt_prob:
                noisy_image[y, x] = [255, 255, 255]  # 将像素点设为白色(BGR 三个通道都为 255)
            elif rdn < salt_prob + pepper_prob:
                noisy_image[y, x] = [0, 0, 0]  # 将像素点设为黑色(BGR 三个通道都为 0)
    return noisy_image
```

然后分别使用谐波均值滤波器和逆谐波均值滤波器对其进行恢复，效果如图 6-9 所示。

(a) 原始彩色图像

(b) 添加椒盐噪声

(c) 谐波均值滤波器

(d) 逆谐波均值(Q =1.5)

(e) 逆谐波均值(Q =−1.5)

图 6-9　两类滤波器去椒盐噪声效果对比图

从图 6-9 来看，经过谐波均值滤波器处理后，图像的噪声有所减少，图像变得更加平滑，但可能会丢失一些细节。逆谐波均值滤波器在不同的 Q 值下表现不同，当 $Q = -1.5$ 和 $Q = 1.5$ 时可能会对不同类型的噪声或图像特征有不同的处理效果。例如，可能在某一 Q 值下对某些噪声区域处理得更好，而在另一些区域可能会使图像变得模糊或者出现伪影。

对于椒盐噪声，同样可以观察到两种滤波器都有一定的去噪效果。谐波均值滤波器可能会使椒盐噪声的“盐粒”和“椒粒”变得模糊，从而减少噪声的视觉影响。逆谐波均值滤波器在不同 Q 值下可能会对椒盐噪声中的白色噪声(盐)和黑色噪声(椒)有不同的处理偏好，导致在某些区域一种颜色的噪声去除效果较好，而另一种颜色的噪声可能会残留一些痕迹。

两种滤波器在处理不同类型噪声时有各自的优缺点，需要根据具体的噪声类型和图像特征选择合适的滤波器和参数。

2. 顺序统计滤波器

顺序统计滤波器(Order-Statistic Filters)是一种基于图像局部区域内像素值的排序统计信息进行滤波的方法，在图像的每个像素位置，考虑其周围的一个局部邻域(通常是一个矩形区域，如 3×3、5×5 等)，对这个局部邻域内的像素值进行排序，得到一个有序的像素值序列。根据排序后的像素值序列，选取其中的某个特定顺序统计量作为滤波后的像素值，常见的选择包括最小值(min)、最大值(max)、中值(median)等，常见的滤波器有中值滤波器、修正后的阿尔法均值滤波器、最大/最小滤波器、中点滤波器等。

(1) 中值滤波器：取滤波器覆盖范围内所有像素的中位数。中值滤波可去掉椒盐噪声，平滑效果优于均值滤波，在抑制随机噪声的同时能保持图像边缘少受模糊。其示意图如图 6-10 所示。

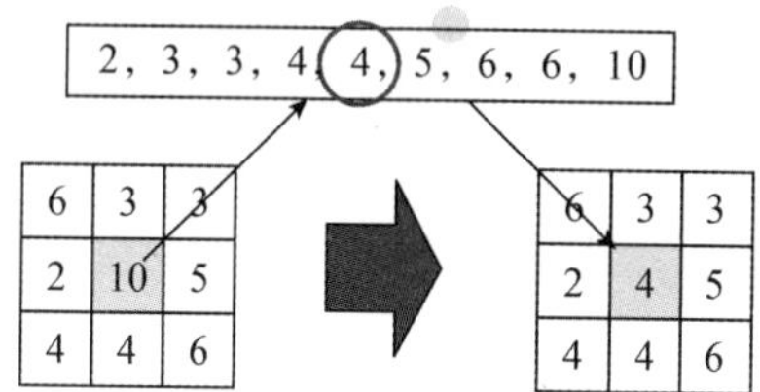

图 6-10　中值滤波器

(2) 阿尔法均值滤波器：假设在像素领域内去掉最高的 $d/2$ 个灰度值和最低的 $d/2$ 个灰度值，然后将由剩余 $mn-d$ 像素点的平均值形成的滤波器称为修正后的阿尔法均值滤波器。当 $d=0$ 时，退化成算术均值滤波器；当 $d=mn-1$ 时，退化成中值滤波器；当 d 为其他值时，适合处理混合多种噪声的情况，如高斯噪声和椒盐噪声混合的情况。

(3) 最大值滤波器适合处理胡椒噪声，但会从黑色物体边缘移走一些黑色像素；最小值滤波器适合处理盐粒噪声，但会从亮色物体边缘移走一些白色像素。

(4) 中点滤波器：计算最大值和最小值之间的中点。适用于处理随机分布的噪声，如高斯噪声或均匀噪声，但不太适合处理椒盐噪声。

重要函数说明

np.ones 函数：创建一个指定形状和数据类型的全 1 数组。在这里用于创建一个 3 × 3 的盒式核，数据类型为 np.float32。

- 返回值：返回一个 numpy.ndarray 类型的数组，形状为(m, n)(这里 $m = n = 3$)，元素值全为 1，数据类型为 np.float32。
- 参数含义：

shape：要创建的数组的形状，这里是(m, n)，表示一个二维数组的行数和列数。

dtype：数组的数据类型，这里是 np.float32。

np.pad 函数：对输入的数组(这里是图像)进行边缘填充。根据指定的填充模式和填充大小，在数组的边缘添加元素。

- 返回值：返回一个经过边缘填充后的 numpy.ndarray 类型的数组，形状根据填充情况发生变化。
- 参数含义：要填充的数组，这里是 img.copy()，即原始图像的副本。

pad_width：填充的宽度，是一个元组，表示在每个维度上的填充大小。这里是((hPad, m hPad 1), (wPad, n wPad 1))，表示在高度和宽度方向上的填充情况。

mode：填充模式，这里是"edge"，表示使用边缘值进行填充。

np.median 函数：计算输入数组(这里是图像邻域 pad)的中值。它会对数组中的元素进行排序，然后返回中间位置的元素值(如果数组长度为奇数)或中间两个元素的平均值(如果数组长度为偶数)。

- 返回值：返回计算得到的中值，数据类型与输入数组中的元素数据类型一致(通常为 np.float64，如果输入是 np.uint8 图像，结果会转换为相应类型)。
- 参数含义：要计算中值的数组，这里是 pad，即图像中某个像素的邻域。

np.max 函数：计算输入数组(这里是图像邻域 pad)的最大值。它会遍历数组中的所有元素，找到其中的最大值。

- 返回值：返回计算得到的最大值，数据类型与输入数组中的元素数据类型一致。
- 参数含义：要计算最大值的数组，这里是 pad，即图像中某个像素的邻域。

np.min 函数：计算输入数组(这里是图像邻域 pad)的最小值。它会遍历数组中的所有元素，找到其中的最小值。

- 返回值：返回计算得到的最小值，数据类型与输入数组中的元素数据类型一致。
- 参数含义：要计算最小值的数组，这里是 pad，即图像中某个像素的邻域。

示例代码如下：

```
/****************************************************************
    程序名：eg 6.4
    描  述：中值滤波器、最大值滤波器、最小值滤波器、中点滤波器
****************************************************************/
import cv2
import matplotlib.pyplot as plt
import numpy as np
```

```
# 添加高斯噪声的函数(适用于彩色图像)
def add_gaussian_noise(image, mean=0, var=1):
    height, width, channels = image.shape
    sigma = var ** 0.5  # 根据方差计算标准差
    gaussian_noise = np.random.normal(mean, sigma, (height, width, channels)).astype(np.uint8)
    noisy_image = cv2.add(image, gaussian_noise)
    return noisy_image


```

```
# 中值滤波器函数(适用于彩色图像)
def median_filter(image, kernel_size=3):
    filtered_image = np.zeros_like(image)
    height, width, channels = image.shape
    pad_size = kernel_size // 2
    padded_image = np.pad(image, ((pad_size, pad_size), (pad_size, pad_size), (0, 0)), 'constant')
```

```
    for y in range(height):
        for x in range(width):
            for c in range(channels):
                window = padded_image[y:y + kernel_size, x:x + kernel_size, c]
                median_value = np.median(window)
                filtered_image[y, x, c] = median_value
    return filtered_image.astype(np.uint8)
# 最大值滤波器函数(适用于彩色图像)
def max_filter(image, kernel_size=2):
    filtered_image = np.zeros_like(image)
    height, width, channels = image.shape
    pad_size = kernel_size // 2
    padded_image = np.pad(image, ((pad_size, pad_size), (pad_size, pad_size), (0, 0)), 'constant')
    for y in range(height):
        for x in range(width):
            for c in range(channels):
                window = padded_image[y:y + kernel_size, x:x + kernel_size, c]
                max_value = np.max(window)
                filtered_image[y, x, c] = max_value
    return filtered_image.astype(np.uint8)
# 最小值滤波器函数(适用于彩色图像)
def min_filter(image, kernel_size=3):
    filtered_image = np.zeros_like(image)
    height, width, channels = image.shape
    pad_size = kernel_size // 2
    padded_image = np.pad(image, ((pad_size, pad_size), (pad_size, pad_size), (0, 0)), 'constant')
    for y in range(height):
        for x in range(width):
            for c in range(channels):
                window = padded_image[y:y + kernel_size, x:x + kernel_size, c]
                min_value = np.min(window)
                filtered_image[y, x, c] = min_value
    return filtered_image.astype(np.uint8)
# 中点滤波器函数(适用于彩色图像)
def midpoint_filter(image, kernel_size=5):
    filtered_image = np.zeros_like(image)
    height, width, channels = image.shape
    pad_size = kernel_size // 2
    padded_image = np.pad(image, ((pad_size, pad_size), (pad_size, pad_size), (0, 0)), 'constant')
    for y in range(height):
        for x in range(width):
            for c in range(channels):
```

```
                window = padded_image[y:y + kernel_size, x:x + kernel_size, c]
                max_value = np.max(window)
                min_value = np.min(window)
                midpoint_value = (max_value + min_value) / 2
                filtered_image[y, x, c] = midpoint_value
    return filtered_image.astype(np.uint8)
if __name__ == "__main__":
```

```
# 读取彩色图像
```

```
    image_path = "2.png"  # 替换为实际的图像路径
    image = cv2.imread(image_path)
```

```
# 添加高斯噪声
```

```
    noisy_image = add_gaussian_noise(image)

    # 使用中值滤波器恢复
    median_filtered_image = median_filter(noisy_image)
    # 使用最大值滤波器恢复
    max_filtered_image = max_filter(noisy_image)
    # 使用最小值滤波器恢复
    min_filtered_image = min_filter(noisy_image)
    # 使用中点滤波器恢复
    midpoint_filtered_image = midpoint_filter(noisy_image)
准备用于显示的图像列表和标题列表
```

```
# 设置中文字体相关参数，使中文标题能正确显示
```

```
    plt.rcParams["font.sans-serif"] = ["SimHei"]
    plt.rcParams["axes.unicode_minus"] = False
    images = [image, noisy_image, median_filtered_image, max_filtered_image, min_filtered_image,
              midpoint_filtered_image]
    titles = ["原始图像", "添加高斯噪声", "中值滤波器", "最大值滤波器", "最小值滤波器", "中点滤波器"]

```

```
# 设置图像显示的相关参数，以彩色形式显示
```

```
    plt.rcParams['image.cmap'] = 'viridis'

```

```
# 循环显示图像
```

```
    for i in range(len(images)):
        plt.subplot(2, 3, i + 1)
        plt.imshow(cv2.cvtColor(images[i], cv2.COLOR_BGR2RGB))  # 将 BGR 格式转换为 RGB 格
式用于正确显示
        plt.title(titles[i])
        plt.axis('off')
```

```
88.        plt.show()
```

在上述代码中，将加入的噪声换成椒盐噪声，其函数原型和程序 eg 6.3 相同，然后再分别使用这 4 种滤波器对其进行恢复，效果图如图 6-11、图 6-12 所示。

(a) 原始图像　(b) 添加高斯噪声　(c) 中值滤波器

(d) 最大值滤波器　(e) 最小值滤波器　(f) 中点滤波器

图 6-11　高斯噪声去除效果对比图

(a) 原始图像　(b) 添加高斯噪声　(c) 中值滤波器

(d) 最大值滤波器　(e) 最小值滤波器　(f) 中点滤波器

图 6-12　椒盐噪声去除效果对比图

上述程序实现了对含有噪声的图像(包括高斯噪声和椒盐噪声)进行多种顺序统计滤波器处理，并展示处理结果。涉及的滤波器包括中值滤波器、最大值滤波器、最小值滤波器和中点滤波器，从图 6-11 和图 6-12 的综合效果上看，中值滤波器在处理椒盐噪声和高斯噪声时综合表现较好；最大值滤波器和最小值滤波器分别对特定类型的噪声有一定处理能力，但会对物体边缘产生不良影响；中点滤波器对高斯噪声有一定作用，但不太适合椒盐噪声。

在实际应用中，可根据噪声类型和对图像质量的要求选择合适的滤波器。同时，在代码实现过程中对图像边缘的处理方式(边缘填充)是一种常见且有效的方法，确保了滤波器在整幅图像上的正确应用。

3. 自适应滤波器

自适应滤波器会在图像的每个像素位置分析其局部邻域的特性，这些特性包括像素值的均值、方差、梯度等统计信息或结构信息。例如，在一个包含噪声的图像区域，如果局部方差较大，可能表示该区域噪声较为严重；如果局部梯度较大，可能表示该区域是图像的边缘部分。它的优点是能够在去除噪声的同时保护边缘，对于处理具有丰富细节和边缘的图像非常有效。它的缺点是计算复杂度较高，处理时间相对较长。

根据对局部特性的分析结果，自适应滤波器会自动调整其滤波参数。这些参数包括滤波器的权重、核大小、滤波模式等。比如，如果局部区域噪声严重，可能会增大滤波器的权重，以增强滤波效果；如果是图像边缘区域，可能会调整滤波器核的形状或权重分布，以更好地保留边缘信息。

以自适应中值滤波器为例，它首先会根据局部邻域的统计信息判断当前像素是否为噪声点。如果是噪声点，则使用中值滤波进行替换；如果不是噪声点，则保持原始像素值不变。其函数如下：

```
def adaptive_median_filter(image, window_size=3, variance_threshold=0.05):
    height, width = image.shape[:2]
    filtered_image = np.zeros((height, width), dtype=np.uint8)
    k = int((window_size-1) / 2)
    for i in range(height):
        for j in range(width):
            neighborhood_pixels = []
            for n in range(window_size):
                for m in range(window_size):
                    neighborhood_pixels.append(image[i-k + n][j-k + m])
            neighborhood_mean = np.mean(neighborhood_pixels)
            neighborhood_variance = np.var(neighborhood_pixels)
            if neighborhood_variance > variance_threshold:
                neighborhood_pixels.sort()
                filtered_image[i][j] = neighborhood_pixels[len(neighborhood_pixels) // 2]
            else:
                filtered_image[i][j] = image[i][j]
    return filtered_image
```

在上述代码中，adaptive_median_filter 函数实现了自适应中值滤波器。它接受输入图像、初始窗口大小和方差阈值作为参数，返回滤波后的图像。通过遍历图像的每个像素，分析其局部邻域的方差，根据方差是否超过阈值决定是否进行中值滤波操作。

6.4 频率域滤波复原

频率域滤波复原是在频率域中对图像进行滤波处理的方法，通过对频率域中的图像进行滤波操作，改变不同频率成分的幅度或相位，然后转换回空间域，实现对图像的复原或增强。频率域滤波复原的滤波方法包括低通滤波、高通滤波、带通滤波和带阻滤波等。总的来说，频率域滤波复原是一种重要的图像处理技术，在图像复原、增强和分析等领域有着广泛的应用。在第 5 章图像增强中，已经学习了使用低通滤波和高通滤波进行图像处理的方法，这里不再赘述，只重点说明带通滤波和带阻滤波。

6.4.1 主要原理

图像可以通过傅里叶变换从空间域转换到频率域，在频率域中，图像的信息被表示为不同频率的成分。频率域滤波复原的基本原理是通过对频率域中的图像进行滤波操作，改变不同频率成分的幅度或相位，然后通过傅里叶逆变换将图像转换回空间域，从而实现对图像的复原或增强。

6.4.2 滤波方法及实现步骤

1. 滤波方法

(1) 低通滤波通过衰减高频成分，保留低频成分，使图像变得平滑，去除噪声，但会导致图像细节的丢失。

(2) 高通滤波增强高频成分，衰减低频成分，突出图像的边缘和细节信息，但会使图像变得粗糙。

(3) 带通滤波选择特定频率范围的成分进行保留，抑制其他频率成分，可用于提取图像中的特定信息。

(4) 带阻滤波抑制特定频率范围的成分，保留其他频率成分，可用于去除图像中的周期性噪声。

2. 实现步骤

(1) 对图像进行傅里叶变换，将其转换到频率域。

(2) 在频率域中，使用滤波器对图像进行滤波操作，根据需要增强或衰减不同频率成分的幅度或相位。

(3) 对滤波后的图像进行傅里叶逆变换，将其转换回空间域，得到复原或增强后的图像。

6.4.3 频率域滤波的特点

频率域滤波复原能够有效地去除噪声，增强图像的细节，可以根据需要选择不同的滤波方法，对图像进行特定的处理，对于某些类型的噪声和退化，频率域滤波复原能够取得较好的效果。但是，其计算复杂度较高，需要进行傅里叶变换和傅里叶逆变换，滤波器的设计和选择需要一定的经验和知识，在处理过程中可能导致图像的边缘信息丢失或失真。

6.4.4 带通滤波器

带通滤波是一种频率域滤波方法，它允许特定频率范围内的信号通过，而衰减或阻止其他频率的信号。其主要作用是从输入信号中选择出特定频率范围内的成分，抑制或去除频率范围外的信号。在图像处理中，它可以用于提取图像中的特定纹理或特征信息。常见的带通滤波器有高斯带通滤波器、理想带通滤波器、Butterworth 带通滤波器等，它们具有不同的特性和适用场景，相应的设计和实现方式也有所不同。在实际应用中，需要根据具体需求选择合适的带通滤波器并调整其参数，以达到最佳的滤波效果。

带通滤波针对性强，能够精确地选择所需的频率成分；灵活性高，可以根据具体需求调整通带范围等参数；计算复杂度较高，尤其是在频域实现时，可能会导致一定的信息损失。如果通带设置不合理，可能会丢失部分有用信息。

带通滤波实例及代码实现：首先读取带周期性噪声的灰色图像，进行二维傅里叶变换和平移频谱，设置带通滤波器参数并计算滤波器矩阵，将频谱与滤波器矩阵相乘实现滤波，再经傅里叶逆变换得到滤波后图像，最后展示原始图像、滤波后频谱图和滤波后图像。(图 6-13)

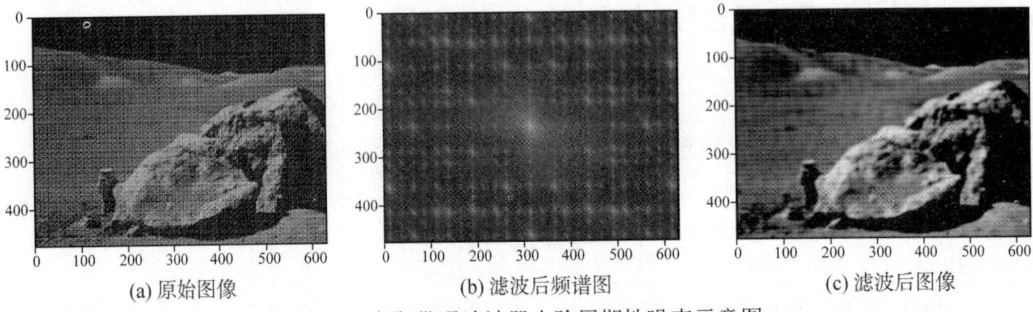

(a) 原始图像　(b) 滤波后频谱图　(c) 滤波后图像

图 6-13　高斯带通滤波器去除周期性噪声示意图

重要函数说明

image.astype(np.float64)：将图像数据的数据类型转换为 float64 类型。

- 返回值：返回数据类型转换后的图像数组。
- 参数含义：

image：要转换数据类型的图像数组。

np.float64：目标数据类型。

np.real(image_filtered)：取复数数组的实部，得到滤波后的图像数组(实数形式)。

- 返回值：返回滤波后的图像数组(实数形式)。
- 参数含义：

image_filtered：经过逆平移和二维傅里叶逆变换后的复数数组。

示例代码如下：

```
/************************************************************
    程序名：eg 6.5
    描  述：高斯带通滤波器去除周期性噪声
************************************************************/
import cv2
import matplotlib.pyplot as plt
import numpy as np
# 读取图像
image = cv2.imread('space.jpg', 0)
# 转换为浮点数类型
image = image.astype(np.float64)
# 进行二维傅里叶变换
image_fft = np.fft.fft2(image)
# 平移频谱
image_fftshift = np.fft.fftshift(image_fft)
# 获取图像尺寸
M, N = image_fftshift.shape
# 设置滤波器参数
D0 = 160
W = 480
# 计算中心坐标
m = M // 2
n = N // 2
# 初始化距离矩阵和滤波器矩阵
D = np.zeros((M, N))
H = np.zeros((M, N))
# 计算距离矩阵和高斯带通滤波器矩阵
for x in range(M):
    for y in range(N):
        D[x, y] = np.sqrt((x-m) ** 2 + (y-n) ** 2)
        H[x, y] = 1-np.exp(-0.5 * (((D[x, y] ** 2-D0 ** 2) / D[x, y] / W) ** 2))

# 应用滤波器
image_fftshift_filtered = image_fftshift * H
# 进行傅里叶逆变换
image_filtered = np.fft.ifft2(np.fft.ifftshift(image_fftshift_filtered))
image_filtered = np.real(image_filtered)
```

```
# 设置中文字体相关参数，使中文标题能正确显示
plt.rcParams["font.sans-serif"] = ["SimHei"]
plt.rcParams["axes.unicode_minus"] = False
# 显示图像
plt.subplot(131)
plt.imshow(image, cmap='gray')
plt.title('原图')

plt.subplot(132)
plt.imshow(np.log(np.abs(image_fftshift)), cmap='gray')
plt.title('滤波后频谱图')

plt.subplot(133)
plt.imshow(image_filtered, cmap='gray')
plt.title('滤波后图像')
plt.show()
```

从图 6-13(a)中，可以直观地看到原始图像的内容和特征。经过对原始图像进行二维傅里叶变换和平移频谱后，取对数并显示其幅度谱。在滤波后频谱图[图 6-13(b)]中，可以观察到图像的频率分布情况。高频部分对应图像的细节信息，低频部分对应图像的整体轮廓。最后经过高斯带通滤波器处理后的图像显示在图 6-13(c)中。与原始图像相比，滤波后的图像可能会去除一些噪声，使图像更加清晰。具体的滤波效果取决于滤波器的参数设置，如截止频率'D0'和带宽'W'等。

通过对程序运行结果的分析，可以看出该程序能够有效地去除图像中的周期性噪声，并且通过显示频谱图可以更好地理解滤波过程对图像频率成分的影响。同时，用户可以根据实际需求调整滤波器的参数，以获得更好的滤波效果。

6.4.5 带阻滤波器

带阻滤波是一种频率域滤波方法，它能够阻止特定频率范围内的信号通过，而允许其他频率的信号通过。其主要用于去除图像或信号中特定频率范围内的噪声或干扰。例如，在图像处理中，它可以用于去除周期性噪声；可以在频率域中定义一个阻止信号通过的区域，通常是一个环形区域，中心频率为需要阻止的频率范围。另外，通过抑制特定频率范围的信号，可以突出其他频率范围的图像特征，使图像中的某些细节更加清晰可见。

(1) 带阻滤波器常见类型有 3 种：第一种是理想带阻滤波器，在通带和阻带之间具有陡峭的过渡，完全阻止指定频率范围内的信号通过，但在实际应用中难以实现。第二种是巴特沃斯(Butterworth)带阻滤波器，它具有平滑的频率响应，过渡带相对较宽，是一种常用的实际滤波器类型。第三种是高斯带阻滤波器，其频率响应类似于高斯函数，具有较好的频率选择性和较小的振铃效应。

(2) 带阻滤波器实例及代码实现：程序主要实现了对图像添加高斯白噪声，然后使用

理想带阻滤波器、Butterworth 带阻滤波器和高斯带阻滤波器进行滤波处理，并展示了原始图像、含噪图像以及三种滤波器滤波后的图像。(图 6-14)

(a) 原始图像

(b) 高斯白噪声

(c) 理想带阻滤波图像

(d) Butterworth带阻滤波图像

(e) 高斯带阻滤波图像

图 6-14　带阻滤波去除高斯噪声示意图

重要函数说明

np.random.normal(0, 30, image_array.shape)：生成一个与给定图像数组 image_array 形状相同的随机数组，其中的元素服从均值为 0，标准差为 30 的正态分布(高斯分布)。这个随机数组用于模拟高斯白噪声。

- 返回值：返回一个与 image_array 形状相同的 numpy.ndarray 对象，其中包含了模拟的高斯白噪声。
- 参数含义：

0：正态分布的均值。

30：正态分布的标准差。

image_array.shape：指定生成的随机数组的形状，与图像数组的形状相同。

np.clip(noisy_image_array, 0, 255)：将数组 noisy_image_array 中的元素限制在指定的范围内，即小于 0 的元素设置为 0，大于 255 的元素设置为 255。这是为了确保添加噪声后的图像像素值在合法的 0~255 范围内。

- 返回值：返回一个与 noisy_image_array 形状相同的 numpy.ndarray 对象，其中的元素已经被限制在 0~255 范围内。
- 参数含义：

noisy_image_array：要进行限制的数组。

0：下限值。

255：上限值。

W：Butterworth 带阻滤波器的带宽。

n：Butterworth 滤波器的阶数。

h_gaussian、h_ideal、h_Butterworth：将频域图像数组 s 与相应的滤波器系数数组(h_gaussian、h_ideal、h_Butterworth)进行逐元素相乘，实现频域滤波操作。这一步将滤波器的频率响应应用到图像的频谱上，从而去除或抑制特定频率的成分。

- 返回值：返回三个与频谱数组形状相同的 numpy.ndarray 对象，分别表示经过高斯带阻滤波器、理想带阻滤波器和 Butterworth 带阻滤波器滤波后的频域图像。
- 参数含义：

s：频域图像数组。

h_gaussian、h_ideal、h_Butterworth：分别为高斯带阻滤波器、理想带阻滤波器和 Butterworth 带阻滤波器的系数数组。

np.real(np.fft.ifft2(np.fft.ifftshift(s_gaussian)))、np.real(np.fft.ifft2(np.fft.ifftshift(s_ideal)))、np.real(np.fft.ifft2(np.fft.ifftshift(s_Butterworth)))：首先对滤波后的频域图像数组(s_gaussian、s_ideal、s_Butterworth)进行逆平移操作(np.fft.ifftshift)，将频谱恢复到原始的位置。然后进行二维离散傅里叶逆变换(np.fft.ifft2)，将图像从频域转换回空域。最后，取傅里叶逆变换结果的实部(np.real)，得到滤波后的图像数组，因为傅里叶变换的结果通常是复数，而图像的像素值是实数。

- 返回值：返回三个与原始图像数组形状相同的 numpy.ndarray 对象，分别表示经过高斯带阻滤波器、理想带阻滤波器和 Butterworth 带阻滤波器滤波并转换回空域后的图像。
- 参数含义：

s_gaussian、s_ideal、s_Butterworth：分别为经过相应滤波器滤波后的频域图像数组。

示例代码如下：

```
/**************************************************************
    程序名：eg 6.6
    描　述：带阻滤波器去除高斯白噪音
**************************************************************/
import matplotlib.pyplot as plt
import numpy as np
from PIL import Image
# 设置中文字体相关参数，使中文标题能正确显示
plt.rcParams["font.sans-serif"] = ["SimHei"]
plt.rcParams["axes.unicode_minus"] = False
```

```
# 读取图像并转换为灰度图
image = Image.open('kodim04.png').convert('L')
image_array = np.array(image)
```

```
# 显示原始图像
plt.subplot(231)
```

```
plt.imshow(image, cmap='gray')
plt.title('原始图像')
plt.axis('off')

# 添加高斯白噪声
noisy_image_array = image_array + np.random.normal(0, 50, image_array.shape)
noisy_image_array = np.clip(noisy_image_array, 0, 255).astype(np.uint8)
noisy_image = Image.fromarray(noisy_image_array)

# 显示加入噪声后的图像
plt.subplot(232)
plt.imshow(noisy_image, cmap='gray')
plt.title('高斯白噪声')
plt.axis('off')

# 进行二维傅里叶变换并平移频谱
s = np.fft.fftshift(np.fft.fft2(image_array.astype(np.float64)))
a, b = s.shape

# 设置滤波器参数
W = 30
d0 = 50
a0 = a // 2
b0 = b // 2

# 构建高斯带阻滤波器
h_gaussian = np.zeros((a, b), dtype=np.float64)
for i in range(a):
    for j in range(b):
        distance = np.sqrt((i-a0) ** 2 + (j-b0) ** 2)
h_gaussian[i, j] = 1-np.exp(-0.5 * ((distance ** 2-d0 ** 2) / (distance * W)) ** 2)

# 构建理想带阻滤波器
h_ideal = np.ones((a, b), dtype=np.float64)
for i in range(a):
    for j in range(b):
        distance = np.sqrt((i-a0) ** 2 + (j-b0) ** 2)
        if d0-W / 2 < distance < d0 + W / 2:
            h_ideal[i, j] = 0

# 构建 Butterworth 带阻滤波器
n = 2  # Butterworth 滤波器的阶数
h_Butterworth = 1 / (1 + ((distance * W) / (distance ** 2-d0 ** 2)) ** (2 * n))
```

```
# 频域图像分别乘以不同滤波器系数
s_gaussian = s * h_gaussian
s_ideal = s * h_ideal
s_Butterworth = s * h_Butterworth

# 进行二维傅里叶逆变换并转换为时域图像
s_gaussian = np.real(np.fft.ifft2(np.fft.ifftshift(s_gaussian)))
s_ideal = np.real(np.fft.ifft2(np.fft.ifftshift(s_ideal)))
s_Butterworth = np.real(np.fft.ifft2(np.fft.ifftshift(s_Butterworth)))

# 显示滤波后的图像
plt.subplot(234)
plt.imshow(s_ideal, cmap='gray')
plt.title('理想带阻滤波图像')
plt.axis('off')

plt.subplot(235)
plt.imshow(s_Butterworth, cmap='gray')
plt.title('Butterworth 带阻滤波图像')
plt.axis('off')

plt.subplot(236)
plt.imshow(s_gaussian, cmap='gray')
plt.title('高斯带阻滤波图像')
plt.axis('off')
plt.show()
```

图 6-14(a)中显示了原始图像的灰度信息。图 6-14(b)展示了添加高斯白噪声后的图像效果，可以看到图像中出现了明显的噪声点。图 6-14(c)通过构建理想带阻滤波器，对含噪图像进行滤波处理。理想带阻滤波器在通带和阻带之间具有陡峭的过渡，能够完全阻止指定频率范围内的信号通过。从结果可以看出，理想带阻滤波器对噪声有较好的抑制效果，但可能会在图像中产生振铃效应。从图 6-14(d)可以看出，Butterworth 带阻滤波器具有平滑的频率响应，过渡带相对较宽。从结果可以看出，Butterworth 带阻滤波器对噪声的抑制效果也比较明显，且图像相对较为平滑，振铃效应较小。图像质量得到了很明显的提高。图 6-14(e)是高斯带阻滤波器处理的效果图。从结果可以看出，高斯带阻滤波器对噪声的抑制效果和理想带阻滤波器差不多，图像质量得到了一定程度的提高。

总体而言，三种带阻滤波器都能够有效地去除图像中的高斯白噪声，但在滤波效果和图像质量方面存在一定的差异。在实际应用中，可以根据具体需求选择合适的滤波器。

6.4.6 陷波滤波器

陷波滤波器(Notch Filter)是一种特殊的带阻滤波器，它的主要作用是在频率域中抑制或消除特定频率或窄频带的信号，而让其他频率的信号尽可能无衰减地通过。其设计基于傅里叶变换的原理。在频域中构造一个滤波器函数，该函数在需要抑制的频率处的值为 0 或接近 0，而在其他频率处的值为 1 或接近 1。当输入信号经过傅里叶变换转换到频域后，与滤波器函数相乘，就可以抑制特定频率的信号成分。然后通过傅里叶逆变换将信号转换回时域，得到滤波后的信号。定义的陷波滤波器函数如下：

```
def ideal_notch_filter(image, f0, Q):
    rows, cols = image.shape
    crow, ccol = int(rows / 2), int(cols / 2)

    f = np.fft.fft2(image)
    fshift = np.fft.fftshift(f)

    mask = np.ones((rows, cols), np.uint8)
    for i in range(rows):
        for j in range(cols):
            d = np.sqrt((i-crow) ** 2 + (j-ccol) ** 2)
            if np.abs(d-f0) <= f0 / Q:
                mask[i][j] = 0
    fshift_filtered = fshift * mask
    f_filtered = np.fft.ifftshift(fshift_filtered)
    img_back = np.fft.ifft2(f_filtered)
    img_back = np.real(img_back).astype(np.uint8)
    return img_back
```

在上述代码中，ideal_notch_filter 函数实现了理想陷波滤波器。它首先对图像进行傅里叶变换并移频，然后根据设定的中心频率'f0'和品质因数'Q'创建滤波器掩码，将特定频率范围的频谱值设为 0，最后通过傅里叶逆变换得到滤波后的图像。代码中的'f0'和'Q'是陷波滤波器的关键参数。'f0'决定了要抑制的频率中心位置，'Q'决定了陷波的宽度和深度。品质因数越高，陷波越窄越深，对特定频率的抑制效果越好，但可能会对图像的其他频率成分产生更大的影响。

6.5 估计退化函数

估计退化函数是图像复原中的关键步骤，它旨在确定图像在退化过程中所经历的变换，以便能够有效地恢复图像。常见的估计退化函数的方法有图像观察法、试验法和模型估计方法等。在估计退化函数时，需要考虑退化类型、退化程度、图像内容和先验知识等因素。

6.5.1 常见估计退化函数的方法

1. 图像观察法

对于一些简单的退化情况，可以通过直接观察退化图像的特征来估计退化函数。例如，如果图像存在运动模糊，可以根据模糊的方向和长度大致确定退化函数的参数；如果模糊是由匀速直线运动引起的，且知道运动的方向和距离，那么可以构建一个相应的线性运动模糊退化函数。

2. 试验法

通过对已知的原始图像(可以是测试图像或事先准备好的标准图像)进行模拟退化操作，然后将模拟退化后的图像与实际观察到的退化图像进行比较，调整退化函数的参数，直到两者尽可能相似。这种方法需要对退化过程有一定的了解和控制能力，并且需要多次试验和调整。

3. 模型估计方法

(1) 点扩散函数(PSF)估计。它是退化函数的一种特殊形式，描述了一个点光源在成像系统中的扩散情况。对于许多成像系统，PSF 可以通过理论分析或实验测量得到。例如，对于光学成像系统，可以根据光学系统的衍射理论来计算 PSF；对于一些电子成像系统，可以通过测量系统对一个已知的小尺寸光源的响应来得到 PSF。

一旦得到了 PSF，就可以将其作为退化函数用于图像复原。在一些情况下，PSF 可能是空间不变的，即对于图像中的任何位置，PSF 都是相同的。这种情况下，可以使用卷积定理将图像复原问题转化为频域问题进行处理。

(2) 最大似然估计(MLE)。假设退化图像中的噪声服从某种概率分布(如高斯分布)，可以根据最大似然原理来估计退化函数。通过建立似然函数，寻找使似然函数最大化的退化函数参数。这种方法需要对噪声的概率分布有准确的假设，并且计算过程可能比较复杂。

(3) 最小二乘法估计。它是一种常用的参数估计方法，其基本原理是使观测值(退化图像)与根据估计的退化函数计算得到的预测值之间的平方差之和最小。通过求解这个最小化问题，可以得到退化函数的参数。这种方法在处理线性退化模型时比较有效。

6.5.2 考虑因素

在估计退化函数时，需要考虑以下因素。

(1) 退化类型。确定图像是受到模糊、噪声、几何畸变等中的哪种或哪几种退化因素的影响。

(2) 退化程度。评估退化的严重程度，如模糊的半径、噪声的强度等。

(3) 图像内容。图像的内容和特征可能会影响退化函数的估计，如边缘、纹理等。

(4) 先验知识。利用对图像采集过程、系统特性等的先验知识辅助估计退化函数。

(5) 退化函数。准确估计退化函数对于图像复原的效果至关重要。如果退化函数估计不准确，复原后的图像可能无法恢复到理想的状态，甚至可能会引入更多的误差。因此，在图像复原中，需要花费足够的时间和精力来准确估计退化函数。

(6) 实例及代码实现。在湍流模糊退化模型中，湍流是自然界中普遍存在的一种复杂的流动现象。当物体通过湍流大气成像时，会受到湍流效应的影响，出现光强闪烁、光束方向漂移、光束宽度扩展及接收面上相位的起伏，造成图像模糊和抖动，甚至扭曲变形。通过定义湍流模糊退化模型和相应的传递函数，对原始图像进行处理，生成不同程度湍流模糊的图像，并进行可视化展示。

重要函数说明

getDegradedImg 函数：该函数根据给定的退化模型生成退化图像。首先对输入图像进行中心化操作，通过特定掩码改变像素值符号，为傅里叶变换做准备。然后进行快速傅里叶变换，将图像转换到频域。接着构建频域滤波器传递函数，并在频域中将图像的傅里叶变换与滤波器传递函数相乘，实现滤波操作。之后对修正后的傅里叶变换进行傅里叶逆变换并只取实部，再次进行中心化操作，最后将结果归一化并截取左上角与输入图像大小相等的部分作为退化图像。

- 返回值：返回生成的退化图像，数据类型为 np.uint8。
- 参数含义：

image：输入的原始图像，数据类型应为 np.ndarray，通常为二维数组，表示图像的像素值。

Huv：频域滤波器传递函数的值，数据类型应为 np.ndarray，与输入图像具有相同的行数和列数，且最后一维为 2，表示复数的实部和虚部(在该函数中实部和虚部相同)。

turbulenceBlur 函数：此函数定义了湍流模糊传递函数 $H(u,v)$。根据输入图像的尺寸生成网格坐标 u 和 v，计算每个坐标点到图像中心的距离 radius，然后依据公式 $H(u,v)=\exp(k(u^2+v^2)^{5/6})$ 计算出对应的 kernel 值，即湍流模糊传递函数的值。

- 返回值：返回湍流模糊传递函数的值，数据类型为 np.ndarray，与输入图像具有相同的行数和列数。
- 参数含义：

img：输入的图像，用于获取图像的尺寸信息，数据类型为 np.ndarray。

k：湍流模糊传递函数中的参数，默认值为 0.001，用于控制模糊的程度，k 值越大，模糊效果越明显。

示例代码如下：

```
/*************************************************************
    程序名：eg 6.7
    描　述：湍流模糊退化模型
*************************************************************/
import cv2
import numpy as np
import matplotlib.pyplot as plt
```

湍流模糊退化模型 (turbulence blur degradation model)

```
def getDegradedImg(image, Huv):  # 根据退化模型生成退化图像
    rows, cols = image.shape[:2]  # 图片的高度和宽度
    # (1) 中心化, centralized 2d array f(x,y) * (-1)^(x+y)
    mask = np.ones((rows, cols))
    mask[1::2, ::2] =-1
    mask[::2, 1::2] =-1
    imageCen = image * mask

# 快速傅里叶变换
    dftImage = np.zeros((rows, cols, 2), np.float32)
    dftImage[:, :, 0] = imageCen
    cv2.dft(dftImage, dftImage, cv2.DFT_COMPLEX_OUTPUT)  # 快速傅里叶变换 (rows, cols, 2)

# 构建频域滤波器传递函数:
    Filter = np.zeros((rows, cols, 2), np.float32)  # (rows, cols, 2)
    Filter[:, :, 0], Filter[:, :, 1] = Huv, Huv

#  在频率域修改傅里叶变换: 傅里叶变换点乘滤波器传递函数
    dftFilter = dftImage * Filter

# 对修正傅里叶变换进行傅里叶逆变换，并只取实部
    idft = np.ones((rows, cols), np.float32)  # 快速傅里叶变换的尺寸
    cv2.dft(dftFilter, idft, cv2.DFT_REAL_OUTPUT + cv2.DFT_INVERSE + cv2.DFT_SCALE)  # 只取实部

# 中心化, centralized 2d array g(x,y) * (-1)^(x+y)
    mask2 = np.ones(dftImage.shape[:2])
    mask2[1::2, ::2] =-1
    mask2[::2, 1::2] =-1
    idftCen = idft * mask2  # g(x,y) * (-1)^(x+y)

# 截取左上角，大小和输入图像相等
    imgDegraded = np.uint8(cv2.normalize(idftCen, None, 0, 255, cv2.NORM_MINMAX))  # 归一化为 [0,255]
    # print(image.shape, dftFilter.shape, imgDegraded.shape)
    return imgDegraded

def turbulenceBlur(img, k=0.001):  # 湍流模糊传递函数
    # H(u,v) = exp(-k(u^2+v^2)^5/6)
    M, N = img.shape[1], img.shape[0]
    u, v = np.meshgrid(np.arange(M), np.arange(N))
    radius = (u-M // 2) ** 2 + (v-N // 2) ** 2
    kernel = np.exp(-k * np.power(radius, 5 / 6))
    return kernel
```

```
# 读取原始图像
img = cv2.imread("ori.jpg", 0)  # flags=0 读取为灰度图像

# 生成湍流模糊图像
HBlur1 = turbulenceBlur(img, k=0.001)  # 湍流模糊传递函数
imgBlur1 = getDegradedImg(img, HBlur1)  # 生成湍流模糊图像
HBlur2 = turbulenceBlur(img, k=0.005)
imgBlur2 = getDegradedImg(img, HBlur2)

plt.figure(figsize=(9, 6))
plt.subplot(131), plt.title("origin"), plt.axis('off'), plt.imshow(img, 'gray')
plt.subplot(132), plt.title("turbulence blur(k=0.001)"), plt.axis('off'), plt.imshow(imgBlur1, 'gray')
plt.subplot(133), plt.title("turbulence blur(k=0.005)"), plt.axis('off'), plt.imshow(imgBlur2, 'gray')
plt.tight_layout()
plt.show()
```

湍流模糊退化模型的执行结果如图 6-15 所示。

(a) 原始图像

(b) 湍流模糊图像(k=0.001)

(c) 湍流模糊图像(k=0.005)

图 6-15　湍流模糊退化模型示意图

在图 6-15 中，湍流模糊图像(k = 0.001)，从视觉效果上看，图像已经出现了一定程度的模糊，细节有所丢失。这是因为湍流模糊传递函数开始起作用，在频域中对图像的高频部分进行了抑制，导致图像的细节信息(通常对应高频成分)减少。与原始图像相比，图像的边缘变得不那么清晰，整体变得有些朦胧。湍流模糊图像(k = 0.005)，随着 k 值的增大，模糊效果更加明显。图像的细节进一步丢失，一些细微的特征几乎难以辨认。图像看起来更加模糊和朦胧，颜色和灰度的过渡也变得更加平滑，这是因为更大的 k 值使得更多的高频成分被抑制，图像的高频信息损失更为严重。

6.6 逆滤波和维纳滤波

逆滤波和维纳滤波是图像复原中常用的方法。

6.6.1 逆滤波

逆滤波是一种基本的图像复原方法，用于去除图像中的模糊。其通过对退化图像进行傅里叶变换，然后将其除以退化函数的傅里叶变换，得到复原后的图像的傅里叶变换，再进行傅里叶逆变换得到复原图像。

逆滤波的优点是简单直观，但它对噪声非常敏感，当退化函数接近或等于 0 时，会引发噪声的急剧放大，从而使复原结果变差。在实际应用中，通常需要结合其他方法来改善逆滤波的性能。

实例及代码实现：首先对原始图像进行运动模糊处理，然后分别对无噪声和添加噪声的运动模糊图像进行逆滤波操作，并展示各个阶段的图像结果，如图 6-16 所示。

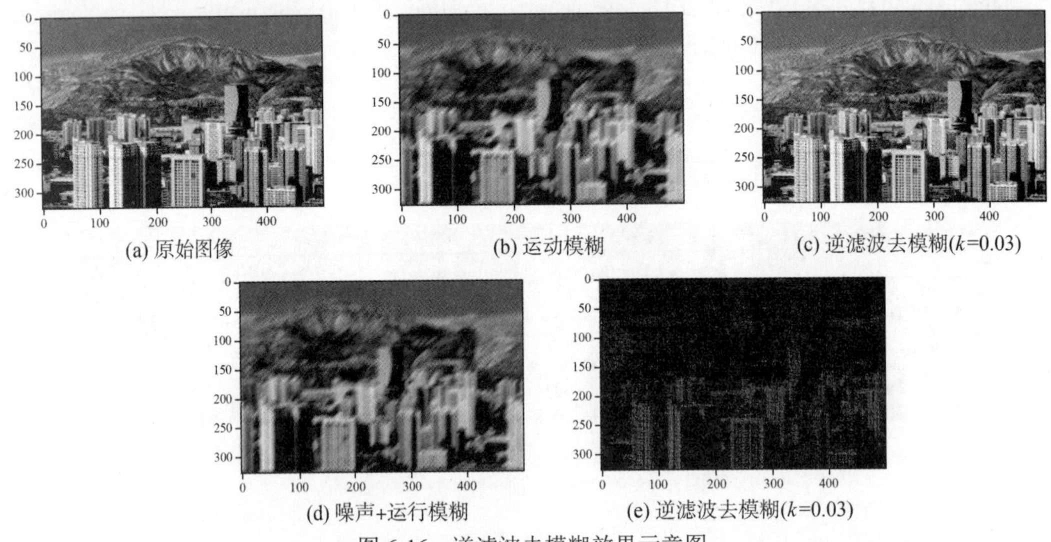

(a) 原始图像　(b) 运动模糊　(c) 逆滤波去模糊(k=0.03)　(d) 噪声+运行模糊　(e) 逆滤波去模糊(k=0.03)

图 6-16　逆滤波去模糊效果示意图

重要函数说明

motion_process(image_size, motion_angle)函数:根据输入的图像尺寸和运动角度，创建并返回一个用于模拟运动模糊效果的点扩散函数，该函数决定了图像在运动模糊处理过程中的模糊方向和强度分布。其处理过程为:

1. 利用'numpy'库的'zeros'函数创建一个与'image_size'大小相同的全零数组'PSF'，作为点扩散函数的初始状态。

2. 计算图像中心位置'center_position'，以及运动角度对应的正切值'slope_tan'和余切值'slope_cot'，用于后续确定模糊轨迹上点的位置。

3. 根据'slope_tan'与 1 的大小关系进行不同处理。当'slope_tan <= 1'时，通过 15 次循环，依据当前循环次数'i'和'slope_tan'计算偏移量'offset'，并在'PSF'的特定位置(基于中心位置和偏移量确定)赋值为 1;当'slope_tan > 1'时，同样循环 15 次，不过依据'slope_cot'计算偏移量，在'PSF'的另一组特定位置赋值为 1 ，从而构建出不同方向的模糊轨迹。

4. 将构建好的点扩散函数'PSF'进行归一化，通过将'PSF'中的每个元素除以'PSF'所有元素之和，使'PSF'所有元素总和为 1，以确保在后续应用于图像时不改变图像整体亮度。

函数返回值：返回归一化后的点扩散函数'PSF'，该函数可作为参数输入到其他函数(如'make_blurred'函数)中，用于对图像进行运动模糊处理。

参数含义

image_size:一个包含图像高度和宽度的元组，如'(img_h, img_w)'，用来确定生成的点扩散函数的尺寸，使其与待处理图像尺寸匹配。

motion_angle:表示运动模糊的角度，单位为度，决定了模糊的方向。

make_blurred 函数：此函数用于对输入图片进行运动模糊处理。首先对输入图像 input 和 PSF 分别进行二维傅里叶变换，在点扩散函数的傅里叶变换结果上加上一个小的噪声因子 eps，然后将输入图像的傅里叶变换结果与处理后的点扩散函数的傅里叶变换结果相乘，再进行傅里叶逆变换，最后对傅里叶逆变换的结果进行移位并取绝对值操作，得到运动模糊后的图像。

返回值：返回运动模糊后的图像，数据类型为 np.ndarray，形状与输入图像 input 相同。

- 参数含义：

input：输入的原始图像，数据类型为 np.ndarray，通常是二维数组，表示图像的像素值。

PSF：运动模糊的点扩散函数，数据类型为 np.ndarray，形状与输入图像尺寸相关，由 motion_process 函数生成。

eps：一个小的噪声因子，用于模拟实际情况中可能存在的噪声，数据类型为数值(如整数或浮点数)。

inverse 函数：该函数实现逆滤波操作。对输入的模糊图像 input 和点扩散函数 PSF 分别进行二维傅里叶变换，在点扩散函数的傅里叶变换结果上加上已知的噪声功率 eps，然后将模糊图像的傅里叶变换结果除以处理后的点扩散函数的傅里叶变换结果，再进行傅里叶逆变换，最后对傅里叶逆变换的结果进行移位并取绝对值操作，得到逆滤波后的图像。

- 返回值：返回逆滤波后的图像，数据类型为 np.ndarray，形状与输入图像 input 相同。
- 参数含义：

input：输入的模糊图像，数据类型为 np.ndarray，通常是二维数组，表示图像的像素值。

eps：已知的噪声功率，用于模拟实际情况中存在的噪声，数据类型为数值(如整数或浮点数)。

示例代码如下：

```
/*************************************************************
    程序名：eg 6.8
    描  述：逆滤波去模糊
*************************************************************/
import math
import cv2
import matplotlib.pyplot as graph
import numpy as np
from numpy import fft
```

```
# 仿真运动模糊
```

```
def motion_process(image_size, motion_angle):
    PSF = np.zeros(image_size)
    center_position = (image_size[0]-1) / 2
    slope_tan = math.tan(motion_angle * math.pi / 180)
    slope_cot = 1 / slope_tan
    if slope_tan <= 1:
        for i in range(15):
            offset = round(i * slope_tan)
            PSF[int(center_position + offset), int(center_position-offset)] = 1
        return PSF / PSF.sum()   # 对点扩散函数进行归一化亮度
    else:
        for i in range(15):
            offset = round(i * slope_cot)
            PSF[int(center_position - offset), int(center_position + offset)] = 1
        return PSF / PSF.sum()
```

```
# 对图片进行运动模糊
def make_blurred(input, PSF, eps):
    input_fft = fft.fft2(input)   # 进行二维数组的傅里叶变换
    PSF_fft = fft.fft2(PSF) + eps
    blurred = fft.ifft2(input_fft * PSF_fft)
    blurred = np.abs(fft.fftshift(blurred))
    return blurred
```

```
# 定义逆滤波
def inverse(input, PSF, eps):   # 逆滤波
    input_fft = fft.fft2(input)
    PSF_fft = fft.fft2(PSF) + eps   # 噪声功率，这是已知的，考虑 epsilon
    result = fft.ifft2(input_fft / PSF_fft)   # 计算 F(u,v)的傅里叶逆变换
    result = np.abs(fft.fftshift(result))
    return result
```

```
# 读取图片
image = cv2.imread('ori.jpg')
image = cv2.cvtColor(image, cv2.COLOR_BGR2GRAY)
img_h = image.shape[0]
img_w = image.shape[1]
```

```
# 设置中文字体相关参数，使中文标题能正确显示
graph.rcParams["font.sans-serif"] = ["SimHei"]
graph.rcParams["axes.unicode_minus"] = False
```

```
# 显示原图像
```

```
graph.subplot(231)
graph.title("原始图片")
graph.gray()
graph.imshow(image)
# 进行运动模糊处理
PSF = motion_process((img_h, img_w), 60)
blurred = np.abs(make_blurred(image, PSF, 1e-3))
# 显示运动模糊图像
graph.gray()
graph.subplot(232)
graph.title("运动模糊")
graph.imshow(blurred)
# 维纳滤波处理并显示结果
result = inverse(blurred, PSF, 1e-3)
graph.subplot(233)
graph.title("逆滤波去模糊(k=0.03)")
graph.imshow(result)
# 添加噪声并显示添加噪声且运动模糊的图像
blurred_noisy = blurred + 0.1 * blurred.std() * np.random.standard_normal(blurred.shape)
graph.subplot(234)
graph.title("噪声+运行模糊")
graph.imshow(blurred_noisy)
# 对添加噪声的图像进行维纳滤波并显示结果
result = inverse(blurred_noisy, PSF, 0.1 + 1e−3)
graph.subplot(235)
graph.title("逆滤波去模糊(k=0.03)")
graph.imshow(result)

graph.tight_layout()  # 添加这行代码来优化子图布局
graph.show()
```

在图 6-16 中，原始图像作为对比基准，清晰地展示了建筑物的细节和特征。而运动模糊图像直观地呈现出运动模糊带来的影响，如整体模糊、边缘不清晰等。无噪声的逆滤波结果显示了在理想情况下逆滤波的效果，图像质量有明显的恢复。有噪声的逆滤波结果突出了逆滤波对噪声敏感的问题，图像恢复质量严重下降。

虽然逆滤波在理论上简单直观，但在实际应用中，它的效果受到噪声和退化函数准确性的显著影响。对于运动模糊图像的复原，需要进一步考虑如何更准确地估计退化函数以及如何处理噪声问题，以提高图像复原的效果。

6.6.2 维纳滤波

维纳滤波主要用于从受噪声影响的图像中恢复出原始图像。它通过对图像进行频域分析，根据噪声和信号的统计特性，自适应地调整滤波器的参数，以达到最佳的复原效果。

维纳滤波基于最小均方误差准则。它假设图像信号和噪声是随机过程，并且已知它们的统计特性，如功率谱密度。通过对噪声和信号的功率谱密度进行估计，维纳滤波可以计算出一个最优的滤波器，使得复原后的图像与原始图像之间的均方误差最小。它能够在一定程度上抑制噪声，同时保留图像的细节和边缘信息，对图像的平滑和复原效果较好，适用于多种类型的噪声，具有自适应能力，能够根据图像和噪声的统计特性自动调整滤波器的参数。但是，维纳滤波需要准确估计噪声和信号的功率谱密度，否则可能会导致复原效果不理想。其计算复杂度较高，特别是对于大尺寸的图像。而且对于非平稳噪声或复杂的图像内容，维纳滤波的效果可能会受到限制。

实例及代码实现：首先对原始图像进行运动模糊处理，然后分别对无噪声和添加噪声的运动模糊图像进行维纳滤波操作，并展示各个阶段的图像结果，如图 6-17 所示。

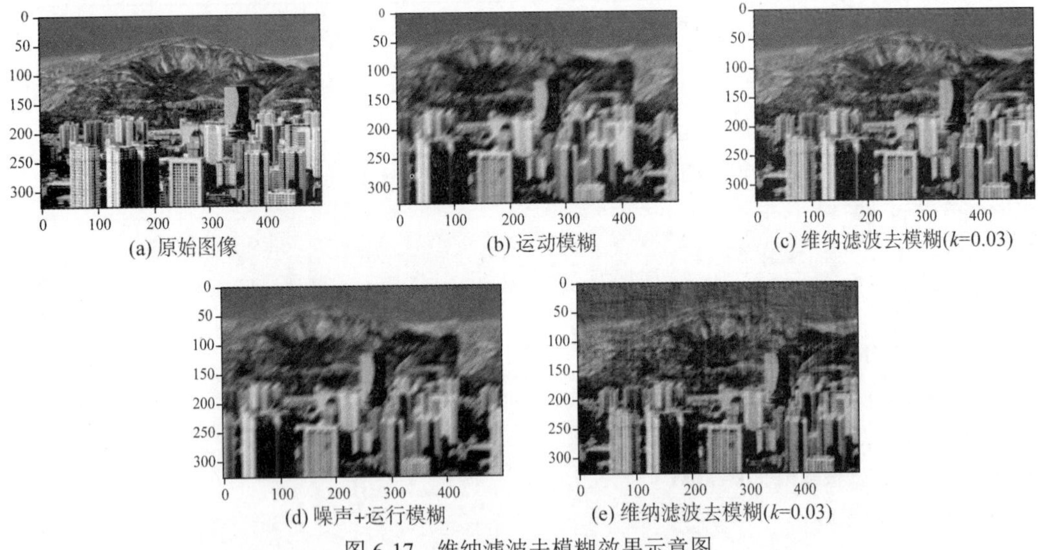

图 6-17 维纳滤波去模糊效果示意图

重要函数说明

wiener 函数：该函数实现维纳滤波操作。对输入的模糊图像 input 和点扩散函数 PSF 分别进行二维傅里叶变换，在点扩散函数的傅里叶变换结果上加上已知的噪声功率 eps，然后根据维纳滤波公式计算滤波系数，将模糊图像的傅里叶变换与滤波系数相乘，再进行傅里叶逆变换，最后对傅里叶逆变换的结果进行移位并取绝对值操作，得到维纳滤波后的图像。

返回值：返回维纳滤波后的图像，数据类型为 np.ndarray，形状与输入图像 input 相同。

- 参数含义：

input：输入的模糊图像，数据类型为 np.ndarray，通常是二维数组，表示图像的像素值。

PSF：运动模糊的点扩散函数，数据类型为 np.ndarray，形状与输入图像尺寸相关，由 motion_process 函数生成。

eps：已知的噪声功率，用于模拟实际情况中存在的噪声，数据类型为数值(如整数或浮点数)。

特殊参数：

K：维纳滤波公式中的参数，默认值为 0.03，用于调整滤波效果，不同的 *K* 值会影响对噪声的抑制程度和图像复原的效果。

示例代码如下：

```
/***********************************************************
    程序名：eg 6.9
    描　述：维纳滤波去模糊
***********************************************************/
import math
import cv2
import matplotlib.pyplot as graph
import numpy as np
from numpy import fft
```

```
# 仿真运动模糊
```

```
def motion_process(image_size, motion_angle):
    PSF = np.zeros(image_size)
    center_position = (image_size[0]-1) / 2
    slope_tan = math.tan(motion_angle * math.pi / 180)
    slope_cot = 1 / slope_tan
    if slope_tan <= 1:
        for i in range(15):
            offset = round(i * slope_tan)
            PSF[int(center_position + offset), int(center_position-offset)] = 1
        return PSF / PSF.sum()   # 对点扩散函数进行归一化亮度
    else:
        for i in range(15):
            offset = round(i * slope_cot)
            PSF[int(center_position - offset), int(center_position + offset)] = 1
        return PSF / PSF.sum()
```

```
# 对图片进行运动模糊
```

```
def make_blurred(input, PSF, eps):
    input_fft = fft.fft2(input)   # 进行二维数组的傅里叶变换
    PSF_fft = fft.fft2(PSF) + eps
    blurred = fft.ifft2(input_fft * PSF_fft)
```

```python
    blurred = np.abs(fft.fftshift(blurred))
    return blurred
# 定义维纳滤波
def wiener(input, PSF, eps, K=0.03):  # 维纳滤波，K=0.03
    input_fft = fft.fft2(input)
    PSF_fft = fft.fft2(PSF) + eps
    PSF_fft_1 = np.conj(PSF_fft) / (np.abs(PSF_fft) ** 2 + K)
    result = fft.ifft2(input_fft * PSF_fft_1)
    result = np.abs(fft.fftshift(result))
    return result
# 读取图片
image = cv2.imread('ori.jpg')
image = cv2.cvtColor(image, cv2.COLOR_BGR2GRAY)
img_h = image.shape[0]
img_w = image.shape[1]
# 设置中文字体相关参数，使中文标题能正确显示
graph.rcParams["font.sans-serif"] = ["SimHei"]
graph.rcParams["axes.unicode_minus"] = False
# 显示原图像
graph.subplot(231)
graph.title("原始图片")
graph.gray()
graph.imshow(image)
# 进行运动模糊处理
PSF = motion_process((img_h, img_w), 60)
blurred = np.abs(make_blurred(image, PSF, 1e-3))
# 显示运动模糊图像
graph.gray()
graph.subplot(232)
graph.title("运动模糊")
graph.imshow(blurred)
# 维纳滤波处理并显示结果
result = wiener(blurred, PSF, 1e-3)
graph.subplot(233)
graph.title("维纳滤波去模糊(k=0.03)")
graph.imshow(result)
```

```
# 添加噪声并显示添加噪声且运动模糊的图像
blurred_noisy = blurred + 0.1 * blurred.std() * np.random.standard_normal(blurred.shape)
graph.subplot(234)
graph.title("噪音+运行模糊")
graph.imshow(blurred_noisy)

# 对添加噪声的图像进行维纳滤波并显示结果
result = wiener(blurred_noisy, PSF, 0.1 + 1e-3)
graph.subplot(235)
graph.title("维纳滤波去模糊(k=0.03)")
graph.imshow(result)

graph.tight_layout()  # 添加这行代码
graph.show()
```

在图 6-17 中，在无噪声情况下对运动模糊图像进行维纳滤波操作，以及没有添加额外噪声(eps = 1e−3 可视为较小的噪声模拟)时，维纳滤波后的图像结果在一定程度上恢复了原始图像的部分细节，相较于逆滤波，对图像的复原效果更好，图像的模糊程度有所减轻，边缘和细节更加清晰。这是因为维纳滤波考虑了噪声和信号的统计特性，能够自适应地调整滤波器参数。

对添加噪声的运动模糊图像进行维纳滤波操作时，尽管图像仍然存在一些噪点和模糊，但相比逆滤波，复原效果明显更好。维纳滤波能够在一定程度上抑制噪声，同时保留部分图像细节。然而，维纳滤波也存在一些局限性，如需要准确估计噪声和信号的功率谱密度，其计算复杂度会较高，对于非平稳噪声或复杂图像内容效果可能受限。

【扩展阅读】
图像复原技术中的
卡尔曼滤波算法

6.7 思考练习

题目 1：不同噪声模型下的图像复原对比

题目描述：对同一原始图像分别添加高斯噪声、椒盐噪声和瑞利噪声，然后使用至少两种不同的图像复原方法(如均值滤波、中值滤波、维纳滤波)进行复原，对比不同噪声类型下各种复原方法的效果。

实验要求：读取原始图像(可自行选择合适的图像)。分别使用相应的函数添加高斯噪声、椒盐噪声和瑞利噪声，设置合理的噪声参数。对每种添加噪声后的图像分别使用两种滤波进行复原。展示原始图像、添加噪声后的图像以及各种复原方法处理后的图像，并从图像清晰度、细节保留程度等方面进行对比分析。

题目 2：运动模糊图像的复原与参数调整

题目描述：模拟运动模糊效果，生成不同程度运动模糊的图像，然后使用逆滤波和维纳滤波进行复原，探究不同运动模糊参数对复原效果的影响以及两种滤波方法的优劣。

实验要求：编写函数模拟运动模糊，通过改变运动角度和模糊长度等参数生成不同程度的运动模糊图像。对生成的运动模糊图像分别使用逆滤波和维纳滤波进行复原。展示原始图像、不同程度运动模糊图像以及使用两种滤波方法复原后的图像。分析不同运动模糊参数下，逆滤波和维纳滤波在图像清晰度、噪声放大情况等方面的表现，总结两种方法的优缺点。

题目 3：频率域滤波的参数优化

题目描述：对添加噪声的图像使用带通滤波器和带阻滤波器进行复原，通过调整滤波器的关键参数(如通带范围、阻带范围等)，探究参数对复原效果的影响，找到最佳的参数设置。

实验要求：读取原始图像并添加噪声(如高斯噪声)。对添加噪声后的图像分别使用带通滤波器和带阻滤波器进行复原，设置不同的参数值。展示原始图像、添加噪声后的图像以及不同参数设置下滤波器复原后的图像。从图像噪声去除效果、细节保留等方面分析参数变化对复原效果的影响，确定较优的参数范围。

第7章

图像压缩编码

本章介绍图像压缩编码，包括无损压缩与有损压缩，无损压缩有霍夫曼编码等方法，有损压缩包括 JPEG 压缩。同时，本章阐述信息冗余、信源与信道编码的区别与联系，以及变长编码、算术编码、变换编码等内容，为学生掌握图像压缩技术提供知识基础。

本章学习目标

◎ 了解图像压缩的定义、分类及应用场景，信息冗余的类型，以及信源编码与信道编码的区别。

◎ 理解无损压缩与有损压缩的原理，以及不同编码方法的工作机制。

◎ 掌握 DCT 在 JPEG 压缩中的应用，以及利用时间冗余压缩视频的方法。

素质要点

◎ 培养实践能力：学生通过动手实践学习霍夫曼编码、算术编码等图像压缩技术，理解其实际应用过程。例如，在编写相关代码时，观察算法对数据冗余的处理效果，从实践中提升技术掌握能力，为解决实际问题积累经验。

◎ 树立社会责任感：学生认识到图像压缩技术在医疗、通信等领域的重要性，尤其在医疗图像压缩中，需避免丢失关键细节。学习过程中，学生要时刻关注技术应用对社会的影响，践行科技服务社会的理念。

7.1 数字图像压缩编码基础

本节介绍了图像压缩的定义、核心目标，详细阐述了无损压缩与有损压缩的分类、特点及应用场景。同时，本节深入讲解了信息冗余的多种类型及其对压缩效率的影响，明确了信源编码和信道编码的区别与联系。学生通过本节学习将对图像压缩的基本概念和原理有全面的认识，为深入学习后续编码方法奠定坚实基础。

7.1.1 图像压缩的定义和分类

1. 图像压缩的意义

图像压缩是通过减少图像数据中的冗余信息，以降低图像文件的存储需求和传输时间的技术。其核心目标是在保持图像质量可接受的前提下，最大限度地减少数据量。压缩技术在数字图像处理、存储、传输等领域具有广泛应用，尤其在网络传输、图像数据库管理、视频流媒体等场景中更为关键。

2. 图像压缩的分类

(1) 无损压缩。无损压缩(Lossless Compression)是一种在压缩和解压缩过程中不会丢失任何图像信息的技术。解压后的图像与原始图像完全相同，数据是 100%可恢复的。无损压缩特点是无信息丢失，重建图像与原始图像无差异。压缩比相对较低，通常为 2∶1~5∶1。无损压缩适用于需要保持原始图像精度的应用场景。

① 常用方法。

a. 霍夫曼编码(Huffman Coding)：通过构建最优二叉树，根据符号出现频率分配较短的编码，适用于无损压缩。

b. 游程编码(Run-Length Encoding,RLE)：主要用于连续相同数据的压缩，将连续重复的像素值用计数和值的形式表示，适用于二值图像。

c. LZ77 算法：LZ77 通过寻找重复的字符串或字节序列压缩数据。它使用滑动窗口技术，将输入流分为未处理和已处理部分。

d. LZW 编码(Lempel-Ziv-Welch Coding)：一种字典编码(Ditionary Coding)方法，通过动态构建字典替换数据，广泛用于 GIF、TIFF 等格式的图像压缩。

② 应用场景。

a. 医学图像领域，如 X 光片、CT 扫描图像，这些图像的数据精度至关重要，不能有任何损失。

b. 工程图纸：如 CAD 文件，其中的细节必须完全保留，便于实施精确的工程设计。

c. 法律文件扫描：文档的每一个像素信息都需要保留，以确保法律效力。

【例 7.1】使用 PNG 格式对图 7-1 进行无损压缩。

图 7-1　压缩示例原图

图 7-1

该压缩处理需要依靠 Pillow 库，所以执行代码前请检查是否正确安装，输入以下代码进行压缩。

示例代码如下：

```
/*****************************************
程序名：eg 7.1
描　述：使用 PNG 格式进行无损压缩
*****************************************/
from PIL import Image
import os

# 读取原始图像
original_image_path = r'E:\sztxcl\DSCF3057.JPG'
image = Image.open(original_image_path)

# 保存为 PNG 格式(无损压缩)
compressed_image_path = os.path.join(os.path.dirname(original_image_path),
 'compressed_image.png')
image.save(compressed_image_path, format='PNG')

print(f'无损压缩后的图像保存到: {compressed_image_path}')
```

该 PNG 无损压缩使用的是 DEFLATE 算法，它结合了 LZ77 算法和霍夫曼编码。原理是利用 LZ77 算法通过查找重复的字符串减少数据量，利用数据的冗余性，以及利用霍夫曼编码对不同频率的符号进行编码，使用较短的代码表示频繁出现的符号，使用较长的代码表示不常出现的符号。压缩结果如图 7-2 所示，对比图 7-1，可以看到该图像没有画质损失。

图 7-2

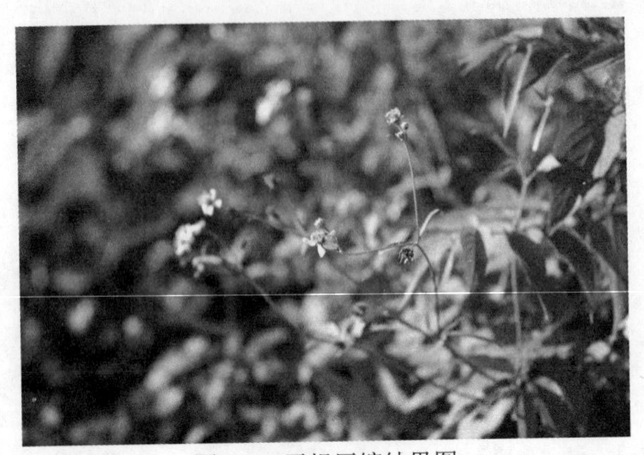

图 7-2　无损压缩结果图

(2) 有损压缩。有损压缩(Lossy Compression)允许在压缩过程中丢失部分图像信息，以换取更高的压缩比。解压后的图像虽然与原始图像不完全一致，但视觉上通常差异较小且可以接受。其特点是允许信息丢失，以更大程度缩小文件。压缩比高，通常可达到 10∶1 或更高。压缩过程中会有数据丢失，重建的图像无法完全恢复到原始状态。有损压缩适用于对图像精度要求不高但对存储和传输效率要求较高的场景。

① 常用方法。

a. JPEG 压缩[基于离散余弦变换(DCT)]，指通过将图像转换为频域，丢弃视觉上不敏感的高频信息实现压缩，是常见的有损压缩方法之一。

b. 量化(Quantization)，指通过减少像素值的精度或色彩信息，进一步压缩图像数据，常见于视频压缩和图像压缩中的色度子采样。

c. 小波压缩(Wavelet Compression)，指利用小波变换将图像分解为不同分辨率层次，保留重要细节，丢弃次要信息，常用于图像和视频压缩。

② 应用场景。

a. 数码照片，如 JPEG 格式照片，允许一定程度的图像质量损失，以换取较小的文件大小，便于存储和分享。

b. 视频流媒体，如 YouTube、Netflix 等平台上的视频，采用有损压缩技术以减小文件大小并加快网络传输速度。

c. 网页图像。网页加载速度至关重要，使用有损压缩图像(如 JPEG 格式或 WebP 格式)可以提高页面响应速度。

【例 7.2】使用 JPEG 格式对图 7-1 进行有损压缩。

代码如下：

```
/*******************************************
程序名：eg 7.2
描　述：使用 JPEG 格式进行有损压缩
*******************************************/
```

```
from PIL import Image
import os

# 读取原始图像
original_image_path = r'E:\sztxcl\DSCF3057.JPG'
image = Image.open(original_image_path)

# 设置压缩质量(1~100)
quality = 30   # 可调整此值以观察不同的压缩效果
compressed_image_path = os.path.join(os.path.dirname(original_image_path),
 'compressed_image.jpg')
image.save(compressed_image_path, format='JPEG', quality=quality)

print(f'有损压缩后的图像保存到: {compressed_image_path}')
```

JPEG 压缩采用了离散余弦变换和量化等技术，然后使用霍夫曼编码对量化后的数据进行进一步压缩，把有损压缩图放大到 200%，结果对比如图 7-3 所示，可以看到相较于无损压缩，有损压缩画质损失较大，噪点较多。

(a) 有损压缩

(b) 无损压缩

图 7-3　有损压缩与无损压缩结果对比图

通过无损压缩和有损压缩两种技术，图像可以在保证质量的前提下实现更高效的存储和传输。无损压缩适用于要求高精度的场景，而有损压缩则更多地用于日常生活中对图像质量要求相对宽松的领域。

7.1.2　冗余与压缩效率

1. 信息冗余

信息冗余(Information Redundancy)指的是图像数据中包含的多余或重复的信息，这些信息在图像表示中并不必要，或者可以通过更高效的方式表示。冗余的存在导致图像数据量增加，因此通过压缩技术减少或消除信息冗余可以有效提高压缩效率。

2. 空间冗余

空间冗余(Spatial Redundancy)是指数字图像中相邻像素之间的相关性或重复信息。由于图像中的像素值往往在空间上具有很强的相关性，即相邻像素的颜色或亮度通常相似，这些像素包含的信息存在一定的冗余。这种冗余可以通过适当的压缩技术去除或减少，从而减少数据存储或传输的需求。

在一幅包含大面积单一颜色或渐变色的图像中，相邻像素的值可能非常接近。例如，蓝天的图像中，大量连续的像素可能都接近相同的蓝色值。由于这些像素的信息非常相似，它们包含的空间冗余很高，可以通过压缩技术显著减少数据量，而不会对图像质量产生明显影响。

(1) 处理空间冗余的常见方法。

① 游程编码。这种方法将连续相同的像素值压缩为一个像素值和对应的重复次数。假设一幅图像的某一区域为一片蓝天，且该区域中有 100 个像素连续出现相同或相似的蓝色值。如果不处理空间冗余，那么存储每个像素的颜色信息可能都需要占用 100 个存储单元。而通过游程编码，仅需存储蓝色值和重复次数即可，大幅减少了存储空间。

② 差分脉冲编码调制(Differential Pulse Code Modulation, DPCM)。这种方法不直接存储像素值，而是存储相邻像素值之间的差值。由于相邻像素值通常很接近，因此差值往往较小，能够用较少的位数表示。

③ 预测编码(Predictive Coding)。预测编码方法利用图像中前面几个像素的值预测下一个像素的值，随后仅记录实际值与预测值之间的差异。通过降低信息冗余，压缩效率得到提升。

④ DCT。DCT 是一种将空间域中的像素值转换为频域的方法。通过在频域中对低频信息保留而高频信息丢弃，可以有效减少冗余。DCT 广泛应用于 JPEG 图像压缩中。

空间冗余的处理技术广泛应用于各种图像和视频压缩场景。例如，在 JPEG 图像压缩中，首先使用 DCT 变换降低空间冗余，然后对变换后的系数进行量化和编码，从而大幅减少图像文件的大小。类似地，在视频压缩中，空间冗余的处理技术可以显著提高压缩效率，减少带宽需求。

通过有效地识别和处理图像中的空间冗余，图像压缩算法可以在不显著影响图像质量的情况下，显著减少数据量，从而实现更高效的存储和传输。

【例 7.3】以图 7-4 为例，使用 Python 处理空间冗余。

图 7-4　空间冗余处理示例原图

使用 OpenCV 库和 Pillow 库来处理该图片。

代码如下：

```
/****************************************
    程序名：eg 7.3
    描  述：处理空间冗余
****************************************/
importcv2
fromPILimportImage
importnumpyasnp
importmatplotlib.pyplotasplt

# 加载图像
image_path="E:\\sztxcl\\OpenCV\\5.jpg"#修改为图片的实际路径
image=Image.open(image_path)
image_np=np.array(image)

# 将图像转换为灰度图
gray_image=cv2.cvtColor(image_np,cv2.COLOR_BGR2GRAY)

# 计算图像的梯度以识别空间冗余
# 通过计算 x 和 y 方向上的梯度，可以检测图像中像素值变化的区域

grad_x=cv2.Sobel(gray_image,cv2.CV_64F,1,0,ksize=3)
grad_y=cv2.Sobel(gray_image,cv2.CV_64F,0,1,ksize=3)

# 计算梯度幅值，反映图像中的边缘强度
magnitude=cv2.magnitude(grad_x,grad_y)

# 进行二值化处理，突出显示空间冗余较少的区域(即边缘部分)
_,binary_image=cv2.threshold(magnitude,50,255,cv2.THRESH_BINARY)

# 显示原始图像和二值化结果
plt.figure(figsize=(10,5))

plt.subplot(1,2,1)
plt.title("原始图像")
plt.imshow(image_np)

plt.subplot(1,2,2)
plt.title("空间冗余检测结果")
```

```
plt.imshow(binary_image,cmap='gray')

plt.show()
```

(2) 代码注释。使用 PIL 库加载图像，将其转换为 NumPy 数组以便处理。

① 灰度化。使用 OpenCV 库的 cvtColor 函数将图像转换为灰度图。灰度图使处理更简单，因为彩色图像包含多个通道，而灰度图只有一个通道。

② 计算梯度。使用 Sobel 算子计算图像在 x 和 y 方向上的梯度。梯度反映了图像中像素值的变化，特别是在边缘处，梯度会非常明显。

③ 计算梯度幅值。使用 cv2.magnitude 函数计算梯度幅值，这是 x 和 y 方向梯度的组合，反映了边缘的强度。

④ 二值化处理。使用 cv2.threshold 函数对梯度幅值进行二值化，将高于阈值的部分标记为边缘。边缘部分通常是空间冗余较少的区域，而内部平滑的部分则是空间冗余较高的区域。

⑤ 显示结果。使用 matplotlib 库同时显示原始图像和空间冗余检测的结果，直观地看到哪些区域存在较高的空间冗余。

通过这段案例代码，你可以看到图像中的边缘区域被高亮显示，而平滑的天空部分则显示为空白。这说明在边缘部分，像素值变化较大，空间冗余较少，而在天空等平滑区域，像素值变化较小，存在较高的空间冗余。通过这样的处理，看到图 7-5 在图像压缩中去除冗余信息，达到压缩目的。

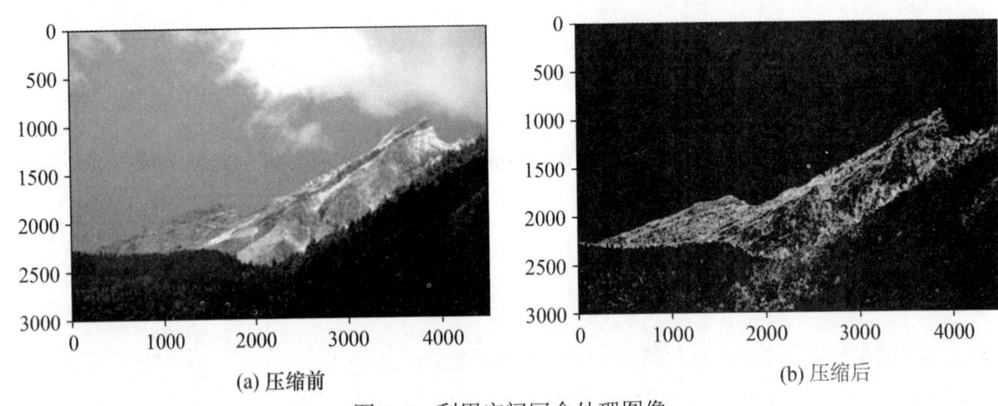

(a) 压缩前　　(b) 压缩后

图 7-5　利用空间冗余处理图像

3. 时间冗余

在数字图像处理和视频压缩中，时间冗余(Temporal Redundancy)指的是连续帧之间的冗余信息。通常在视频中，相邻帧之间变化不大，因此相同的或类似的信息会在多个帧中重复出现。这种冗余提供了一个压缩的机会，通过减少存储和传输中的冗余数据可提高效率。

假设一个视频场景中，镜头固定在一个静止的背景上，只有少量前景对象在运动。此时，大部分背景区域在相邻帧中几乎是相同的。因为背景区域没有显著变化，所以不需要对每一帧都重新编码。在这种情况下，我们可以通过存储背景的初始帧，然后仅对发生变化的部分进行编码，减少数据量。

(1) 时间冗余压缩技术——帧间差分编码，即通过存储帧之间的差异，而不是存储每一帧的完整信息来减少数据量。视频编码标准如 H.264、HEVC 中广泛使用这一技术。

(2) 运动补偿，即利用运动矢量描述对象在连续帧之间的位移，从而进一步减少数据量。

假设有一个持续 10 秒的静止视频画面，其中只有一个物体在第 5 秒时短暂移动。如果没有使用时间冗余压缩技术，系统会逐帧保存每个画面，浪费大量空间。而使用时间冗余压缩技术，可以仅保存初始静止帧及其之后的差异数据，大大减少存储需求。这种技术不仅提高了压缩效率，还减少了视频流的带宽需求，非常适合应用于视频传输和存储。

4. 统计冗余

统计冗余(Statistical Redundancy)是指在数据序列中存在的重复模式或不均匀分布的信息。这种冗余通常表现为某些符号、像素值或数据出现的频率比其他符号更高，因此可以利用这些频率分布的特性减少数据的表示长度，从而实现数据压缩。

统计冗余的关键点。

(1) 数据分布不均匀。在图像中，某些像素值可能比其他值出现得更频繁。例如，在一张灰度图像中，如果大部分像素都是相近的灰度值(如天空区域大部分为蓝色)，那么这些灰度值的分布就会表现出一定的统计冗余。

(2) 信息熵。信息熵(Entropy)是用来量化一个信源中信息的不确定性的度量。具有较高统计冗余的数据通常具有较低的熵。通过适当的编码，可以减少数据的平均编码长度，从而实现压缩。

(3) 编码策略。

① 霍夫曼编码。利用统计冗余的经典方法，根据符号出现的频率分配变长编码，如对频繁出现的符号分配较短的编码，减少总体数据长度。

② 算术编码(Arithmetic Coding)也是一种利用统计冗余的编码方式，该方式将整个数据流视为一个小数区间，根据符号频率逐步缩小区间。

以文本数据为例，如果在一段英文文本中，字母“e”出现的频率远高于其他字母，那么通过霍夫曼编码可以给“e”分配一个较短的二进制编码，从而减少整个文本的编码长度。对于图像数据，像素值的频率分布也可以通过类似的方式处理。例如，JPEG 压缩中使用了基于频率的编码方式，对统计冗余进行优化。

在图像处理中，统计冗余被广泛应用于无损压缩算法中，如 PNG、GIF 等格式。通过分析图像中像素值的分布，采用合适的编码方式，可以在不丢失图像信息的前提下，显著减少图像文件的大小。

综上，统计冗余是通过识别和利用数据中的重复模式或不均匀分布，从而优化数据表示并实现压缩的关键技术。

5. 视觉冗余

视觉冗余(Visual Redundancy)是指在图像或视频中，人眼感知不到或不敏感的部分信息。利用这种冗余，我们可以在图像压缩过程中去除或减少这些部分的数据量，而不会显著影响人眼对图像的感知质量。视觉冗余的存在使得有损压缩算法能够在不显著降低视觉质量的前提下大幅度减少数据量。

(1) 视觉冗余的原理。

① 人眼对细节变化的敏感度不同。人眼对图像中的亮度变化比对色度变化更敏感。换句话说，人眼对高频细节(如边缘和纹理)较为敏感，而对低频区域(如渐变色块)的细微变化不太敏感。这一特性被广泛应用于图像压缩中。

② 色彩冗余。人眼对某些颜色变化的感知能力较弱，如对蓝色的细微变化不如对绿色或红色的变化敏感。因此，在色彩空间中可以将图像的色彩信息降低精度，以减少数据量。

③ 空间冗余与视觉冗余的结合。视觉冗余与空间冗余可以结合使用。例如，在 JPEG 压缩中，图像被分为 8×8 的块，每个块的频率信息会根据人眼的感知能力进行处理，去除那些人眼不易察觉的高频部分。

(2) 视觉冗余的应用。

① JPEG 图像压缩。JPEG 图像压缩是指通过将图像转换到 YUV 颜色空间，然后对 UV(色度)通道进行更强烈的压缩，而对 Y(亮度)通道进行较为轻微的压缩。它利用了人眼对色度变化不敏感的特性。同时，JPEG 还通过离散余弦变换(DCT 分解图像的频率分量，并对高频分量进行量化，利用视觉冗余去除不显著的细节。

② 视频压缩。视频压缩(如 H.264、HEVC)中也利用了视觉冗余，通过降低帧间细微变化的精度减少数据量，同时保持视频的感知质量。

③ 实际例子。假设有一张图片包含蓝天背景和一些细小的云朵。在视觉冗余的作用下，压缩算法会减少蓝天背景中细微色调变化的精度，因为人眼对这些变化不敏感，所以不会影响云朵边缘的细节清晰度。这样，压缩后的图片文件大小减小了，但视觉效果几乎没有变化。

6. 压缩效率

(1) 压缩效率的定义。压缩效率是指在压缩过程中，图像数据的压缩比例与压缩质量之间的平衡。高压缩效率意味着在尽量保持图像质量的前提下，实现更大的压缩比。

(2) 影响因素。

① 冗余的种类和程度。冗余越多，压缩效率越高。例如，一幅重复图案较多的图像能够获得较高的压缩比。

② 压缩算法的复杂度。更复杂的算法通常能够更有效地消除冗余，但计算开销也更大，可能影响压缩速度。

③ 信息损失的容忍度。在有损压缩中，允许更多的信息丢失可以显著提高压缩效率，但要在压缩比与视觉质量之间找到平衡。

通过识别和消除图像中的各种冗余信息，压缩算法能够有效提高压缩效率，从而在保持图像质量的前提下，减少存储空间和传输时间。

7.1.3 信源编码与信道编码的区别与联系

1. 信源编码

信源编码(Source Coding)是指将原始信息转换为一种更为紧凑的形式，以减少数据传输或存储所需的资源。在信源编码过程中，通常会消除信息中的冗余部分，目标是以尽可能少的比特数表示信息，而不损失原始数据的内容。

信源编码的主要特点如下。

(1) 主要目的是压缩数据，以降低数据的冗余性。

(2) 应用于无噪声环境，假设在数据传输过程中没有误码。

(3) 经典的信源编码方法包括霍夫曼编码、算术编码、LZW 压缩等。

在图像压缩中，信源编码被广泛应用于减少图像数据中的冗余信息。例如，JPEG 图像压缩算法使用的霍夫曼编码就是一种典型的信源编码，它通过对像素值的统计分布进行分析，将常见的像素值赋予较短的编码，从而实现压缩。

2. 信道编码

信道编码(Channel Coding)是在传输数据之前，增加冗余信息，以便在传输过程中纠正由噪声或干扰引起的错误。信道编码的目标是提高数据在传输过程中的可靠性，主要目的是增加数据的可靠性，使得接收端能够检测并纠正传输过程中产生的错误。信道编码主要应用于有噪声的传输环境，如无线通信和有线传输中的信号干扰。经典的信道编码方法包括卷积编码、汉明码、里德-所罗门码等。

在图像传输过程中，信道编码会增加一定的冗余信息，用于检测和纠正传输过程中的错误。例如，在无线图像传输中，信道编码可以帮助接收端恢复因传输干扰而丢失或错误的数据，确保图像的完整性。

3. 区别与联系

(1) 区别。

① 信源编码的核心目标是数据压缩，去除信息中的冗余部分，尽量减少所需的存储空间或传输带宽。而信道编码的核心目标是错误校正，通过增加冗余信息提高数据传输的可靠性。

② 信源编码处理的是数据的信息熵问题，而信道编码处理的是传输可靠性问题。

③ 信源编码主要在数据压缩阶段应用，而信道编码在数据传输或存储的抗干扰处理中应用。

(2) 联系。

在实际的通信系统中，信源编码和信道编码往往是结合使用的。数据首先经过信源编码进行压缩，然后经过信道编码进行保护。在图像压缩与传输中，压缩后的图像数据通常会通过信道编码增加冗余，确保在传输过程中即使受到干扰也能保证图像的正确传输和恢复。

信源编码在图像压缩中的应用。比如在 JPEG 图像压缩中，信源编码技术如霍夫曼编码和算术编码被用来降低图像数据的冗余性，通过对图像中的频率分量进行压缩，实现图像文件大小的减小。

在 JPEG 图像压缩中，信源编码是一个关键步骤，用于进一步减少图像数据的大小。JPEG 图像压缩通常分为多个阶段，其中信源编码通常结合霍夫曼编码或算术编码压缩量化后的数据。让我们通过一个简单的例子解释如何利用信源编码压缩 JPEG 图像。

假设我们对一张 4×4 的图像块进行了量化，得到以下 DCT 量化系数(这些数据是假设的简化值，用于说明信源编码过程)：

16	11	10	12
12	12	14	10
14	13	10	12
12	10	14	16

① 首先，JPEG 会对量化后的系数进行“Z 字形扫描”，将二维数组转换为一维数组，以便更好地处理高频和低频数据。

[16, 11, 12, 14, 12, 10, 12, 14, 13, 12, 10, 10, 10, 12, 14, 16]

② JPEG 使用差值编码 6 来减少连续系数之间的冗余。假设此时需要编码的数据差异较小，我们可以用更少的比特来表示这些差值。

[16, -5, 1, 2, -2, -2, 2, 2, -1, -1, -2, 0, 0, 2, 2, 2]

③ JPEG 通常使用霍夫曼编码对经过差值编码的系数进行压缩。下面是一个简单的霍夫曼编码示例：假设经过差值编码后，我们得到了一组系数及其频率，见表 7-1。

表 7-1　压缩差值频率

差值	频率
16	1
−5	1
1	1
2	5
−2	3
−1	2
0	2

根据这些频率，我们可以为每个符号分配一个二进制编码，见表 7-2。

表 7-2　分配二进制编码

符号	霍夫曼编码
16	000
−5	001
1	010
2	011
−2	100
−1	101
0	110

使用上述霍夫曼编码对数据 [16, -5, 1, 2, -2, -2, 2, 2, -1, -1, -2, 0, 0, 2, 2, 2] 进行编码，编码结果为

[000, 001, 010, 110, 101, 101, 110, 110, 011, 011, 101, 100, 100, 110, 110, 110]

此编码结果显著减少了原始数据的存储大小，提高了数据压缩效率。

信源编码和信道编码在图像压缩和传输过程中都起着重要的作用。信源编码专注于去除数据中的冗余，减小图像的存储空间或传输带宽；而信道编码则专注于确保数据在传输过程中的可靠性，防止错误的发生。这两种编码技术通常结合使用，提供高效和可靠的图像压缩与传输解决方案。

7.2 变长编码

本节介绍了霍夫曼编码、游程编码和字典编码等重要的变长编码方法，详细阐述了每种编码的原理、算法步骤、优势与局限性以及在不同领域的应用场景或案例。读者通过本节将理解如何利用符号出现频率的不均衡性进行高效的数据压缩，掌握这些编码方法的核心要点，并能根据实际需求选择合适的编码方式。

7.2.1 霍夫曼编码

1. 霍夫曼编码的原理

霍夫曼编码是一种用于无损数据压缩的熵编码算法，它利用了符号出现频率的不均衡性来缩短平均编码长度。霍夫曼编码基于信息论中的基本原则，即出现频率较高的符号用较短的编码表示，而出现频率较低的符号用较长的编码表示，从而在整体上缩短数据的总编码长度。

2. 霍夫曼编码的核心思想

(1) 熵编码。霍夫曼编码是基于熵编码原理的一种编码方法，它通过计算每个符号出现的概率构建前缀码。

(2) 前缀码。霍夫曼编码生成的是前缀码，即编码中的任何一个码字都不是其他码字的前缀，从而保证了编码的唯一解码性。

3. 霍夫曼编码的算法步骤

(1) 统计频率，即计算待编码数据中每个符号出现的频率。

(2) 构建初始节点，即为每个符号创建一个叶子节点，节点的权值为该符号的频率。

(3) 构建霍夫曼树：

① 将所有叶子节点按照频率从小到大排序。

② 从中选取两个频率最小的节点，生成一个新的父节点，其权值为这两个节点权值之和。

③ 将新节点加入列表，替换掉刚刚合并的两个节点。

④ 继续这一过程，直到只剩下一个节点为止，这个节点即为霍夫曼树的根节点。

(4) 生成霍夫曼编码：

① 从根节点开始，给左分支赋值 0，右分支赋值 1。

② 遍历霍夫曼树，从根节点到每个叶子节点的路径所经过的边的标号即为该叶子节点对应符号的霍夫曼编码。

(5) 编码输出：根据生成的霍夫曼编码，对数据进行编码输出。

霍夫曼编码是一种常用的无损数据压缩算法，在图像压缩中被广泛应用，特别是在 JPEG、PNG 等图像格式中。它通过减少图像中像素值的冗余信息，实现图像数据的有效压缩。其核心思想是根据像素值出现的频率为其分配长度不同的编码，以此降低整体编码长度，从而达到压缩的效果。

在实际应用中，首先需要对图像的像素值进行统计。在处理灰度图像时，像素值的范围通常在 0~255，每个值对应一个符号。通过统计这些符号的出现频率，能够识别出哪些像素值频率较高，哪些频率较低，为后续构建霍夫曼树奠定了基础。

然后，基于像素值的频率构建霍夫曼树，并为每个像素值生成相应的霍夫曼编码。在这个过程中，频率较高的像素值将被分配较短的编码，频率较低的像素值则分配较长的编码。使用生成的霍夫曼编码对图像数据进行编码，将原始的像素值替换为相应的霍夫曼码，最终生成压缩后的比特流。在解码时，霍夫曼树被用于将压缩后的比特流转换回原始的像素值，从而恢复图像数据。通过这种方式，霍夫曼编码在图像压缩中有效地减少了冗余信息，提高了存储和传输效率。

4. 霍夫曼编码的优势与局限性

(1) 优势。

① 无损压缩。霍夫曼编码是一种无损压缩方法，不会丢失原始信息。

② 适用广泛。适用于各种数据类型，包括图像、文本等。

③ 效率高。对于频率分布不均衡的数据，霍夫曼编码可以显著降低数据需要的存储空间。

(2) 局限性。

① 动态性。霍夫曼编码依赖于符号的频率分布，当数据流频率分布发生变化时，需要重新构建霍夫曼树，这可能导致编码效率降低。

② 压缩率受限。对于频率分布较为均匀的数据，霍夫曼编码的压缩效果可能不理想。

5. 实际应用中的案例

在 JPEG 图像压缩中，霍夫曼编码通常用于对经过 DCT 变换后的量化系数进行编码。具体步骤如下。

DCT 变换：首先对图像进行离散余弦变换，将空间域的图像数据转换为频域数据。

量化处理：对 DCT 系数进行量化，降低数据的精度，以减少数据量。

霍夫曼编码：对量化后的 DCT 系数进行霍夫曼编码，生成压缩后的比特流。

通过以上步骤，JPEG 可以在不明显损失图像质量的前提下大幅度减少文件大小。

下面以一个具体的案例说明霍夫曼编码的原理和应用过程。

假设我们有一组像素值的数据序列，包含以下符号及其对应的频率。

A:5 次

B:9 次

C:12 次

D:13 次

E:16 次

F:45 次

现在我们使用霍夫曼编码对这组数据进行压缩。

(1) 根据频率构建霍夫曼树。

① 选择两个最小频率的节点(A:5，B:9)，创建一个新节点，频率为 14。树结构如图 7-6 所示。

② 再次选择一个最小频率的节点(14，C:12)，创建一个新节点，频率为 26。树结构如图 7-7 所示。

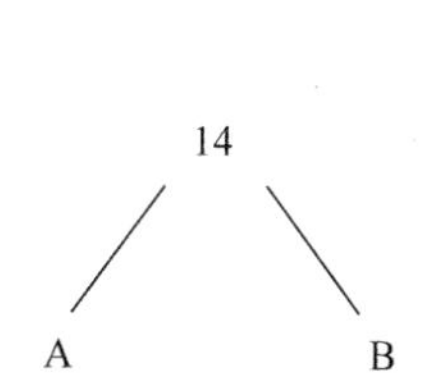

图 7-6 创建霍夫曼树第一个节点

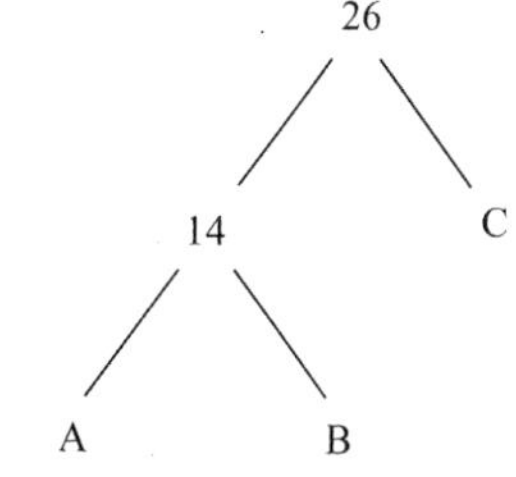

图 7-7 创建霍夫曼树第二个节点

③ 选择两个最小频率的节点(D:13，E:16)，创建一个新节点，频率为 29。树结构如图 7-8 所示。

④ 继续选择两个最小频率的节点(26，29)，创建一个新节点，频率为 55。树结构如图 7-9 所示。

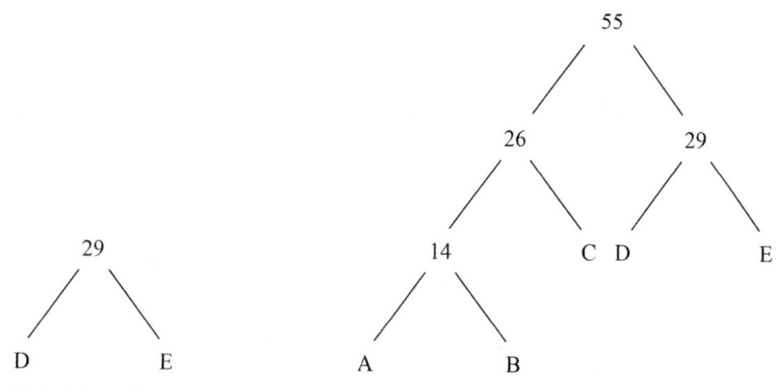

图 7-8 创建霍夫曼树第三个节点

图 7-9 创建霍夫曼树第四个节点

⑤ 将剩余的节点(F:45)与新节点(55)连接，构成最终的霍夫曼树，如图 7-10 所示。

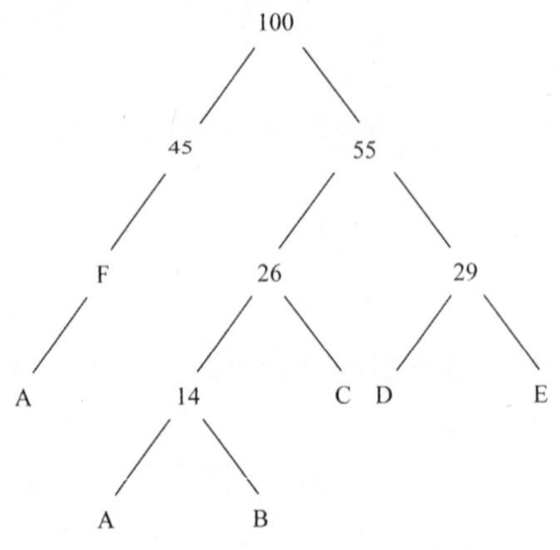

图 7-10　完成霍夫曼树构建

(2) 根据构建的霍夫曼树，生成每个符号的霍夫曼编码。

A:1100

B:1101

C:100

D:101

E:111

F:0

(3) 假设原始数据序列为 ABACDEF，使用霍夫曼编码对其进行编码。

A->1100

B->1101

A->1100

C->100

D->101

E->111

F->0

编码后的数据序列为：1100110111001011110。

(4) 图像压缩中的应用。在图像压缩中，霍夫曼编码可以用于对像素值进行编码。例如，对于一幅 8 位灰度图像，像素值范围为 0~255。通过统计图像中每个像素值的出现频率，可以构建霍夫曼树，并生成相应的霍夫曼编码。

对于某些图像，像素值分布不均匀的情况下，霍夫曼编码可以显著减少数据量，从而达到压缩的目的。

在解码时，根据霍夫曼树对编码后的比特流进行逐位解码，最终恢复原始数据序列。例如，对编码后的数据序列 1100110111001011110 进行解码时，可以逐位匹配霍夫曼树中的路径，最终得到原始数据 ABACDEF。

这个案例展示了霍夫曼编码从构建霍夫曼树到生成编码、压缩数据的全过程。这种方式可以有效减少数据的存储空间，因此在图像压缩中具有广泛的应用。

【例 7.4】利用霍夫曼编码对图 7-11 进行压缩。

图 7-11

图 7- 11　霍夫曼编码压缩示例原图

示例代码如下：

```
/*****************************************
    程序名：eg 7.4
    描　述：利用霍夫曼编码进行压缩
*****************************************/
from PIL import Image
import numpy as np
import heapq
import pickle

class HuffmanNode:
    def __init__(self, freq, symbol, left=None, right=None):
        self.freq = freq
        self.symbol = symbol
        self.left = left
        self.right = right

    def __lt__(self, other):
        return self.freq < other.freq

def build_huffman_tree(frequency):
    heap = [HuffmanNode(freq, symbol) for symbol, freq in frequency.items()]
    heapq.heapify(heap)
    while len(heap) > 1:
        left = heapq.heappop(heap)
        right = heapq.heappop(heap)
```

```
        merged = HuffmanNode(left.freq + right.freq, None, left, right)
        heapq.heappush(heap, merged)
    return heap[0]

def build_huffman_codes(node, code="", code_map={}):
    if node.symbol is not None:
        code_map[node.symbol] = code
    else:
        build_huffman_codes(node.left, code + "0", code_map)
        build_huffman_codes(node.right, code + "1", code_map)
    return code_map

def huffman_compress(channel_data):
    flat_pixels = channel_data.flatten()
    unique, counts = np.unique(flat_pixels, return_counts=True)
    frequency = dict(zip(unique, counts))
    huffman_tree = build_huffman_tree(frequency)
    huffman_codes = build_huffman_codes(huffman_tree)
    encoded_data = "".join(huffman_codes[pixel] for pixel in flat_pixels)
    return encoded_data, huffman_tree

def huffman_decompress(encoded_data, huffman_tree, shape):
    decoded_data = []
    node = huffman_tree
    for bit in encoded_data:
        node = node.left if bit == "0" else node.right
        if node.symbol is not None:
            decoded_data.append(node.symbol)
            node = huffman_tree
    return np.array(decoded_data).reshape(shape)

def save_compressed_file(filepath, compressed_data):
    with open(filepath, "wb") as f:
        pickle.dump(compressed_data, f)

def load_compressed_file(filepath):
    with open(filepath, "rb") as f:
        return pickle.load(f)
def main():
    input_path = r"D:\test\HC.jpg"
```

```
    compressed_path = r"D:\test\yasuo.hc"
    decompressed_path = r"D:\test\huanyuan.jpg"

    # 读取彩色图像
    image = Image.open(input_path).convert("RGB")
    image_array = np.array(image)

    # 分离 RGB 通道
    channels = [image_array[:, :, i] for i in range(3)]

    compressed_data = []
    for channel in channels:
        encoded_data, huffman_tree = huffman_compress(channel)
        compressed_data.append((encoded_data, huffman_tree, channel.shape))

    # 保存压缩数据
    save_compressed_file(compressed_path, compressed_data)

    # 读取并还原
    compressed_data = load_compressed_file(compressed_path)
    decompressed_channels = []
    for encoded_data, huffman_tree, shape in compressed_data:
        decompressed_channel = huffman_decompress(encoded_data, huffman_tree,
shape)
        decompressed_channels.append(decompressed_channel)

    # 合并还原后的 RGB 通道
    decompressed_image_array = np.stack(decompressed_channels, axis=-1)
    decompressed_image
 Image.fromarray(decompressed_image_array.astype(np.uint8))

    # 保存还原图像
    decompressed_image.save(decompressed_path)

if __name__ == "__main__":
    main()
```

(5) 代码解析。

① 霍夫曼编码压缩图像。将彩色图像的 R、G、B 通道分开，每个通道独立使用霍夫曼编码进行压缩。生成压缩文件，包含编码后的数据、霍夫曼树和通道形状信息。

② 霍夫曼编码还原图像。从压缩文件中读取数据，解码每个通道的像素值。将还原的 R、G、B 通道重新组合，恢复成彩色图像。

③ 文件保存与加载。将压缩后的数据保存为二进制文件(yasuo.hc)。支持从保存的压缩文件中读取数据，用于解码还原图像。

④ 保留色彩通道。压缩和还原过程中，保持原始图像的色彩信息完整，确保最终图像还原效果无损，如图 7-12 所示。

图 7-12

图 7-12　霍夫曼编码压缩后的图像

通过图 7-13 的对比，把原图和压缩后的图放大到 100%，可见，画质并没有损失，符合无损压缩，HuffmanCoding.jpg 为原图，HuffmanCoding_1.jpg 为压缩后的图，可见文件大小显著减小，HuffmanCoding_2.hc 为霍夫曼编码保存相关信息所生成的过程性文件，体积比较大。

图 7-13(a)

图 7-13(b)

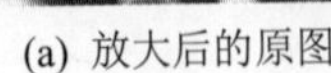
(a) 放大后的原图

(b) 压缩后的图

```
D:\HuffmanCoding\HuffmanCoding.JPG: 10539199 字节
D:\HuffmanCoding\HuffmanCoding_1.jpg: 4517324 字节
D:\HuffmanCoding\HuffmanCoding_2.hc: 545672669 字节
```

(c) 压缩文件体积大小对比图

图 7-13　霍夫曼编码对比图

7.2.2 游程编码

1. 游程编码的原理

游程编码(RLE)是一种简单而有效的无损数据压缩算法，尤其适用于存在大量重复数据的场景。它的基本原理是将数据中连续重复的元素(称为“游程”)以其值和重复次数来表示，从而减少数据冗余，达到压缩的目的。例如，字符串“AAAABBBCCDAA”在游程编码后可以表示为“4A3B2C1D2A”，即将每个连续重复的字符(A,B,C,D)转换为对应的字符值和出现的次数。对于数据量大且重复率高的内容，游程编码可以显著降低数据存储的占用。

2. 游程编码的算法步骤

(1) 首先初始化数据序列。

(2) 逐个读取输入数据中的各个元素。

(3) 把生成游程序列。

(4) 储存或者输出。

3. 游程编码的优势和劣势

(1) 优势：压缩效果较好，算法比较简单，解码快速。

(2) 劣势：对非冗余数据无效，如果压缩非重复数据的话可能有编码长度增加的现象。

4. 应用场景

游程编码最适合处理那些数据中包含大量连续重复元素的场景。常见的应用场景包括以下几方面。

(1) 图像数据压缩。在图像处理中，游程编码常用于压缩那些包含大量重复颜色值的图像，尤其是在二值图像和简单色块图像中应用广泛。

(2) 文本数据压缩。在包含大量重复字符的文本数据中，如重复的空格、换行符等，游程编码可以有效缩小数据体积。

(3) 音频信号压缩。游程编码还可以用于一些简单音频信号的压缩，特别是在音频信号中存在长时间相同音调或静音的情况下。

(4) 在二值图像中的应用。在二值图像(如黑白图像)中，像素值只有 0 和 1，游程编码可以充分发挥其优势。由于二值图像中通常会有较长的连续相同像素值(如大片的白色或黑色区域)，游程编码可以通过记录每一行中连续 0 或 1 的数量来大幅度减少数据量。例如，某一行图像数据为“000000111100000”，使用游程编码后，可以表示为“6 个 0，4 个 1，5 个 0”，即“6,4,5”，从而有效地压缩图像数据。游程编码是一种简单且高效的压缩算法，特别适用于数据中包含大量连续重复元素的场景。在二值图像中，游程编码通过压缩连续相同像素值的数据，可以显著压缩存储空间，使其在图像压缩领域得到广泛应用。

【例 7.5】给定一幅 4×8 的二值图像(每个像素值为 0 或 1)，需要用游程编码对该图像进行压缩。(游程编码是一种无损压缩方法，压缩时记录每一行中连续相同值的像素个数。)

```
11000011
00011100
11110000
00110011
```

逐行分析：

① 第 1 行：1 1 0 0 0 0 1 1。

连续像素分段：2 个 1, 4 个 0, 2 个 1。

游程表示：(1,2), (0,4), (1,2)。

② 第 2 行：0 0 0 1 1 1 0 0。

连续像素分段：3 个 0, 3 个 1, 2 个 0。

游程表示：(0,3), (1,3), (0,2)。

③ 第 3 行：1 1 1 1 0 0 0 0。

连续像素分段：4 个 1, 4 个 0。

游程表示：(1,4), (0,4)。

④ 第 4 行：0 0 1 1 0 0 1 1。

连续像素分段：2 个 0, 2 个 1, 2 个 0, 2 个 1。

游程表示：(0,2), (1,2), (0,2), (1,2)。

每个元组中的第一个数表示像素值(0 或 1)，第二个数表示连续相同像素的数量。使用游程编码可以有效减少数据存储量，尤其是在二值图像中连续相同像素较多时。

【例 7.6】图 7-14 是一个 Python 示例。eg 7.5 展示如何使用游程编码技术对图 7-14 进行压缩。

图 7-14　颜色重复度较高的图像

```
/*****************************************
程序名：eg 7.5
描　述：利用游程编码进行压缩
*****************************************/
from PIL import Image
import numpy as np

# 加载图像
```

```
image_path = r"d:\\test\RLE.jpg"
image = Image.open(image_path).convert("RGB")
image_array = np.array(image)

def rle_encode(image_array):
    """对图像数据进行游程编码"""
    flat_array = image_array.flatten()  # 展平成一维
    encoded = []
    count = 1

    for i in range(1, len(flat_array)):
        if flat_array[i] == flat_array[i-1]:
            count += 1
        else:
            encoded.append((flat_array[i-1], count))
            count = 1
    encoded.append((flat_array[-1], count))  # 添加最后一段
    return encoded

def rle_decode(encoded, shape):
    """对游程编码数据进行解码"""
    decoded = []
    for value, count in encoded:
        decoded.extend([value] * count)
    return np.array(decoded, dtype=np.uint8).reshape(shape)
# 编码图像
encoded_data = rle_encode(image_array)
print(f"编码后数据长度：{len(encoded_data)}")
# 解码图像
decoded_array = rle_decode(encoded_data, image_array.shape)

# 保存解码后的图像以验证正确性
decoded_image = Image.fromarray(decoded_array)
decoded_image.save(r"e:\RLE_decoded.jpg")
print("游程编码压缩完成，并保存解码后的图像为 D:\\RLE_decoded.jpg")
```

代码运行完成后，输出 RLE_decoded.jpg 文件，对比 RLE.jpg，可见图片体积显著缩小，并且锐度和处理前的对比起来差异不大，属于无损压缩，如图 7-15 所示。

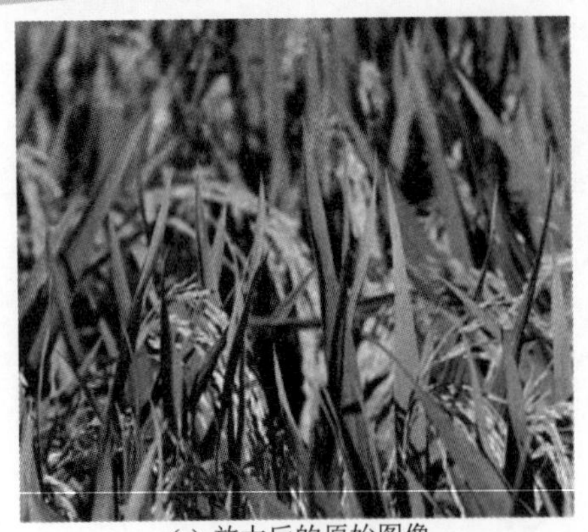
(a) 放大后的原始图像

(b) 压缩后的图

名称	大小	类型
RLE.JPG	8,456 KB	JPG 文件
RLE_decoded.jpg	2,243 KB	JPG 文件

(c) 压缩文件体积大小对比图

图 7-15　游程编码压缩对比

7.2.3　字典编码

1. 字典编码的原理

字典编码是一种常见的无损数据压缩方法，它通过将重复出现的模式替换为较短的编码缩小数据体积。与霍夫曼编码不同，字典编码利用的是数据中的重复模式，而不是单个符号的频率。它的核心思想是维护一个动态或静态的“字典”，将数据中的模式(如字符串或子串)映射为“字典”中的索引，从而达到压缩的目的。常见的字典编码算法有 LZ77、LZ78 和 LZW 等。

LZ77。在编码过程中，它通过滑动窗口机制找到数据中的重复片段，并用指向之前出现位置的指针替换这些片段。解码时，通过指针恢复原始数据。

LZ78。它将数据划分为前缀-后缀对的模式，将每个新模式添加到“字典”中，编码时用“字典”中的索引来表示这些模式。

LZW(Lempel-Ziv-Welch)。LZW 是 LZ78 的改进版本，其著名的应用是 GIF 图片格式。它通过动态构建“字典”，将数据的长模式用字典索引替代，并在解码时使用相同的“字典”恢复数据。

2.算法步骤

(1) 初始化：创建一个空白词典。

(2) 扫描输入的数据：读取输入数据的第一个字符并在字典中查找最长匹配项，如找到匹配项，则继续读取下一字符，进行扩展匹配项；若未找到匹配项，则输出当前匹配项在词典中的索引，将新的匹配项加入词典。

(3) 更新词典：将新加入需要处理的数据加入词典，如果词典已满则需要进一步处理，如丢弃旧项，清空词典重新构建该词典，替换最少使用的项。

(4) 重复进行扫描输入数据以及更新词典的操作，处理完全部数据停止。

(5) 生成索引项，并且进行输出。

3.字典编码的优势

字典编码的一个主要优势是它能够很好地处理重复数据，无论是文本中的重复单词，还是图像中的重复色彩模式。这使得它在压缩重复性高的数据时表现尤为出色。此外，字典编码算法通常实现简单，且解码过程高效，非常适合资源有限的设备。

字典编码是一种高效的压缩方法，特别适用于处理重复数据的场景。在文本和图像数据压缩中，字典编码通过替换重复模式为较短的编码，显著缩小了数据体积，提高了存储和传输效率。

4.字典编码的应用场景

字典编码在压缩文本和图像数据中具有广泛的应用。以下是一些典型的应用场景。

(1) 文本压缩。字典编码在文本压缩中应用广泛，尤其是在重复模式多的文本数据中，如自然语言处理中的词汇表构建和字符串匹配等。LZW 算法广泛应用于压缩文本文件，如 Unix 系统的 compress 命令。

(2) 图像压缩。在图像压缩领域，字典编码同样扮演着重要角色。以 GIF 格式为例，LZW 字典编码通过压缩图像数据中的重复色彩模式，实现图像的无损压缩。尽管 GIF 的色彩范围有限(通常为 256 色)，但它在压缩简单色块图像时非常高效。

(3) 音频和视频压缩。字典编码也应用于一些音频和视频压缩标准中，尤其是在对重复性高的数据进行编码时。例如，某些音频压缩格式利用字典编码对重复音调模式进行压缩，从而缩小数据体积。

(4) 文件压缩。字典编码还广泛用于文件压缩工具中，如 ZIP、RAR 等。这些工具通过字典编码技术，分析文件内容中的重复模式，并将其替换为更短的编码，实现高效的压缩。

7.2.4 LZW 算法

1. LZW 算法的基本原理

LZW 算法又叫串表压缩算法，该算法通过将遇到的新字符串添加到字典中，并用字典中已经存在的字符串的索引来代替这些字符串，即建立一个字符串表，用较短的代码表示较长的字符串，从而实现数据压缩。它的核心思想是基于动态字典的构建和匹配，随着数据流的处理，字典会逐渐扩展。

2. LZW 算法步骤

(1) 初始化字典。LZW 算法在开始时，字典中仅包含所有可能的单字符(如 ASCII 字符集)，每个字符对应一个唯一的编码。对于文本数据，初始字典可能包含从 0~255 的编码，分别对应 ASCII 字符集中的所有单字符。

(2) 压缩过程。压缩过程的核心是扫描输入数据并逐步构建字典。具体步骤如下。

① 读取输入流中的第一个字符，并查找字典中是否存在此字符。如果存在，继续读取下一个字符，并在字典中查找当前字符串。

② 如果当前字符串在字典中不存在，将其前一个已存在的字符串输出为编码，并将当

前字符串添加到字典中，赋予新编码。

③ 继续读取下一个字符，重复上述步骤，直到遍历完所有输入数据。

(3) 解压缩过程。解压缩过程使用与压缩过程相同的字典构建机制。具体步骤如下。

① 读取压缩数据流中的编码，并在字典中查找对应的字符串，输出该字符串。

② 将前一个字符串与当前查找到的字符串的第一个字符组合，并添加到字典中，赋予新的编码。

③ 重复上述步骤，直到所有编码数据都解压缩完毕。

3. LZW 算法的优点

(1) 高效性。LZW 在处理具有重复模式的数据时非常高效，能够显著减少数据体积。

(2) 无损压缩。LZW 属于无损压缩算法，压缩后的数据可以完全恢复为原始数据。

(3) 广泛应用。由于其简单有效的压缩机制，LZW 被广泛应用于图像、文本和文件的压缩中。

总结而言，LZW 字典编码算法是一种强大的无损压缩方法，它通过动态构建字典，有效地压缩重复数据。在图像、文本和文件压缩等领域，LZW 算法凭借其高效性和无损性，成为广泛应用的压缩标准。

在原始数据中，某些字符或字符串组合可能多次重复出现。LZW 通过识别这些重复模式，将其替换为更短的编码。例如，字符串 TO 出现多次时，LZW 只需存储其编码，而不再存储两个字符。

原始字符编码通常是固定长度的(如 8 位)。然而，LZW 的编码长度是动态的，随着数据量增加，编码的位数也可能增加，但整体上可以比原始数据更高效。例如，多个字符的组合只需要用一个编码表示，大幅减少了存储空间。

4. LZW 算法的应用

LZW 算法在许多压缩领域都有应用，以下是几个常见的应用场景。

(1) 图像压缩。LZW 著名的应用是在 GIF 图像格式中。通过 LZW 压缩，GIF 格式可以在不丢失图像质量的前提下，将图像文件的大小减小。

(2) 文件压缩。LZW 还被用于文件压缩工具中，如 UNIX 系统中的 compress 命令和一些 ZIP 压缩工具，这些工具使用 LZW 缩小文件体积，便于存储和传输。

(3) 文本压缩。LZW 算法也可以用于压缩文本数据，特别是在文本数据中存在重复模式的情况下，如 XML、HTML 文件等。

【例 7.7】使用 LZW 算法压缩字符串。

假设我们要压缩字符串 TOBEORNOTTOBEORTOBEORNOT。

(1) 初始化字典。

初始字典包含单个字符的编码，如：

T->1

O->2

B->3

E->4

R->5

N->6

(2) 压缩过程。

我们逐步扫描字符串并更新字典：

读取 T->输出编码 1->新增 TO

读取 O->输出编码 2->新增 OB

读取 B->输出编码 3->新增 BE

最终压缩后的编码序列可能为 123456127911。

【例 7.8】利用字典编码以及 Pillow 库对 GIF 图片进行压缩处理，可以看到如图 7-16 所示，大小显著减小，但是颜色细节会有所丢失。

名称	类型	大小	标记
LZW.gif	GIF 文件	7,192 KB	
LZW_compressed...	GIF 文件	2,447 KB	

图 7-16　利用字典编码压缩

示例代码如下：

```
/****************************************
    程序名：eg 7.6
    描　述：字典编码以及 Pillow 库对 gif 图片进行压缩
****************************************/
import os
from PIL import Image, ImageSequence

# 获取当前目录
current_directory = os.getcwd()

# 打开 GIF 图像
image_path = r'D:\test\1.gif'
img = Image.open(image_path)

# 设置输出路径为当前目录
output_path = os.path.join(current_directory, 'compressed_1.gif')

# 处理 GIF 动画帧
frames = [frame.copy() for frame in ImageSequence.Iterator(img)]

# 使用 LZW 算法保存多帧动画 GIF
frames[0].save(
    output_path,
```

```
        save_all=True,  # 保存所有帧
        append_images=frames[1:],  # 添加后续帧
        loop=0,  # 设置循环次数(0 表示无限循环)
        duration=img.info.get('duration', 100),  # 保留原始帧间隔
        optimize=True,  # 启用优化
        disposal=2  # 帧处理方式，防止出现残影
)

print(f"动画 GIF 已成功保存到：{output_path}")
```

7.3 算术编码

本节介绍了算术编码的原理，包括基于消息中符号概率分布的概率模型、区间划分、递归细分以及最终编码等关键环节；同时详细说明了算法的实现过程，包括编码和解码步骤；还深入分析了算术编码的优点，如接近熵极限、处理非整数比特长度等，以及局限性，如精度问题和复杂度较高等；此外，介绍了算术编码在图像压缩和视频压缩等领域的应用。学生通过学习本节内容将深入理解算术编码的工作机制，能够评估其在不同场景下的适用性，并掌握其应用方法。

7.3.1 算术编码原理

算术编码是一种无损数据压缩技术，也是一种熵编码的方法，其基本思想是将整个消息(如图像数据)编码为一个实数区间上的一个数值，而不是将每个符号独立编码。这种编码方式利用消息中符号的概率分布，将常见的符号映射到较短的数值区间，从而实现高效压缩。

1. 算术编码的基本思想

(1) 概率模型。算术编码基于消息中符号的概率分布。概率模型通过对符号的出现频率进行分析，确定每个符号的概率值。概率较高的符号会被映射到较小的区间，而概率较低的符号则映射到较大的区间。

(2) 区间划分。整个编码过程从区间[0,1)开始。根据概率模型，对这个区间进行划分，给每个符号分配一个子区间。区间划分的方式是根据符号的概率大小，概率越大的符号分配的区间越大。

(3) 递归细分。随着消息中每个符号的出现，编码器会不断缩小当前区间范围。每当处理一个符号时，当前区间会被分割为更小的子区间，且子区间的大小与符号的概率成正比。然后选择对应符号的子区间作为新的当前区间。

(4) 最终编码。当消息的所有符号都处理完毕后，最终区间内的任意一个数都可以作

为消息的编码。通常，这个数被选为区间的下界或中值。

2. 映射过程示例

(1) 假设我们有一个简单的消息“ABC”，其符号概率如下。

A:0.5

B:0.3

C:0.2

(2) 根据这些概率，我们将[0,1)区间划分为：

A 对应[0,0.5)

B 对应[0.5,0.8)

C 对应[0.8,1)

(3) 编码过程如下。

① 编码“A”：当前区间是[0,1)，“A”对应[0,0.5)，因此将区间缩小为[0,0.5)。

② 编码“B”：在区间[0,0.5)内，“B”对应的区间是[0.5,0.8)，转换为当前区间是[0.25,0.4)。

③ 编码“C”：在区间[0.25,0.4)内，“C”对应的区间是[0.8,1)，转换为当前区间是[0.37,0.4)。

最后的编码结果可以是这个最终区间[0.37,0.4)中的任意数，如 0.375。

相比其他编码方法(如霍夫曼编码)，算术编码具有更高的压缩效率，尤其在处理概率接近的小数值符号时。此外，算术编码可以处理无限长度的消息，而不会因为符号独立编码的约束而产生浪费。

7.3.2 算术编码算法实现

算术编码的实现涉及两个主要过程：编码过程和解码过程。下面将详细说明这两个过程的步骤及其原理。

1. 算术编码

算术编码通过将整个消息映射到一个数值区间进行编码。具体步骤如下所述。

(1) 初始化区间。开始时，将编码区间设置为[0,1)。这个区间表示当前编码器的数值范围，随着每个符号的处理，区间将逐渐缩小。

(2) 构建概率模型。根据消息中符号的概率分布，构建概率模型。每个符号都会对应一个概率值(频率)，然后根据概率大小，将[0,1)区间划分为若干子区间。符号出现的概率越大，分配的区间就越大。

【例 7.9】假设有三个符号 A、B、C，其概率分别为：

A:0.5

B:0.3

C:0.2

那么区间[0,1)将被划分为：

A 对应[0,0.5)

B 对应[0.5,0.8)

C 对应[0.8,1)

(3) 递归缩小区间。从消息的第一个符号开始，逐个处理每个符号，按照以下步骤递归缩小区间：

① 获取当前符号在概率模型中的区间。

② 根据符号对应的区间，将当前的编码区间划分为更小的子区间。

③ 将当前编码区间更新为符号对应的子区间。

例如，假设编码消息“ABC”，则处理过程如下。

编码“A”：初始区间为[0,1)，根据概率模型，A 对应[0,0.5)。因此编码区间缩小为[0,0.5)。

编码“B”：在区间[0,0.5)内，B 对应[0.5,0.8)，计算新区间[0,0.5)中的[0.5,0.8)对应的区间为[0.25,0.4)，将当前编码区间更新为[0.25,0.4)。

编码“C”：在区间[0.25,0.4)内，C 对应[0.8,1)，计算新区间[0.25,0.4)中的[0.8,1)对应的区间为[0.37,0.4)，将当前编码区间更新为[0.37,0.4)。

(4) 选择最终编码值。编码结束后，选择当前区间[0.37,0.4)中的任意数作为最终的编码值。例如，可以选择 0.375 作为编码值。

2. 算术解码过程

解码过程是从编码值中恢复原始消息。具体步骤如下所述。

(1) 初始化区间。与编码类似，解码区间从[0,1)开始。

(2) 逐步恢复符号。根据编码值，递归恢复每个符号。

① 根据概率模型，将当前区间划分为符号对应的子区间。

② 确定编码值所在的子区间，从而确定当前符号。

③ 更新区间为当前符号对应的子区间。

④ 重复上述步骤，直到恢复出所有符号。

例如，假设解码编码值 0.375，恢复消息“ABC”。

解码第一个符号：初始区间为[0,1)，0.375 位于[0,0.5)，因此第一个符号是“A”。将区间更新为[0,0.5)。

解码第二个符号：在区间[0,0.5)内，0.375 位于[0.25,0.4)，因此第二个符号是“B”。将区间更新为[0.25,0.4)。

解码第三个符号：在区间[0.25,0.4)内，0.375 位于[0.37,0.4)，因此第三个符号是“C”。最终消息为“ABC”。

算术编码被广泛应用于图像压缩(如 JPEG2000)和视频压缩(如 H.264)。在这些应用中，算术编码通常与其他压缩技术结合使用，以达到更高的压缩比。

通过上述编码和解码过程的详细说明，可以理解算术编码如何通过概率模型将图像数据映射到数值范围，并实现高效的无损数据压缩。

【例 7.10】利用算术编码对图 7-17 进行压缩。

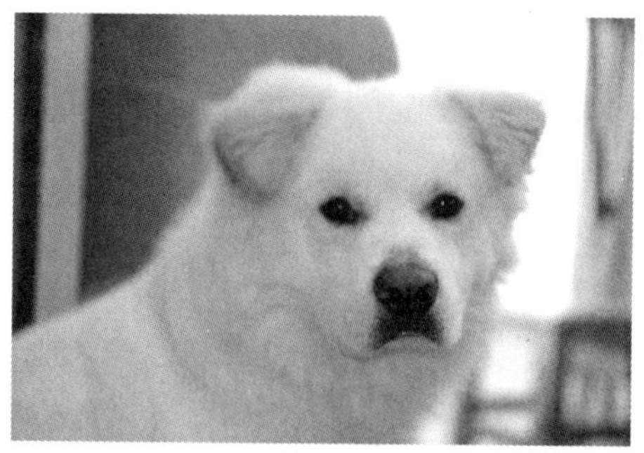
图 7-17　算术编码压缩示例原图

示例代码如下：

```
/*****************************************
    程序名：eg 7.7
    描　述：利用算术编码进行压缩
*****************************************/
import numpy as np
from PIL import Image
from collections import Counter

# 算术编码函数
def arithmetic_encode(data, prob_table):
    low, high = 0.0, 1.0
    for symbol in data:
        range_ = high - low
        high = low + range_ * prob_table[symbol][1]
        low = low + range_ * prob_table[symbol][0]
    return (low + high) / 2    # 返回区间中任意值

# 生成概率表函数
def create_probability_table(data):
    counter = Counter(data)
    total = sum(counter.values())
    prob_table = {}
    low = 0.0
    for symbol, count in counter.items():
        high = low + count / total
        prob_table[symbol] = (low, high)
        low = high
    return prob_table

# 加载图像并转换为像素值
```

```
image_path = r'D:\test\1.jpg'
img = Image.open(image_path).convert("L")  # 转换为灰度图
pixels = np.array(img).flatten()

# 生成概率表
prob_table = create_probability_table(pixels)

# 压缩图像数据
compressed_value = arithmetic_encode(pixels, prob_table)
print(f"压缩后的算术编码值：{compressed_value}")

# 保存概率表和编码值
output_path = r'D:\test\compressed_1.txt'
with open(output_path, "w") as f:
    f.write(f"Compressed Value: {compressed_value}\n")
    f.write(f"Probability Table: {prob_table}")

print(f"算术编码结果已保存到：{output_path}")
```

使用 Pillow 库加载图像并将其转换为灰度模式(像素值范围为 0~255)，然后将图像数据展平成一维数组以便编码。接着，利用 collections.Counter 统计像素值的频率，生成概率表，并计算每个像素值的累积概率区间，构建对应的[low, high)区间。在算术编码过程中，遍历像素数据，根据概率表逐步缩小编码区间，并返回最终区间的中间值作为压缩结果。最后，将压缩值与概率表保存到文件中，以便后续解码或进一步使用。

7.3.3 算术编码的优势和挑战

算术编码是一种高效的数据压缩技术，在压缩效率和灵活性方面具有显著优势，但也存在实现复杂性和专利限制等挑战。

1. 优势

(1) 接近熵极限。算术编码能够接近熵编码理论的极限，也就是说，它可以达到最小的平均码长，非常接近理论上的最佳压缩比。相比于霍夫曼编码，算术编码不依赖于符号的整数比特表示，因此能够处理更精细的概率分布。

(2) 处理非整数比特长度。算术编码不限制符号的编码长度为整数比特，这使得它能够比传统的霍夫曼编码更有效地表示信息。在符号概率分布不均匀的情况下，使用算术编码通常能比使用霍夫曼编码获得更好的压缩比。

(3) 适用于长消息。算术编码的另一个优点是它对长消息特别有效。在消息长度增加时，算术编码能够更精确地利用符号的概率分布，从而进一步提升压缩效率。

(4) 无前缀码限制。不同于霍夫曼编码，算术编码不需要考虑前缀码的问题，它直接对整个消息进行编码，省去了对符号独立编码的冗余处理。

2. 挑战

(1) 实现复杂性。

① 精度问题。算术编码需要对浮点数进行精确处理，但计算机中浮点数的有限精度可能会导致数值误差。为了保持精度，编码器通常需要使用大整数或定点数进行计算，增加了实现复杂性。

② 算术操作的开销。在编码和解码过程中，算术编码需要频繁进行乘法和除法操作，相比于霍夫曼编码的简单表查找来说更加耗时。因此，算术编码在实现和执行速度方面可能不如霍夫曼编码高效。

(2) 解码延迟。

① 逐步解码。由于算术编码是基于区间缩小进行编码的，解码过程需要逐步恢复原始消息。这可能导致解码过程中产生延迟，尤其在需要实时处理的应用场景中(如视频流)。

② 实时性要求高的应用。在一些实时性要求较高的应用场景中，算术编码可能不太适用，特别是在解码器需要快速恢复数据的情况下，算术编码的逐步解码机制会带来延迟。

(3) 专利限制。

① 历史专利。算术编码在早期(20 世纪八九十年代)曾受到一些专利的限制。例如，IBM(国际商业机器公司)和 Mitsubish(三菱集团)曾对算术编码的某些实现持有专利。这些专利覆盖了算术编码的核心技术，限制了其在某些商业产品中的广泛应用。

② 替代方案。由于专利问题，许多应用选择了其他编码方法，如变体的范围编码(Range Coding)，它与算术编码类似，但避免了某些专利问题。近年来，随着一些相关专利的到期，这些限制逐渐减弱，但在某些情况下，仍需要注意专利的潜在影响。

算术编码在压缩效率方面具有显著的优势，能够接近熵极限，并且在处理非整数比特长度和长消息时表现出色。然而，复杂的实现过程、对浮点精度的要求、解码延迟，以及历史上的专利限制都给实际应用带来了挑战。尽管如此，算术编码依然是许多现代压缩算法的核心组成部分，特别是在高效压缩和最大化存储效率的场景中。

7.4 变换编码

本节介绍了 DCT、离散小波变换及其他变换方法；详细阐述了 DCT 将空间域数据转换为频域数据的原理，以及在 JPEG 压缩中的应用流程；对于离散小波变换，介绍了其基本概念，如尺度和位置、小波函数等，以及在图像压缩中通过多分辨率分析减少冗余信息的原理和应用；同时提及了离散傅里叶变换和主成分分析等其他变换方法的原理和应用场景。学生通过学习本节内容将了解不同变换编码方法的原理和特点，掌握它们在图像压缩和数据处理中的应用技巧，为解决实际的图像压缩问题积累更多的思路和方法。

7.4.1 DCT 的应用

DCT 是一种将空间域的数据转换为频域数据的数学方法。它通过对图像块进行频率分析，将图像数据表示为不同频率的余弦函数的加权和。DCT 的主要目的是将图像数据中的能量集中到频域的较低频分量上，从而在压缩过程中能够保留重要的图像信息，舍弃不太重要的高频分量。

1. DCT 的原理

(1) 图像块划分。在应用 DCT 之前，图像通常被分成 8×8 像素的块。这个块划分的目的是方便处理，且使得每个块可以独立进行变换和压缩。

(2) 空间域转换为频域。DCT 将空间域中的图像数据(像素值)转换为频域数据。具体来说，DCT 将每幅图像块中的像素值转换为余弦函数的加权和。DCT 系数反映了该块中不同频率分量的权重，较低频率的系数通常代表图像的主要特征(如平滑区域)，而较高频率的系数则代表细节和噪声。

(3) DCT 公式。对于一个 8×8 的图像块，DCT 变换的数学公式为

$$F(u,v)=\frac{1}{4}C(u)C(v)\sum_{7}^{x=0}\sum_{7}^{y=0}f(x,y)\cos\left[\frac{(2x+1)u\pi}{16}\right]\cos\left[\frac{(2y+1)v\pi}{16}\right] \tag{7.1}$$

其中，$F(u,v)$ 是频域中的 DCT 系数，$f(x,y)$ 是空间域中的像素值，$C(u)$ 和 $C(v)$ 是归一化因子，用于在 $u=0$ 或 $v=0$ 时乘以 $\frac{1}{\sqrt{2}}$，在其他情况下乘以 1。

(4) 能量集中。DCT 的一个重要特性是它可以将大部分图像能量集中到少数几个低频系数中。这意味着在量化和编码过程中，可以舍弃或减少对高频系数的精度，从而实现压缩。

2. DCT 在 JPEG 压缩中的应用

(1) DCT 变换。JPEG 压缩标准中，首先将图像划分为 8×8 的块，然后对每个块进行 DCT 变换，将空间域中的像素值转换为频域中的 DCT 系数。

(2) 量化。DCT 变换后的系数会进行量化处理，即根据人眼视觉系统的特性，对较高频率分量进行较大幅度的舍弃，而保留低频分量。这一步骤可以大幅减少数据量，但会引入一定的失真。

(3) 熵编码。经过量化后的 DCT 系数会使用熵编码技术(如霍夫曼编码或算术编码)进一步压缩数据。这一步骤将相同模式的 DCT 系数用更少的比特数表示，进一步减少图像文件的大小。

(4) 逆离散余弦变换。在解码过程中，JPEG 文件会经过逆离散余弦变换(IDCT)变换，将频域数据还原为空间域的像素值，生成最终的图像。

通过 DCT 变换，JPEG 压缩能够在保持较好图像质量的同时，实现高效的数据压缩。这种方法利用了图像中频率分量的分布特性，使得在压缩过程中主要保留低频信息，而丢弃不太重要的高频信息。

【例 7.11】为了使用 DCT 压缩图像，我们可以将图像分成 8×8 的小块，应用 DCT 转换，然后在每个块中保留低频系数(通常高频系数包含的是图像的细节信息，可以忽略而达到压

缩效果)，之后通过 IDCT 还原图像，以图 7-18 为例。

图 7-18　利用 DCT 处理图像

以下是利用 DCT 压缩图像处理代码：

```
/****************************************
程序名：eg 7.8
描　述：利用 DCT 压缩图像
****************************************/
import cv2
import numpy as np

# 加载图像并检查是否成功
image_path = r'E:\sztxcl\DSCF2662.JPG'
image = cv2.imread(image_path, cv2.IMREAD_GRAYSCALE)
if image is None:
    print(f"Error: Could not load image at {image_path}")
    exit()

# 调整图像为 720p 分辨率 (1280×720)
image_resized = cv2.resize(image, (1280, 720))

# 获取调整后的图像高度和宽度
h, w = image_resized.shape

# 将图像尺寸调整为可以被 8 整除
h_pad = (8-h % 8) % 8
w_pad = (8-w % 8) % 8
image_padded = np.pad(image_resized, ((0, h_pad), (0, w_pad)), 'constant')

# 初始化 DCT 结果和 IDCT 恢复结果的数组
dct_blocks = np.zeros_like(image_padded, dtype=np.float32)
compressed_dct_blocks = np.zeros_like(image_padded, dtype=np.float32)
idct_blocks = np.zeros_like(image_padded, dtype=np.float32)

# 压缩比例，保留 DCT 系数的比例(如只保留前 50% 的低频系数)
compression_ratio = 0.5

# 遍历图像，以 8×8 块为单位进行 DCT 变换和压缩
for i in range(0, image_padded.shape[0], 8):
    for j in range(0, image_padded.shape[1], 8):
```

```
        # 提取 8×8 的图像块
        block = image_padded[i:i + 8, j:j + 8]

        # 对图像块执行 DCT 变换
        dct_block = cv2.dct(np.float32(block))

        # 对 DCT 系数进行压缩(保留前 compression_ratio 部分的系数)
        dct_block_compressed = np.zeros_like(dct_block)
        keep = int(8 * compression_ratio)  # 根据压缩比决定保留多少低频系数
        dct_block_compressed[:keep, :keep] = dct_block[:keep, :keep]

        # 保存压缩后的 DCT 块
        compressed_dct_blocks[i:i + 8, j:j + 8] = dct_block_compressed

        # 对压缩后的 DCT 块执行 IDCT 逆变换
        idct_block = cv2.idct(dct_block_compressed)

        # 将恢复后的块放入 IDCT 结果矩阵
        idct_blocks[i:i + 8, j:j + 8] = idct_block

# 对 IDCT 结果进行裁剪，恢复到原始图像大小
idct_result = idct_blocks[:h, :w]

# 将结果转换回 uint8 类型以便显示
idct_result = np.clip(idct_result, 0, 255).astype(np.uint8)

# 对 DCT 压缩图像进行归一化处理以便显示
dct_compressed_display = cv2.normalize(compressed_dct_blocks, None, 0, 255,
cv2.NORM_MINMAX).astype(np.uint8)

# 保存压缩后的图像
cv2.imwrite(r'E:\sztxcl\compressed_DSCF2662.JPG', idct_result)

# 调试：检查是否成功生成压缩后的图像文件
print("Compressed image saved successfully.")

# 显示原始图像、DCT 压缩图像和压缩还原后的图像
cv2.imshow('Original Image', image_resized)
cv2.imshow('DCT Compressed Image (Normalized)', dct_compressed_display)
cv2.imshow('Compressed and Restored Image', idct_result)

# 检查键盘事件，等待显示窗口关闭
if cv2.waitKey(0) & 0xFF == 27:  # 按下 Esc 键退出
    cv2.destroyAllWindows()
```

DCT 压缩将图像分成 8×8 的小块，并对每个块执行 DCT 变换，将图像从空间域转换为频域。通过只保留较低频率的系数(如仅保留 50%的系数)，我们可以有效地压缩图像信息。这种方法适用于图像压缩，因为图像的低频成分通常包含主要的视觉信息，而高频成

分(细节)可以被丢弃，从而节省空间。图 7-19 就是利用 DCT 将图像进行压缩。

图 7-19

图 7-19　通过 DCT 压缩的图像

通过 IDCT，我们可以恢复压缩后的图像，如图 7-20 所示。恢复后的图像与原始图像相比，会有一些细节丢失，但主要的轮廓和信息仍然保持。压缩比越高，图像质量下降越明显。

图 7-20　通过 IDCT 还原的图像

7.4.2　小波变换

小波变换(Wavelet Transform)是一种强大的数学工具，用于分析信号和图像的不同频率成分。与傅里叶变换不同，小波变换可以提供时间(空间)和频率的局部信息，这使得它在处理非平稳信号和图像时特别有用。下面是小波变换的基本概念以及在图像压缩中的应用，尤其是在多分辨率分析中的作用。

1. 小波变换的基本概念

(1) 小波变换的定义。小波变换将信号分解为一组小波函数的线性组合。小波函数是具有局部化特性的波形，与傅里叶变换中的正弦波相比，它们在时间和频率上都有有限的支持。小波变换可以分为连续小波变换(CWT)和离散小波变换(DWT)。离散小波变换在图像处理和压缩中更常用。

(2) 尺度和位置。小波变换使用不同的尺度(缩放因子)和位置分析信号的不同部分。尺度控制小波的“宽度”，位置决定小波在信号上的起始点。通过调整尺度和位置，小波变换可以捕捉到信号的细节和粗略信息。

(3) 小波函数。小波函数由母小波(Mother Wavelet)和它的缩放和平移得到。常用的小波函数包括 Haar 小波、Daubechies 小波、Symlets 和 Coiflets 等。

2. 小波变换在图像压缩中的应用

(1) 图像分解。小波变换将图像分解为不同的分辨率层次，这些层次包括低频部分(近似图像)和高频部分(细节信息)。这使得图像在不同的尺度上被处理，有助于捕捉图像的细节和结构。

(2) 多分辨率分析。多分辨率分析(MRA)是小波变换的一个关键特性。在 MRA 中，图像被分解为不同的频带，每个频带代表图像的不同细节层次。对这些频带进行不同程度的压缩，可以有效地减少图像数据的冗余。

(3) 阈值化。在图像压缩中，小波变换后的高频部分通常包含较少的有用信息，可能包含噪声或不重要的细节。通过对高频系数进行阈值化，即将小于某一阈值的系数置为零，可以去除这些冗余信息，从而实现压缩。

(4) 编码和压缩。经过小波变换和阈值化处理后的图像数据可以使用熵编码等方法进行进一步压缩。小波变换提高了图像的压缩比，同时保持了较好的图像质量。

3. 小波变换在图像压缩中的优势

(1) 适应性。小波变换能够适应图像的不同特性，不同尺度的小波可以处理图像中的不同细节层次。

(2) 局部化。小波在时间(空间)和频率上的局部化特性，使得它能够有效地处理图像中的边缘和细节。

(3) 高效性。小波变换能够提供高效的图像压缩比，同时在压缩过程中保留更多的图像信息，减少失真。

总之，小波变换通过多分辨率分析在图像压缩中发挥了重要作用，它可以有效地提取和处理图像中的不同频率成分，提高压缩效率，并保持图像质量。

7.4.3 其他变换方法

在数字图像处理和数据压缩领域，除了小波变换，还有其他几种常见的变换编码方法，如离散傅里叶变换(DFT)和主成分分析(PCA)。以下是这些方法的概述及应用场景。

1. DFT

DFT 是一种将信号从时域转换到频域的变换方法。DFT 将离散信号分解为一组正弦和余弦函数的线性组合，从而在频域中分析信号的频率成分。

(1) 公式。对于一个离散时间序列 $x[n]$，其 DFT 可以表示为

$$X[K]=\sum_{N-1}^{n=0}X[n]\cdot e^{-j\frac{2\pi kn}{N}} \tag{7.2}$$

其中，$X[K]$ 是频域的复数系数，N 是序列长度，j 是虚数单位。

(2) 逆变换。DFT 的逆变换用于将频域信号还原到时域，公式为

$$X[n]=\frac{1}{N}\sum_{N-1}^{n=0}X[k]\cdot e^{-j\frac{2\pi kn}{N}} \tag{7.3}$$

(3) 应用场景。

① 图像压缩。在 JPEG 图像压缩标准中，图像块被转换到频域，然后使用量化和熵编码进行压缩。DFT 可以用于将图像分解为不同的频率成分，从而减少图像的冗余数据。

② 信号处理。DFT 广泛应用于信号处理中的频域分析，如音频信号分析、滤波器设计等。

③ 滤波和去噪。通过在频域对信号进行滤波，可以去除不需要的频率成分，改善信号质量。

2. PCA

PCA 是一种统计方法，用于将数据从高维空间转换到低维空间。PCA 通过寻找数据的主成分，即方差最大的方向来减少数据的维度，并保留尽可能多的原始信息。

(1) 过程。

① 标准化：将数据中心化(减去均值)，以消除偏差。

② 计算协方差矩阵：衡量数据特征之间的相关性。

③ 特征分解：计算协方差矩阵的特征值和特征向量，特征向量即为主成分。

④ 选择主成分：选择前几个特征向量作为新的坐标轴，投影数据到这些轴上，从而实现降维。

(2) 应用场景。

① 图像压缩。PCA 可以用于图像降维和压缩。例如，在脸部识别中，PCA(常称为“主成分脸”)可以提取面部特征并减少数据维度。

② 数据预处理。在机器学习和数据挖掘中，PCA 经常用于数据预处理，以降低特征维度、去除噪声，并提高模型训练效率。

③ 模式识别。PCA 可以帮助识别和分类数据中的主要模式，通过降维降低计算复杂度。

综上，DFT 是一种经典的频域变换方法，适用于信号的频率分析、滤波和图像压缩等领域。PCA 是一种降维技术，通过主成分提取保留数据中最重要的变异信息，广泛应用于图像处理、数据预处理和模式识别等领域。这两种方法各有优势，适用于不同的应用场景，可以根据具体需求选择合适的变换技术。

【扩展阅读】
图像压缩编码技术在教育方面的应用

7.5 思考练习

一、选择题

1. 以下哪种压缩技术不属于无损压缩？(　　)

A. 霍夫曼编码　　B. 游程编码　　C. LZW 编码　　D. JPEG 压缩

2. 哪种编码方法通过将消息映射到数值区间来实现压缩？(　　)

A. 霍夫曼编码　　B. 算术编码　　C. LZW 编码　　D. 游程编码

3. 小波变换在图像压缩中主要通过哪种方法减少冗余信息？(　　)

A. 图像分解　　B. 空间冗余处理　　C. 多分辨率分析　　D. 视觉冗余处理

4. 在 JPEG 压缩标准中，图像数据首先通过哪种变换进行压缩？(　　)

A. 离散傅里叶变换　　B. 主成分分析　　C. 离散余弦变换　　D. 离散小波变换

5. 以下哪种压缩方法适合于具有重复模式的文本或图像数据？(　　)

A. 算术编码　　B. 霍夫曼编码　　C. 字典编码　　D. 量化编码

二、填空题

1. 无损压缩技术的核心特点是能够在不丢失数据的情况下实现压缩，常见的方法有__________、__________和 LZW 编码。

2. 通过减少相邻像素间的相关性，可以消除图像中的__________冗余。

3. 在图像压缩中，小波变换通过将图像分解为不同的__________层次来处理。

4. 算术编码的优势在于它能够接近信息熵的极限，特别适用于处理__________的符号。

5. 在 JPEG 压缩过程中，图像首先被划分为 8×8 的块，然后进行__________变换。

三、判断题

1. 小波变换的优势在于它能够同时处理图像的时间和频率信息。(　　)

2. 霍夫曼编码是一种有损压缩方法，能够通过舍弃信息实现高压缩比。(　　)

3. 算术编码不适用于处理长消息，因为其实现复杂性较高。(　　)

4. DFT 变换可以有效减少图像数据中的视觉冗余。(　　)

5. PCA 可以在数据降维中保留尽可能多的原始信息，常用于图像处理和模式识别。(　　)

四、简答题

1. 简述无损压缩和有损压缩的主要区别，并举例说明其各自的应用场景。

2. 描述信息冗余的概念，并列举两种常见的冗余类型。

3. 简述小波变换在图像压缩中的多分辨率分析原理。

五、综合运用题

1. 结合实际案例，说明离散余弦变换在 JPEG 图像压缩中的具体应用流程。

2. 假设你在处理一段视频，需要提高压缩效率，请说明如何利用时间冗余技术进行压缩，并简要描述其实现方式。

第 8 章

图像分割

图像分割是计算机视觉和数字图像处理中的一个基础且重要的技术，旨在将图像划分为多个区域或对象，这些区域或对象在某种属性(如颜色、纹理、亮度、形状等)上是相似的，且在这些属性上与图像中的其他区域是不同的。

通过图像分割，可以将图像中的目标从背景中分离出来，以便于进行进一步的图像分析、处理、识别和理解。

本章将重点讲解用 Python 及 OpenCV 进行基于阈值分割、边缘分割、区域分割等技术。

本章学习目标

◎ 理解并掌握图像分割的基本概念与重要性。

◎ 掌握阈值分割技术，能够对图像进行全局或局部阈值处理，实现基于像素亮度或颜色值的简单图像分割；理解不同阈值选择方法对分割效果的影响。

◎ 精通边缘分割方法。通过实践，学会如何调整边缘检测器的参数以优化边缘的提取效果，进而通过边缘信息将图像分割成不同的区域或对象。

◎ 理解并掌握区域分割技术。

◎ 通过实际案例，加深对图像分割的理解，锻炼实践能力。

素质要点

◎ 增强伦理意识和社会责任感：学生在学习数字图像处理技术及其应用时，应深刻认识到技术背后的伦理问题和社会责任。数字图像处理技术在人脸识别、图像篡改等技术中同样有广泛应用，但可能涉及个人隐私、信息安全等敏感问题。因此，学生需要在学习过程中增强伦理意识，树立强烈的社会责任感，明确技术使用的边界和道德准则，积极参与相关社会议题的讨论和解决方案的制定，确保技术的合法、合规应用，为构建和谐、安全、可信的数字社会贡献力量，成为具备高尚品德和强烈社会责任感的科技人才。

◎ 培养综合应用与问题解决能力：在掌握基本的图像分割方法后，学生应学会将图像分割技术与其他图像处理技术相结合，形成完整的图像处理流程，以解决复杂的实际问题。这种综合应用与问题解决能力的培养，将使学生具备更强的创新能力和实践能力，为未来的图像处理领域注入新的活力和创意。

8.1 阈值分割

阈值分割是一种非常直观且容易上手的图像分割方法。它是根据图像的灰度特征，通过设定一个或多个灰度阈值，将图像中的像素点分为不同的类别或区域，从而实现图像的分割。此方法的应用非常广泛。

8.1.1 基本原理

阈值分割的基本原理是：通过设定一个或多个阈值，将图像的灰度值范围划分为不同的区间，每个区间对应一个区域或图像中的对象类别。在处理时，将图像的像素点根据其灰度值分配到不同的区间，即可实现图像的分割。

8.1.2 阈值的选择

阈值的选择是阈值分割的关键，常用的阈值选择方法包括以下几种。

(1) 直方图法。通过观察图像的灰度直方图，选择直方图的谷底作为阈值，这种方法适用于图像灰度分布具有明显双峰特性的情况。

(2) 最大类间方差法。最大类间方差(OTSU)法基于图像的灰度直方图，通过计算类间方差自动确定最佳阈值。当类间方差最大时，说明背景与前景之间的差别最大，此时的阈值即为最佳阈值。

(3) 基于最大熵的阈值分割法。基于最大熵的阈值分割法即通过最大化图像熵确定图像的阈值。熵是图像复杂度的度量，通过计算图像在不同阈值下的熵，选择使熵最大的阈值作为最佳阈值。

(4) 迭代阈值分割法。迭代阈值分割法即通过迭代的方式自适应地选择一个合适的阈值。该方法首先选择一个初始阈值，然后根据阈值将图像分为两组，计算两组的均值，并根据均值更新阈值，重复此过程直到满足停止条件。

8.1.3 阈值分割的类型

根据分割阈值是否固定，阈值分割方法可分为固定阈值分割和自适应阈值分割。

(1) 固定阈值分割。使用固定的阈值对图像进行分割，适用于图像灰度分布相对稳定的情况。

(2) 自适应阈值分割。根据图像的局部特征自适应地选择阈值进行分割，适用于图像灰度分布复杂多变的情况。

8.1.4 代码实现

cv2.threshold() 函数是 OpenCV 库中用于应用固定阈值或自适应阈值对图像进行二值化处理的函数。这个函数非常强大，可以支持多种阈值类型，包括全局阈值(如 OTSU 方法)和局部自适应阈值。

函数原型

retval, dst = cv2.threshold(src, thresh, maxval, type[, dstimg])

- src：输入图像，通常为单通道图(灰度图)。
- thresh：应用的阈值。根据 type 的不同，这个参数的意义也可能有所不同。在 type 为 cv2.THRESH_BINARY 和 cv2.THRESH_TRUNC 时，该参数被设置为用以分割图像的固定阈值；在 type 为 cv2.THRESH_OTSU 或 cv2.THRESH_TRIANGLE 时，算法会自动找到最佳阈值，因此此参数通常设置为 0。
- maxval：当像素值超过(或有时小于，取决于阈值类型)阈值时赋予的新值。
- type：阈值类型。详见下面阈值类型解释。
- dstimg：输出图像，与输入图像具有相同的尺寸和类型。这个参数是可以不填的，因为函数会返回效果图像。

函数的 2 个返回值

- retval：当使用 cv2.THRESH_OTSU 或 cv2.THRESH_TRIANGLE 时，返回计算得到的阈值；否则，它返回 thresh 参数的值。
- dst：分割并二值化后的图像，它的尺寸和类型与输入图像 src 相同。

阈值类型解释

- cv2.THRESH_BINARY：超过阈值的像素被赋予 maxval，否则被赋予 0。
- cv2.THRESH_BINARY_INV：与 cv2.THRESH_BINARY 相反，低于阈值的像素被赋予 maxval，否则被赋予 0。
- cv2.THRESH_TRUNC：大于阈值的像素被截断为 maxval，否则保持原值。
- cv2.THRESH_TOZERO：大于阈值的像素保持原值，否则被设置为 0。
- cv2.THRESH_TOZERO_INV：小于阈值的像素保持原值，否则被设置为 0。
- cv2.THRESH_OTSU：自动确定最佳全局阈值(使用 Otsu 算法)。需要与其他阈值类型结合使用(如 cv2.THRESH_BINARY | cv2.THRESH_OTSU)。
- cv2.THRESH_TRIANGLE：使用 Triangle 算法自动确定最佳全局阈值(OpenCV 4.x 引入)。可以与上述其他类型结合使用(通过按位或操作)。

示例代码如下：

```
/****************************************************************
```

```
    程序名：eg 8.1
    描  述：阈值分割
*************************************************************/
import cv2
if __name__ == '__main__':
    # 读取图像，并转换为灰度图
    img = cv2.imread('blox.jpg', cv2.IMREAD_GRAYSCALE)

    # 应用阈值处理
    # 这里以 THRESH_BINARY 为例，thresh 设置为 127，maxval 设置为 255
    _, thresh_img1 = cv2.threshold(img, 127, 255, cv2.THRESH_BINARY)

    # 如果使用 OTSU 方法
    ret, thresh_img2 = cv2.threshold(img, 0, 255, cv2.THRESH_BINARY | cv2.THRESH_OTSU)
    # 此时，ret 是计算得到的最佳阈值

    # 显示原图和阈值处理后的图像
    cv2.imshow('Original Image', img)
    cv2.imshow('Thresholding Result', thresh_img1)
    cv2.imshow('OTSU Result', thresh_img2)

    # 打印计算得到的阈值(如果使用 OTSU 方法)
    print("Computed Threshold (if using OTSU):", ret)

    # 等待按键操作
    cv2.waitKey(0)
    cv2.destroyAllWindows()
```

以上代码对积木图以不同的阈值进行分割的效果如图 8-1 所示。

(a) 原始图像

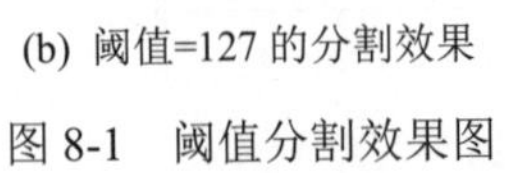

(b) 阈值=127 的分割效果

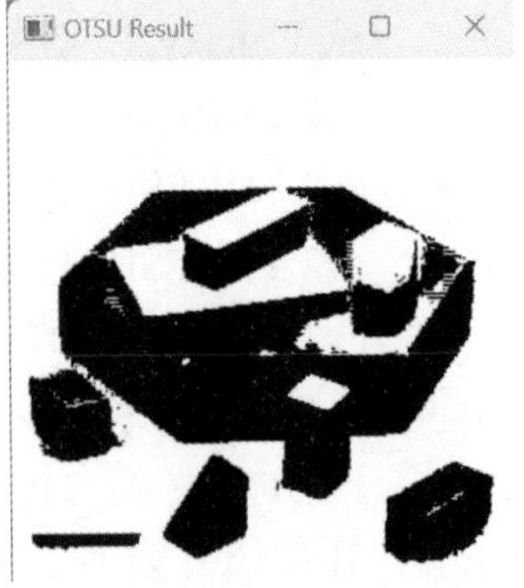

(c) OTSU 分割效果(阈值自动取 161)

图 8-1　阈值分割效果图

8.1.5 应用领域

阈值分割因其实现简单、计算量小、性能稳定等优点，在多个领域得到了广泛应用，常见应用于以下领域。

(1) 红外技术应用，如红外无损检测中红外热图像的分割、红外成像跟踪系统中目标的分割。

(2) 遥感应用，如合成孔径雷达图像中目标的分割。

(3) 医学应用，如血液细胞图像的分割、磁共振图像的分割。

(4) 农业工程应用，如水果品质无损检测过程中水果图像与背景的分割。

(5) 工业生产应用，如多种工业产品质量检测中的应用。

总之，阈值分割是一种简单而有效的图像处理方法，通过设定合适的阈值，可以将图像中的目标和背景有效地分离出来。在实际应用中，需要根据图像的特点和应用需求选择合适的阈值选取方法和分割方法。

8.2 边缘分割

在图像里，边缘通常表示图像中不同区域之间的分界线，这些分界线在灰度、颜色、纹理等方面存在显著变化。边缘分割方法是一种非常实用的图像分割技术，它通过检测图像中的边缘或轮廓实现图像的分割。

8.2.1 基本原理

边缘分割方法中分割处理所基于的边缘即图像中灰度、颜色、纹理等不连续的位置。因此，可以先利用边缘检测算子检测出图像中的边缘，再将这些边缘作为不同区域的分界线。

边缘检测算子通过对图像中每个像素点及其邻域内的像素值进行分析，量化灰度或颜色等特征的变化，从而识别出边缘；再根据边缘划分的区域进行分割即可达到分割目标。

8.2.2 常用的边缘检测算法

1. Sobel 算法

Sobel 算法是一种基于梯度的边缘检测算法，它使用 Sobel 算子计算图像的梯度大小和方向。Sobel 算子是一种离散性差分算子，它根据像素点上下、左右邻点灰度的加权差在边缘处应达到极值这一现象检测边缘。它主要通过两个 3×3 的卷积核在图像上进行卷积操作，一个用于水平方向(x 方向)，另一个用于垂直方向(y 方向)。这两个卷积核可以分别计算出图像在水平和垂直方向的梯度大小，然后将这两个梯度值相加，或根据需要进行加权相加，得到每个像素点处的边缘强度。图 8-2 所示为常用的两个 Sobel 算子。

−1	0	+1
−2	0	+2
−1	0	+1

*x*方向卷积核

+1	+2	+1
0	0	0
−1	−2	−1

*y*方向卷积核

图 8-2　常用的 sobel 算子

算法优点：计算简单，易于实现，对噪声有一定的鲁棒性。

OpenCV 库中 cv2.soble()函数可以实现 sobel 算子检测边缘。

函数原型

cv2.Sobel(src, ddepth, dx, dy, ksize=3, scale=1, delta=0, borderType= cv2.BORDER_DEFAULT) -> dst

- src：输入图像，可以是单通道或多通道图像。
- ddepth：输出图像的深度。常见的选择有 cv2.CV_16S、cv2.CV_32F 或−1(表示与原图像相同)。由于 Sobel 算子可能产生负值或大于 255 的值，因此通常选择 cv2.CV_16S，之后使用 cv2.convertScaleAbs()函数将其转换回 uint8。
- dx 和 dy：分别表示在 *x* 和 *y* 方向上的差分阶数。取值为 0 或 1，0 表示该方向上不进行差分。
- ksize：Sobel 算子的大小，即卷积核的大小，必须为 1、3、5、7 等奇数，默认为 3。
- scale：计算导数值时的缩放因子，默认为 1。
- delta：在结果存入目标图之前可选的 delta 值，默认为 0。
- borderType：图像边界的模式，默认为 cv2.BORDER_DEFAULT。

示例代码如下：

```
/****************************************************************
    程序名：eg 8.2
    描　述：sobel 边缘检测
****************************************************************/
import cv2
import numpy as np

if __name__ == '__main__':
    # 读取图像为灰度图
    image = cv2.imread('blox.jpg', cv2.IMREAD_GRAYSCALE)
    # 如果图像为空，则显示错误并退出
    if image is None:
        print("Error: Image cannot be loaded. Check the path.")
        exit()

```

```
12.         # 应用 Sobel 算子
13.         # dx 表示 x 方向梯度，dy 表示 y 方向梯度
14.         dx = cv2.Sobel(image, cv2.CV_64F, 1, 0, ksize=3)   # Sobel x
15.         dy = cv2.Sobel(image, cv2.CV_64F, 0, 1, ksize=3)   # Sobel y
16.
17.         # 计算梯度幅值
18.         # 注意：将数据类型转换为 uint8 以显示图像
19.         magnitude = np.sqrt(dx ** 2 + dy ** 2)
20.         magnitude = np.uint8(255 * magnitude / np.max(magnitude))
21.
22.         # 显示原始图像和边缘检测结果
23.         cv2.imshow('Original Image', image)
24.         cv2.imshow('Sobel Edge Detection', magnitude)
25.
26.         # 等待按键后关闭所有窗口
27.         cv2.waitKey(0)
28.         cv2.destroyAllWindows()
```

Sobel 边缘检测执行结果如图 8-3 所示。

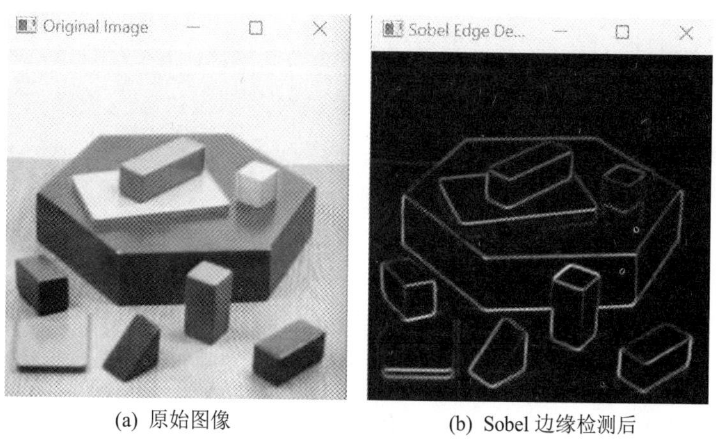

(a) 原始图像　　(b) Sobel 边缘检测后

图 8-3　Sobel 检测效果图

第 19、20 行代码将梯度幅值缩放到 0~255，这是一种简单的方法，但可能会导致整体梯度幅值受极大值影响而被不均匀地压缩。在实际情况中，更简单且常见的方法是使用 cv2.convertScaleAbs 直接将梯度幅值(无论是通过 cv2.magnitude 计算得到的还是其他方式)转换为无符号 8 位整数，这样会自动将负值转换为正值，并将整体范围缩放到 0~255。然后，可以应用阈值处理创建二值图像。以下是使用 cv2.magnitude 和 cv2.convertScaleAbs 的简化版本。

```
/************************************************************
    程序名：eg 8.3
    描　述：sobel 边缘处理替换 eg8.2 第 16 行以后代码
************************************************************/
```

```python
# ...(前面 15 行代码保持不变)直到计算出两个方向的梯度 dx,dy
# 使用 cv2.magnitude 计算梯度幅值和方向(但此处只关心幅值)
magnitude, _ = cv2.magnitude(dx, dy)
# 将梯度幅值图像转换为无符号 8 位整数
scaled_magnitude = cv2.convertScaleAbs(magnitude)
# 应用阈值来创建二值图像 scaled_magnitude
_, edges = cv2.threshold(scaled_magnitude, 50, 255, cv2.THRESH_BINARY)
# ...(显示和关闭窗口的代码)
```

2. Laplacian 算法

Laplacian 算法是通过对图像进行二阶微分运算来检测边缘。具体来说，用它计算图像中每个像素点的二阶导数，这些二阶导数在边缘处会取得较大的绝对值，从而指示边缘的位置。

对图像 f，Laplacian 算法的计算公式为

$$\nabla^2 \mathrm{f} = \frac{\partial^2 \mathrm{f}}{\partial x^2} + \frac{\partial^2 \mathrm{f}}{\partial y^2} \tag{8.1}$$

其中，$\nabla^2 \mathrm{f}$ 表示 Laplacian 算法作用于图像 f 后得到的结果，$\frac{\partial^2 \mathrm{f}}{\partial x^2}$ 和 $\frac{\partial^2 \mathrm{f}}{\partial y^2}$ 分别表示对图像 f 在 x 方向和 y 方向进行二阶偏导数操作后得到的结果。

在实际应用中，Laplacian 算数通常通过卷积核与图像进行卷积操作来实现。常用的 Laplacian 卷积核如图 8-4 所示。

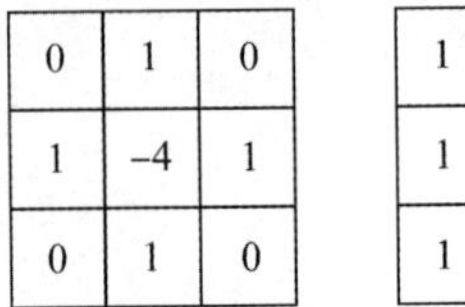

0	1	0
1	−4	1
0	1	0

1	1	1
1	−8	1
1	1	1

图 8-4　常用的 Laplacian 卷积核

这个卷积核可以对图像进行二次微分操作，并检测出图像中的边缘信息；还可以使用更复杂的卷积核实现更精确的边缘检测。

Laplaeian 算法的优点：对不同方向的边缘敏感，能够检测出各种边缘类型；边缘定位准确，能够清晰地指示边缘的位置。

Laplaeian 算法的缺点：对噪声敏感，容易将噪声误检为边缘；可能会丢失一部分边缘的方向信息，造成一些不连续的检测边缘。

因此在实际应用中，运用此算法处理前需首先对图像去噪，此算法也常与其他边缘检测算法结合使用以增加准确性。

3. Canny 算法

Canny 边缘检测算法是由 John F. Canny 在 1986 年提出的，被广泛认为是边缘检测中

的最优算法，它可以有效地检测图像中的边缘，并将其连接成一个连续的边缘线。该算法旨在尽可能准确地识别图像中的边缘，同时减少噪声的干扰。

其主要步骤包括如下。

(1) 噪声去除。首先，使用高斯滤波器平滑图像以去除噪声。高斯滤波是一种线性平滑滤波，适用于消除高斯噪声，广泛应用于图像处理的减噪过程。

(2) 计算梯度强度和方向。计算图像中每个像素点的梯度强度和方向，梯度强度表示图像边缘的强度，而梯度方向则指出了边缘的方向。常用的梯度算子包括 Sobel 算子、Prewitt 算子和 Roberts 算子等。这些算子可以分别计算图像在水平和垂直方向上的梯度，进而合成梯度幅值和方向。

(3) 非极大值抑制。在得到梯度强度和方向后，对图像进行非极大值抑制。这一步的目的是将边缘细化到只保留单像素宽度。具体做法是，检查每个像素点，看它是否在其梯度方向上是一个局部最大值：若是，则保留其为边缘点；若否，则为非边缘点。

(4) 双阈值检测。应用双阈值方法确定真正的边缘和潜在的边缘。设定两个阈值，即高阈值和低阈值。如果一个像素的梯度强度高于高阈值，则认为它是边缘；如果低于低阈值，则认为它不是边缘；如果位于两者之间，则检查它是否连接到高于高阈值的边缘点，若是，则认为它是边缘的一部分，若否，则认为它不是边缘的一部分。

(5) 边缘连接。通过边缘连接，将由于双阈值处理而可能断裂的边缘连接起来。通常在进行双阈值检测过程中，通过保留强边缘点并将与强边缘点相连的弱边缘点也视为边缘点，从而形成连续的边缘轮廓。

在 OpenCV 库中，cv2.Canny 函数可以直接用来进行 Canny 边缘检测。

函数原型

cv2.Canny(image, threshold1, threshold2[, edges[, apertureSize[, L2gradient]]]) -> edges

- image：输入图像，必须是单通道的灰度图。
- threshold1：第一个阈值。
- threshold2：第二个阈值。
- edges：输出图像，与输入图像大小相同，类型为 uint8。
- apertureSize：Sobel 算子的大小，默认为 3。
- L2gradient：一个标志，用于指定是否使用更精确的 L2 范数来计算梯度幅度。如果为 True，则使用更精确的 L2 范数；如果为 False，则使用默认的 L1 范数，这通常更快。默认为 False。
- 注意：cv2.canny()函数内部使用 sobel 算子进行边缘检测，在水平和垂直方向上的梯度计算是通过两个 3×3 的卷积核来实现的(尽管在某些情况下，卷积核的大小可以通过参数进行调整)。这些卷积核分别用于计算图像在 x 方向和 y 方向上的梯度。梯度大小和方向计算公式如下：

$$G=\sqrt{G_x^2+G_y^2} \tag{8.2}$$

$$\Theta = atan2\left(G_y, G_x\right)$$

示例代码如下：

```
/************************************************************
    程序名：eg 8.4
    描  述：canny 边缘检测
************************************************************/
import cv2
if __name__ == '__main__':

    # 读取图像
    image = cv2.imread('your_image_path.jpg', cv2.IMREAD_GRAYSCALE)

    # 应用 Canny 边缘检测
    #100 和 200 分别是低阈值和高阈值，可根据具体的图像调整以获得最佳效果
    edges = cv2.Canny(image, 100, 200)

    # 显示结果
    cv2.imshow('Canny Edges', edges)
    cv2.waitKey(0)
    cv2.destroyAllWindows()
```

Canny 边缘检测执行结果如图 8-5 所示。

图 8-5　Canny 边缘检测图

8.2.3　代码实现

在基于边缘的图像分割中，边缘检测只是第一步，之后需要一些额外的步骤根据边缘

将图像划分为不同的区域。然而，直接根据边缘进行像素级的精确分割，即将每个像素分配给特定的对象或区域，可能是一个复杂且计算密集的任务，特别是当边缘不连续或存在噪声的情况下。一种简化的方法是使用边缘来定义对象的轮廓，并通过某种方式(如填充)来标记这些区域。

下面是一个简化的示例代码，用 Canny 算子检测边缘，并使用轮廓查找和填充模拟基于边缘的图像分割。请注意，这个示例并不完美，因为它依赖于轮廓的准确检测和闭合性，但在许多情况下可以以此代码为基础，进一步完善。

示例代码如下：

```
/************************************************************
    程序名：eg 8.5
    描  述：基于边缘分割的基本步骤
************************************************************/
import cv2
import cv2
import numpy as np

def edge_based_segmentation(image_path):
    # 读取图像
    image = cv2.imread(image_path)
    if image is None:
        print("Error: Image cannot be loaded.")
        return

        # 转换为灰度图像
    gray = cv2.cvtColor(image, cv2.COLOR_BGR2GRAY)

    # 可以应用高斯模糊以减少噪声
    #blurred = cv2.GaussianBlur(gray, (5, 5), 0)

    # 使用 Canny 边缘检测
    edges = cv2.Canny(gray, 100, 200)

    # 查找轮廓
    contours, _ = cv2.findContours(edges.copy(), cv2.RETR_EXTERNAL, cv2.CHAIN_APPROX_SIMPLE)
    print(contours)
    # 创建一个与原图大小相同的全黑图像，用于填充轮廓
    segmented_image = np.zeros_like(image)

    # 白色填充
    # 遍历轮廓，并使用颜色填充它们(仅为了可视化)
    for contour in contours:
        # 直接在 segmented_image 上绘制并填充轮廓
        cv2.drawContours(segmented_image, [contour],-1, (255, 255, 255), cv2.FILLED)

    # 显示原图和分割结果(模拟)
```

```
    cv2.imshow('Original Image', image)
    #cv2.imshow('Edge-based Segmentation (Simulated)', segmented_image)
    cv2.imshow('Edge-based Segmentation (Simulated)', eroded)

    # 等待按键后关闭窗口
    cv2.waitKey(0)
    cv2.destroyAllWindows()

if __name__ == '__main__':
    edge_based_segmentation('blox.jpg')
```

边缘分割执行结果如图 8-6 所示。

(a) 原始图像

(b) 基于 canny 边缘的分割

图 8-6　基于边缘的分割效果图 1

这里所用 cv2.findContours()函数是 OpenCV 库中用于查找图像中轮廓的一个函数。这个函数可以识别图像中的形状，并返回这些形状的轮廓点。然而，需要注意的是，在 OpenCV 库的不同版本中，cv2.findContours 函数的返回值和参数可能有所不同。

在 OpenCV 3.x 和 4.x 版本中，cv2.findContours 函数的典型用法如下。

函数原型

contours, hierarchy = cv2.findContours(image, mode, method)

- image：源图像，必须是二值图(通常是经过阈值处理或边缘检测后的图像)。
- mode：轮廓检索模式，常用的有 cv2.RETR_EXTERNAL(只检索最外层的轮廓)、cv2.RETR_LIST(检索所有的轮廓，但不建立任何父子关系)、cv2.RETR_CCOMP(检索所有的轮廓，并建立一个二维的轮廓层次结构)和 cv2.RETR_TREE(检索所有的轮廓，并重新建立所有轮廓的完整层次结构)。
- method：轮廓逼近方法，常用的有 cv2.CHAIN_APPROX_SIMPLE(压缩水平、垂直和对角线段，只留下它们的端点)、cv2.CHAIN_APPROX_NONE(存储所有的轮廓点)等。

返回值：

- contours：检测到的轮廓，每个轮廓是一个点集(numpy 数组)。

- hierarchy：轮廓的层次结构信息，是一个可选的输出。如果不需要层次结构信息，可以将其设为 None。

在 OpenCV 2.x 版本中，cv2.findContours 函数的返回值略有不同，它返回三个值。

函数原型

image, contours, hierarchy = cv2.findContours(image, mode, method)

但通常并不关心 image 的返回值(因为它仅是源图像的副本)，其他参数含义与高版本一致。

cv2.drawContours()函数是 OpenCV 库中的一个用于在图像上绘制轮廓的函数。

函数原型

cv2.drawContours(image, contours, contourIdx, color, thickness=None, lineType=None, hierarchy=None, maxLevel=None, offset=None)

- image：需要绘制轮廓的图像，应该是一个单通道图像(如灰度图)或三通道图像(如 BGR 格式的彩色图)。
- contours：一个 Python 列表，包含图像中所有轮廓的坐标点集。这些轮廓是通过轮廓检测函数(如 cv2.findContours)获得的。
- contourIdx：指定要绘制的轮廓的索引。如果是负数，则绘制所有轮廓；如果轮廓是在一个层级结构中(通过 hierarchy 参数指定)，则可以指定一个范围[startIdx:endIdx]来绘制该范围内的轮廓。
- color：轮廓的颜色，格式为 BGR。例如，对于蓝色，可以使用(255, 0, 0)。
- thickness：(可选)轮廓线的粗细。如果是负数(如 cv2.FILLED)，则轮廓内部会被填充。
- lineType：(可选)线型，如 cv2.LINE_8、cv2.LINE_AA 等。默认情况下，它是 cv2.LINE_8。
- hierarchy：(可选)轮廓的层级信息，是一个与 contours 相对应的数组，包含了轮廓的父子关系等信息。如果不需要考虑轮廓的层级，可以省略此参数。
- maxLevel：(可选)绘制轮廓的最大层级。只有当 hierarchy 参数也被提供时，这个参数才有效。
- offset：(可选)轮廓点的偏移量。这个偏移量会加到轮廓点的坐标上。

对上一段代码(eg 8.5)也可以调整填充颜色，并用形态学方法(填充空洞、平滑边界)来改进结果，代码如下：

```
/*************************************************************
程序名：eg 8.6
描　述：多色填充，将 eg 8.5 第 26~31 行替换为下面的代码
*************************************************************/
26.        # 遍历轮廓，并为每个轮廓分配一个随机颜色(仅为了可视化)
27.        # 注意：在实际应用中，可能需要为每个对象分配一个唯一的标签或颜色
```

```
        colors = np.random.randint(0, 255, (len(contours), 3))
        for i, contour in enumerate(contours):
            # 绘制轮廓
            cv2.drawContours(segmented_image, [contour], -1, colors[i].tolist(), cv2.FILLED)

        # 可选操作：使用形态学操作来改进分割结果
        # 例如，填充孔洞(先膨胀后腐蚀)
        kernel = np.ones((3, 3), np.uint8)
        dilated = cv2.dilate(segmented_image, kernel, iterations=1)   #膨胀
        eroded = cv2.erode(dilated, kernel, iterations=1)    #腐蚀
    #......
```

边缘分割多色填充执行结果如图 8-7 所示。

图 8-7

(a) 原始图像

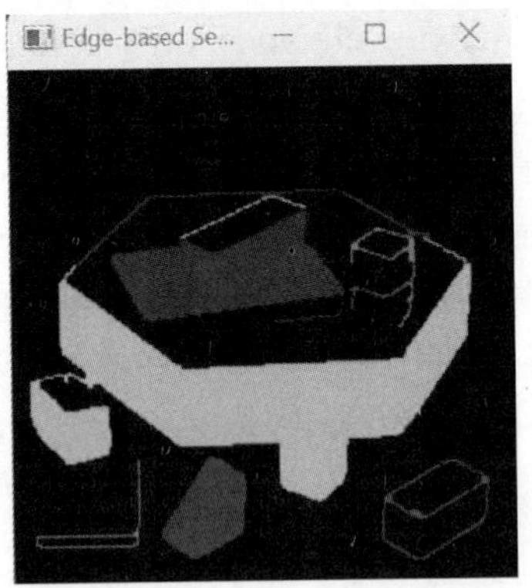

(b) 用不同颜色填充模拟分割效果

图 8-7　基于边缘的分割效果图 2

注意，前面边缘分割基本步骤的代码在分配随机颜色给轮廓时，并没有考虑到轮廓之间的重叠或相邻性。如果图像中有多个紧密相邻的对象，这种方法可能会导致颜色重叠和混淆。在实际应用中，需要采用更复杂的方法分配唯一的颜色或标签给每个对象。

此外，形态学操作(如膨胀和腐蚀)可以用于改进分割结果，在实际应用中，需要根据具体情况调整形态学操作的参数和顺序。

8.2.4　形态学运算函数

cv2.dilate 函数是 OpenCV 库中的一个函数，用于对图像进行膨胀操作。膨胀是一种形态学操作，它通常用于增加图像中前景对象的大小，或者填充前景对象内部的小孔或小黑点。

函数原型

```
cv2.dilate(src, kernel, iterations=1, borderType=cv2.BORDER_DEFAULT, borderValue=None) -> dst
```

- image：需要绘制轮廓的图像。应该是一个单通道图像(如灰度图)或三通道图像(如 BGR 格式的彩色图)。

- src：输入图像，必须是二值图像(通常是单通道，像素值为 0 或 255)。
- kernel：膨胀操作的结构元素(structuring element)，是一个定义了邻域形状和大小的矩阵。OpenCV 提供了一些预定义的结构元素，如 cv2.getStructuringElement (cv2.MORPH_RECT, (5,5)) 创建一个 5×5 的矩形结构元素。
- iterations：膨胀操作的迭代次数，默认为 1。迭代次数越多，膨胀效果越明显。
- borderType：边界像素的外推方法，默认为 cv2.BORDER_DEFAULT。这个参数在大多数情况下不需要修改。
- borderValue：当边界类型为 cv2.BORDER_CONSTANT 时，边界像素的值将被设置为该值，默认为 None。

返回值：

- dst：膨胀后的图像。

---

cv2.erode 函数是 OpenCV 库中的一个函数，用于对图像进行腐蚀操作。腐蚀是一种形态学操作，通常用于减小图像中前景对象的尺寸或消除小的对象。它通过将结构元素(通常是矩形、椭圆形等)在图像上滑动，并取结构元素覆盖区域的最小值(对于二值图像通常是取 0，即黑色)来实现。

函数原型

cv2.erode(src, kernel, iterations=1, anchor=None, borderType=cv2.BORDER_CONSTANT, borderValue=None) -> dst

- src：输入图像，通常是二值图像(图像的像素值非黑即白)。
- kernel：腐蚀操作的结构元素或核，决定了腐蚀的形状和大小。可以使用 cv2.getStructuringElement 函数生成标准形状的结构元素，如矩形、椭圆形或“十”字形，也可以自定义结构元素。
- iterations：腐蚀操作的迭代次数，默认为 1。迭代次数越多，腐蚀效果越明显。
- anchor：核的锚点位置，默认值为(−1, −1)，表示核的中心。这个参数在大多数情况下不需要修改。
- borderType：像素外插法，决定如何处理图像边界，默认为 cv2.BORDER_CONSTANT。
- borderValue：当 borderType 设置为 cv2.BORDER_CONSTANT 时使用的边界值，默认为 None。

返回值：

- dst：腐蚀后的图像。

在图像处理中，膨胀操作通常与腐蚀操作一起使用，以实现图像的形态学开运算(Opening)(先腐蚀后膨胀)或闭运算(Closing)(先膨胀后腐蚀)，这些操作在去除噪声、分离连接的对象、填充前景对象中的小洞等方面非常有用。

腐蚀与膨胀操作也可以通过 OpenCV 库中用于形态学变换的函数 cv2.morphologyEx 来实现，它提供了更复杂的形态学操作的通用接口。除前面提到过的腐蚀、膨胀功能外，此函数还能执行开运算、闭运算、形态学梯度(Morphological Gradient)和顶帽(Top Hat)等。

函数原型

cv2.morphologyEx(src, op, kernel, iterations=None, borderType=None, borderValue=None) -> dst

- src：输入图像，通常为二值图像(黑白图像)。
- op：形态学操作的类型，如 cv2.MORPH_ERODE、cv2.MORPH_DILATE、cv2.MORPH_OPEN、cv2.MORPH_CLOSE、cv2.MORPH_GRADIENT、cv2.MORPH_TOPHAT 或 cv2.MORPH_BLACKHAT。
- kernel：操作的核。这是一个定义了邻域结构的矩阵，通常是正方形或矩形。核的大小和形状对于结果有很大影响。
- iterations：操作的迭代次数，默认为 1。这意味着操作将仅被应用一次。但是，可以通过增加迭代次数来增强效果。
- borderType：像素外推方法，当核的一部分超出图像边界时使用。常用的值包括 cv2.BORDER_CONSTANT(使用固定值填充边界)、cv2.BORDER_REPLICATE(复制边缘像素)等，默认值为 cv2.BORDER_DEFAULT。
- borderValue：当使用常数边界类型时的边界值。默认情况下，它会被设置为 0。

8.2.5 边缘分割的优缺点分析

1. 边缘分割的优点

边缘分割可以根据图像的边缘信息进行分割，适用于处理具有明显边缘的图像；分割结果通常具有较好的边缘连续性和准确性。

2. 边缘分割的缺点

边缘分割对于噪声和复杂背景的图像处理效果较差，容易出现边缘断裂或虚假边缘的情况；边缘检测算法的性能受到参数设置的影响较大，需要根据具体图像进行调整。

8.2.6 边缘分割的应用场景

边缘分割广泛应用于图像处理、计算机视觉、医学影像分析等领域。例如，在医学影像分析中，可以通过检测病变组织与正常组织之间的边缘来实现病变区域的分割；在自动驾驶领域，可以通过检测道路边缘来实现道路识别；等等。

综上所述，边缘分割是图像处理中一种重要的分割技术，它通过检测图像中的边缘来实现图像的分割。在实际应用中，需要根据具体场景和需求选择合适的边缘检测算法，并结合其他方法进行优化和改进，以提高分割效果。

8.3 区域分割

区域分割主要利用图像的空间性质，将图像中满足某种相似性准则的像素集合起来构成区域，从而实现图像的分割。区域分割主要包括区域生长法、区域分裂与合并法等。

8.3.1 区域生长法

1. 工作原理

区域生长是一种基于像素相似性的自底向上的图像分割方法。它从一个或一组种子点开始，将相邻的具有相似属性的像素加入到相应的区域中，直到没有像素满足加入条件时停止生长。

2. 关键步骤

(1) 种子点选择。根据问题的性质选择一个或多个起点作为种子点。若无先验信息，则可以通过计算图像中每个像素的特性集，并根据特性集的值确定种子点。

(2) 相似性准则确定。选择有意义的特征(如灰度级、颜色、纹理等)作为相似性准则，并确定相应的度量标准。

(3) 区域生长。以种子点为中心，根据相似性准则向四周扩展，将与种子点相似的像素合并到生长区域中。

(4) 终止条件。当没有像素满足加入条件时，区域生长停止。

3. 代码实现

OpenCV 库没有直接提供区域生长的函数，但可以利用 NumPy 和其他 OpenCV 功能来手动实现，一种方式是首先使用简单的图像处理技术(如阈值处理)辅助确定种子点或初始区域，然后使用自定义的区域生长算法扩展这些区域。可以通过调整种子点的位置和相似性准则(如颜色、纹理等)观察分割结果的变化。

(1) 区域生长函数。以下是一个简单的区域生长代码示例，主要说明如何使用 Python 和 OpenCV 进行基本的区域生长。代码中指定了种子集，规定了相似规则为灰度差阈值=10、四邻域生长。

示例代码如下：

```
/**************************************************************
    程序名：eg 8.7
    描  述：区域生长分割
**************************************************************/
import cv2
import numpy as np

#####定义区域生长函数
def region_growing(image, seeds, threshold):
    # 初始化输出图像，所有像素设置为 0
    segmented = np.zeros_like(image)

    # 存储已访问的像素
    visited = np.zeros_like(image, dtype=bool)
```

```

    # 种子点队列
    queue = []

    # 将所有种子点加入队列
    for seed in seeds:
        x, y = seed
        if not visited[x, y]:
            queue.append((x, y))  # 将(x, y)添加到种子队列的末尾
            visited[x, y] = True
            segmented[x, y] = 255  # 标记为分割区域

    # 4-邻域检查
    directions = [(-1, 0), (1, 0), (0, -1), (0, 1)]
    # 只要种子队列不为空则循环执行对各种子的四邻域找新种子进行区域生长
    while queue:
        x, y = queue.pop(0)
        for dx, dy in directions:
            nx, ny = x + dx, y + dy
            if 0 <= nx < image.shape[0] and 0 <= ny < image.shape[1]:
                valnd = np.int32(image[nx, ny])
                valog = np.int32(image[x, y])
                if not visited[nx, ny] and abs(valnd - valog) < threshold:
                    queue.append((nx, ny))  # 将邻域内新种子添加到种子队列
                    visited[nx, ny] = True
                    segmented[nx, ny] = 255

    return segmented


#####调用函数
if __name__ == '__main__':
    # 读取图像
    img = cv2.imread('m.jpg', cv2.IMREAD_GRAYSCALE)
    blurred = cv2.GaussianBlur(img, (5, 5), 0)

    # 假设已知的种子点
    seeds = [(0,0)]

    # 设定相似度阈值
```

```
    threshold = 10

    # 应用区域生长
    segmented_img = region_growing(blurred, seeds, threshold)

    # 显示结果
    cv2.imshow('Original Image', img)
    cv2.imshow('Segmented Image', segmented_img)
    cv2.waitKey(0)
    cv2.destroyAllWindows()
```

取不同位置种子的执行结果对比如图 8-8 所示。

从图 8-8 区域生长分割效果图能直观地看到，种子的选取可能会直接影响到分割的效果，当种子取(136,140)时，取在了图中山上灰度值相对不稳定的边缘区域，导致通过四邻域获取的生长区域较小，达不到较好的分割效果［图 8-8(d)］。

(2) 自适应寻找种子函数。如果尚没有候选种子，并且希望在图像中自适应地找到种子，而不是人工选择它们，则需要设计一种策略自动检测或选择这些种子点。策略通常不是固定的，要取决于具体的应用场景和图像的特性。下面介绍比较常用的方法。

① 基于阈值的简单方法。可以首先应用一个全局或局部阈值将图像二值化，然后选取二值化图像中白色或黑色像素的连通组件作为潜在的种子点。

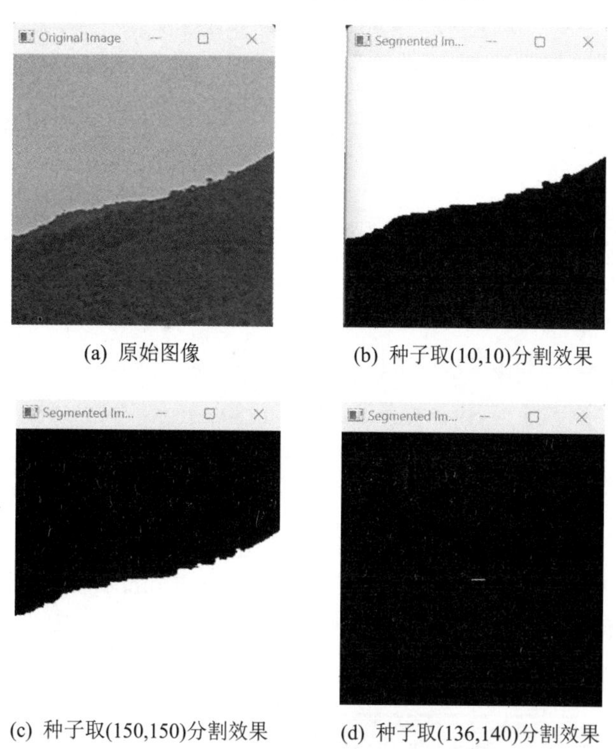

(a) 原始图像　(b) 种子取(10,10)分割效果

(c) 种子取(150,150)分割效果　(d) 种子取(136,140)分割效果

图 8-8　区域生长的分割效果图

示例代码如下：

```
/************************************************************
    程序名：eg 8.8
    描  述：自适应找种子函数
************************************************************/
import cv2
import numpy as np

#####定义自适应找种子的函数
def find_seeds(binary_img, min_size=100):
    # 查找连通组件(白色区域)
    num_labels, labels, stats, centroids = cv2.connectedComponentsWithStats( binary_img,connectivity=8, ltype=cv2.CV_32S)

    # 过滤掉太小的组件，从 1 开始即剔除了背景对应的连通组件
    valid_labels = [i for i in range(1, num_labels) if stats[i, cv2.CC_STAT_AREA] >= min_size]

    # 选择每个有效组件的质心作为种子点
    seeds = centroids[valid_labels].astype(int)

    return seeds

if __name__ == '__main__':

    # 读取图像并转换为灰度图
    img = cv2.imread('m.jpg', cv2.IMREAD_GRAYSCALE)

    # 应用阈值处理
    _, binary_img = cv2.threshold(img, 127, 255, cv2.THRESH_BINARY)

    # 查找种子点
    seeds = find_seeds(binary_img)
    print(seeds)
```

这里主要用到了 OpenCV 库中的函数 cv2.connectedComponentsWithStats，用于在二值图像中查找连通组件并返回它们的统计信息。这个函数在图像处理、计算机视觉和模式识别等领域中非常有用，特别是在图像分割、目标检测和形状分析等应用中。

函数原型

retval, labels, stats, centroids = cv2.connectedComponentsWithStats(image[, connectivity[, ltype]])

- image：输入图像，必须是二值图，即 8 位单通道图像，其中前景像素值为非零，背景像素值为零。
- connectivity：可选参数，指定连通性，可以是 4 或 8，默认为 8。4 连通意味着一个像素的邻居是其上、下、左、右的像素；8 连通则还包括对角线上的邻居。
- ltype：输出图像标记的类型，目前支持 CV_32S(32 位有符号整数)和 CV_16U(16 位无符号整数)。默认为 None，通常使用默认值即可。

返回值：

retval：图像中连通组件的总数(包括背景，但背景通常不计入有效连通组件，因此在计算有效连通组件时需要减 1)。

labels：标记图像，一个与输入图像大小相同的图像，其中每个像素都被标记为其所属的连通组件的编号，背景像素通常被标记为 0，其他连通组件则依次被标记为 1, 2, 3, ...。

stats：统计信息，是一个矩阵，其中每一行对应一个连通组件的统计信息，包括该组件的外接矩形的左上角坐标(x, y)、宽度(width)、高度(height)和面积(area)。注意，这个矩阵的最后一行通常表示整幅图像的外接矩形，其面积等于图像的总像素数，这一行在处理时可能需要被剔除或忽略。

- centroids：质心坐标，是一个矩阵，其中每一行对应一个连通组件的质心(中心点)坐标。

处理其返回值时需注意：

- 剔除背景：由于背景通常被标记为 0，并且其统计信息(特别是面积)可能非常大，因此在处理统计信息时可以剔除背景对应的行。

---

② 基于图像特征的更高级方法。如果图像具有更复杂的特征，可以使用更高级的图像处理方法找到种子点。例如，可以使用边缘检测、角点检测、纹理分析和机器学习技术识别图像中的关键区域或特征点。

边缘检测：使用 Canny、Sobel 等边缘检测器找到图像中的边缘，然后基于边缘的交点或曲率选择种子点。

角点检测：使用 Shi-Tomasi、Harris 等角点检测算法找到图像中的角点，这些角点通常代表图像中的关键特征。

纹理分析：如果图像具有不同的纹理区域，可以使用纹理描述符(如灰度共生矩阵、局部二值模式等)区分这些区域，并选择具有代表性的点作为种子点。

机器学习：训练一个分类器来识别图像中的特定对象或区域，并将这些对象的中心点或特征点作为种子点。

4. 区域生长分割的优点与缺点

区域生长分割的优点：算法简单，易于实现，过程直观，易于理解；对于均匀性较好的图像分割效果较好。

区域生长分割的缺点：对种子点的选择依赖性强，对噪声敏感，可能导致过分割或欠分割。

8.3.2 区域分裂与合并法

1. 基本思想

区域分裂与合并法是一种结合分裂和合并操作的图像分割方法。它首先通过某种方式将图像分割成若干初始区域，然后根据区域间的相似性进行合并或分裂操作，直到满足一定的分割准则为止。

2. 关键步骤

(1) 初始分割。可以采用固定大小的网格划分、四叉树等方法将图像分割成若干初始区域。

(2) 相似性判断。计算相邻区域间的相似性指标，如灰度差、颜色差、纹理相似度、欧氏距离等。

(3) 区域合并与分裂。根据相似性判断结果，将相似的区域合并成一个更大的区域；如果某个区域内部差异较大，则进行分裂操作。

(4) 迭代优化。重复上述合并与分裂过程，直到满足一定的分割准则(如区域数目、区域间差异等)为止。

3. 代码实现

OpenCV 库本身并不直接提供区域分裂与合并的现成函数，因为这种方法通常较为复杂，且需要根据具体的应用场景进行调整。不过，可以利用 OpenCV 库提供的一些基础功能(如阈值处理、形态学操作等)模拟或实现一个简单的区域分裂与合并过程。

下面是一个简化的示例代码，使用 OpenCV 的阈值处理和形态学操作模拟区域分裂，然后通过自定义的合并逻辑来合并相似的区域，代码关键步骤如下：

(1) 初始化每个像素为一个独立区域。

(2) 遍历图像中的每个像素，检查其相邻像素，并根据相似性判断是否需要合并。

(3) 合并相似区域。

(4) 重新标记合并后的区域以确保标签的连续性。

(5) 可视化分割结果。

请注意，这只是一个非常基础的示例，实际应用中区域分裂与合并可能需要更复杂的算法。

示例代码如下：

```
/**************************************************************
    程序名：eg 8.9
    描  述：区域分裂与合并分割
**************************************************************/
import cv2
import numpy as np

### 定义停止函数
# 此函数用于判断两个相邻区域是否应该合并；
```

```
# 它通过计算两个区域像素均值的欧氏距离来判断它们的相似性，
# 如果这个距离小于给定的阈值，则返回 True，表示应该考虑合并这两个区域。
def should_stop(image, labels, label, adjacent_label, threshold):
    region1 = image[labels == label]
    region2 = image[labels == adjacent_label]

    # 如果某个区域为空(没有像素)，则不进行合并
    if region1.size == 0 or region2.size == 0:
        return False

    # 计算两个区域的均值
    mean1 = np.mean(region1, axis=0)
    mean2 = np.mean(region2, axis=0)

    # 计算两个均值之间的欧氏距离
    distance = np.linalg.norm(mean1-mean2)

    # 如果距离小于阈值，则返回 True，表示应停止分裂、进行合并
    return distance < threshold

# 定义合并相邻区域的函数
# 此函数负责合并两个区域，
# 它将所有标记为 adjacent_label 的像素标签更改为 label。
def merge_regions(labels, label, adjacent_label):
    labels[labels == adjacent_label] = label

# 分裂与合并算法
# 遍历图像的每个像素(除了边界像素)，检查其上下左右的相邻像素，
# 如果相邻像素的标签与当前像素的标签不同，
# 则调用 should_stop 函数来判断是否应该合并这两个区域，
# 并在合并操作后，重新为所有区域分配连续的标签，以确保标签的连续性。
def split_merge(image, threshold=25):
    # 转换到浮点型
    image = np.float32(image)
    # 获取图像尺寸
    height, width = image.shape[:2]

    # 初始化标签图像
    labels = np.zeros((height, width), dtype=np.int32)
    label_counter = 1
```

```

    # 初始化每个像素为一个区域
    for i in range(height):
        for j in range(width):
            labels[i, j] = label_counter
            label_counter += 1

    # 分裂与合并算法
    for i in range(1, height-1):
        for j in range(1, width-1):
            current_label = labels[i, j]

            adjacent_labels = {
                labels[i-1, j],  # 上
                labels[i + 1, j],  # 下
                labels[i, j-1],  # 左
                labels[i, j + 1]  # 右
            }

            for adjacent_label in adjacent_labels:
                if adjacent_label != current_label:
                    if should_stop(image, labels, current_label, adjacent_label, threshold):
                        merge_regions(labels, min(current_label, adjacent_label), max(current_label, adjacent_label))
    # 重新标记区域，以连续标签表示
    label_mapping = {}
    new_label_counter = 1
    for label in np.unique(labels):
        if label != 0:
            label_mapping[label] = new_label_counter
            new_label_counter += 1

    new_labels = np.zeros_like(labels)
    for label, new_label in label_mapping.items():
        new_labels[labels == label] = new_label

    return new_labels

if __name__=='__main__':
    # 使用示例
```

```
    image = cv2.imread('blox.jpg', 0)
    if image is None:
        raise ValueError("Image path is incorrect or the image file is corrupted.")

    labels = split_merge(image)

    # 可视化分割结果
    colored_labels = (labels * 10).astype(np.uint8)
    colored_image = cv2.applyColorMap(colored_labels, cv2.COLORMAP_JET)
    cv2.imshow('Colored Labels', colored_image)
    cv2.waitKey(0)
    cv2.destroyAllWindows()
```

区域分裂与合并分割执行结果如图 8-9 所示。

图 8-9　区域分裂与合并分割执行效果图

图 8-9

4.区域分裂与合并分割的优点与缺点

区域分裂与合并分割的优点：能够处理复杂图像，对噪声相对不敏感，可以产生任意形状的区域。

区域分裂与合并分割的缺点：计算复杂度较高，分割准则的选择对分割执行结果影响较大。

区域分割是图像分割中一种重要且有效的技术。它通过利用图像的空间性质和相似性准则划分区域，具有算法简单、易于实现等优点。然而，由于图像的复杂性和多样性，尚无一种标准的区域分割方法能够适用于所有情况。因此，在实际应用中需要根据具体问题和图像特点选择合适的分割方法，并结合其他图像处理技术进行优化和改进。

8.4 聚类分割

聚类是一种无监督的分类手段，它不需要事先标记的数据集，而是根据数据点之间的相似性度量将数据点划分为多个集群。聚类算法的基本思想是“类内的相似和类间的排斥”，即同一类簇内的数据点应该具有较高的相似性，而不同类簇间的数据点则应该具有较低的相似性。

聚类分割是一种在图像处理中广泛使用的技术，该技术将图像像素视为数据点，并对这些数据点执行聚类算法，从而将图像分割成几个颜色或亮度相近的区域。

8.4.1 基本原理

在图像分割中，聚类分割将图像中的像素视为数据点，并根据像素之间的相似性(如颜色、纹理等特征)将它们划分为不同的聚类。每个聚类代表图像中的一个区域或对象，从而实现图像的分割。

8.4.2 常用聚类算法在图像分割中的应用

1. K-means 聚类

(1) 原理。K-means 是一种基于划分的聚类算法，它预先设定聚类数目 K，并随机选择 K 个初始聚类中心；然后，算法迭代地将每个像素分配给最近的聚类中心，并根据分配结果更新聚类中心。这个过程一直持续到聚类中心不再发生变化或达到预定的迭代次数。

(2) 应用。在图像分割中，K-means 算法可以根据像素的颜色相似性将图像分割成不同的区域。通过调整 K 值，可以控制分割的精细程度。这种方法简单、计算速度快，并且易于实现，因此在图像分割的研究和应用中相当普遍。

可以利用 OpenCV 库的 cv2.kmeans() 函数执行 K-Means 聚类算法。这个函数可以将数据集中的点(在图像处理中，这些点通常是像素的颜色值)分组为 K 个聚类，其中 K 是用户指定的聚类数量。每个聚类由其质心(centroid)表示，质心是聚类中所有点的平均值或加权平均值，具体取决于开发者的定义。

函数原型

retval, bestLabels, centers = cv2.kmeans(data, K, bestLabels, criteria, attempts, flags[, centers])

- data：需要聚类的数据点，通常是图像的像素值，在图像处理中通常是一个形状为 (num_samples, num_features)的 NumPy 数组，其中 num_samples 是像素数量，num_features 是特征数量(对于颜色图像，通常是 3，代表 RGB)。
- K：聚类中心的数量(要分割成的区域数)。
- bestLabels：一个可选的输出参数，用于存储每个数据点的聚类标签。如果此参数不是 None，则它应该是与 data 第一个维度相同长度的数组。
- criteria：算法终止条件，可以是迭代次数、误差或两者的组合。它是一个元组，通常形式为(cv2.TERM_CRITERIA_EPS + cv2.TERM_CRITERIA_MAX_ITER, max_iter, epsilon)，其中max_iter是最大迭代次数，epsilon是两次迭代之间质心变化的最小允许值。

- attempts：算法执行时尝试的初始质心选择次数。算法会运行attempts次K-Means，每次使用不同的初始质心选择，并返回最好的一次结果。
- flags：用于指定算法的某些选项。在OpenCV中，常用的选项是cv2.KMEANS_RANDOM_CENTERS，它表示随机选择初始聚类中心。
- centers：一个可选的输入参数，用于指定初始聚类中心。如果此参数不是None，则算法将使用这些中心作为起始点进行聚类。

返回值：

- retval：算法的终止条件(通常是迭代次数或满足的终止条件代码)。
- bestLabels：一个数组，表示每个数据点所属的聚类标签。
- centers：每个聚类的质心。

利用K-means聚类方法进行图像分割的示意代码如下：

```
/***********************************************************
    程序名：eg 8.10
    描  述：K-means 聚类分割
***********************************************************/
import cv2
import numpy as np
import random

# 定义 K-means 聚类图像分割函数
def kmeans_segmentation(image_path, k=3, attempts=10, epsilon=1.0):
    """
    使用 K-means 算法对图像进行分割。

    :param image_path:  图像文件路径
    :param k:  聚类的数量，即分割的区域数
    :param attempts:  尝试不同初始质心的次数
    :param epsilon:  收敛准则的阈值
    :return:  分割后的图像
    """
    img = cv2.imread(image_path)  # 读取图像
    if img is None:
        raise ValueError(f"无法加载路径 {image_path} 下的图像。")

    height, width, channels = img.shape  # 获取图像的高度、宽度和通道数
    data = np.float32(img).reshape((-1, channels))  # 将图像数据转换为二维数组

    # 设置 K-means 算法的停止条件
    criteria = (cv2.TERM_CRITERIA_EPS + cv2.TERM_CRITERIA_MAX_ITER, attempts, epsilon)
    _, labels, _ = cv2.kmeans(data, k, None, criteria, attempts, cv2.KMEANS_RANDOM_CENTERS)

```

```
    # 将标签转换为 8 位无符号整型
    labels = np.uint8(labels)
    #print(labels)
    # 将标签数组展平，并初始化分割后的图像数组
    labels_flat = labels.flatten()
    #print(labels_flat)
    segmented_image = np.zeros((height * width, 3), dtype=np.uint8)

    # 为每个聚类生成随机颜色
    colors = [np.random.randint(0, 256, (3,), dtype=np.uint8) for _ in range(k)]

    # 使用随机颜色填充分割后的图像
    for i, color in enumerate(colors):
        mask = (labels_flat == i)  # 创建掩码，标记属于当前聚类的像素
        segmented_image[mask] = color  # 用对应颜色填充这些像素

    # 将分割后的图像数组重新塑形为原始图像的形状
    segmented_image = segmented_image.reshape((height, width, 3))

    return segmented_image  # 返回分割后的图像


# 主程序入口
if __name__ == '__main__':
    image_path = 'blox.jpg'  # 图像文件路径
    segmented_img = kmeans_segmentation(image_path, k=3)  # 对图像进行分割

    # 显示原始图像和分割后的图像
    cv2.imshow('Original Image', cv2.imread(image_path))
    cv2.imshow('Segmented Image', segmented_img)
    cv2.waitKey(0)  # 等待用户按键
    cv2.destroyAllWindows()  # 关闭所有窗口
```

K-means 聚类分割的执行结果如图 8-10 所示。

(a) 原始图像

(b) k=3 聚类分割效果

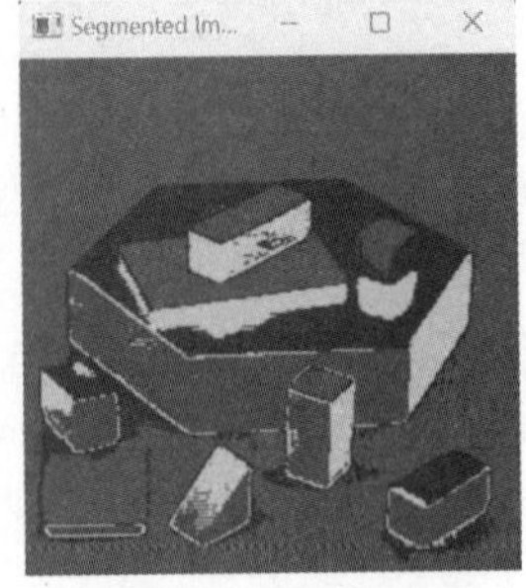

(c) k=5 聚类分割效果

图 8-10　K-means 聚类分割执行效果图

重要函数说明

def kmeans_segmentation(image_path, k=3, attempts=10, epsilon=1.0):

- *k*: 指定了 K-means 算法中要将数据集聚类成的簇的数量。在图像分割的上下文中，*k* 表示希望图像被分割成的不同区域的数量。例如，如果设置 *k*=3，则算法会尝试将图像中的所有像素分为 3 个集群，每个集群代表一个颜色或纹理相似的区域。
- Attempts：指定了 K-means 算法应该尝试多少次不同的初始质心配置来寻找最佳聚类结果。K-means 算法对初始质心的选择很敏感，因此多次尝试可以帮助找到更好的聚类结果。每次尝试都会随机选择初始质心，然后运行 K-means 算法，最后选择具有最小簇内误差平方和的结果。
- Epsilon：是 K-means 算法的收敛准则之一。它指定了算法在连续两次迭代之间质心位置变化的最大允许距离。如果两次迭代之间质心的变化小于这个阈值，则算法会停止迭代，认为已经找到了稳定的聚类结果。这个参数可以帮助控制算法的精度和运行时间。较大的 epsilon 值可能导致算法更快收敛，但可能得到的是次优解；较小的 epsilon 值可能使算法运行时间更长，但可能得到更精确的聚类结果。
- 标签处理：函数中，第 25 行获取的 labels 数组包含了每个数据点所属类别的标签。在这幅图像分割的上下文中，每个数据点实际上代表图像中的一个像素，而 labels 数组中的每个元素表示对应像素被分配到的集群(颜色区域)的标签。labels 数组的形状通常是一个二维数组，其中行数等于数据点的数量(在这个情况下是图像的像素数量)，列数为 1，因为每个数据点(像素)只对应一个标签。第 31 行的 labels.flatten()函数将 labels 转换成一维数组，方便后续遍历和处理每个像素的标签。

因为这里采用基于颜色的 K-means 聚类方法，所以它对于颜色变化较大的图像分割效果较好，但对于纹理或形状差异较大的图像可能效果不佳。

还要注意：K-Means 算法的性能和结果很大程度上取决于初始聚类中心的选择和 *k* 的值。在 OpenCV 库中，可以通过 cv2.KMEANS_RANDOM_CENTERS 标志指定随机选择初始聚类中心，并合理调整 attempts 次数，以得到更好的结果。

2. 层次聚类

(1) 原理。层次聚类将数据样本进行层次分解，构建一个嵌套型聚类树。根据树形结构的不同，层次聚类可分为凝聚型层次聚类和分裂型层次聚类。凝聚型层次聚类从把每个数据对象作为单独的类簇开始，逐渐合并相近的类簇；而分裂型层次聚类则从把所有数据对象作为一个类簇开始，逐渐分裂为更小的类簇。

(2) 应用。层次聚类在图像分割中可以根据像素的相似度逐步构建图像的区域结构，适用于需要层次化表示的图像分割任务。

3. 模糊 C 均值聚类

(1) 原理。模糊 C 均值聚类(FCM)是一种基于模糊划分的聚类算法，它允许一个数据点属于多个聚类，并以隶属度表示数据点属于某个聚类的程度。FCM 通过优化目标函数寻找最佳的聚类中心和隶属度矩阵。

(2) 应用。在图像分割中，FCM 算法可以处理图像中的模糊边界和不确定性，得到更加平滑和自然的分割结果。

因为层次聚类或模糊 C 均值聚类这样的高级聚类算法的实现比较复杂，所以 OpenCV 库本身未直接提供相应的函数，但可以使用 NumPy 库来辅助处理数据，并可以使用 SciPy 或 scikit-learn 等库来执行更复杂的聚类算法。

【扩展阅读】
数字图像处理领域
名人 Lena Söderberg

8.5 思考练习

1. 请尝试处理纸质文档的扫描图像，选择合适的阈值将其转换为清晰的二值图像，以便进行 OCR(光学字符识别)或其他文本处理任务。可以尝试对比不同阈值的处理效果，以分析 OTSU 选取阈值的方法对你所选的图像处理效果是否最佳，并分析原因。

2. 请尝试使用 Canny、Sobel 等多种边缘检测算子对不同类型的图像(如自然风景、人像、建筑等)进行边缘检测，并根据边缘信息进行图像分割，并分析针对所选图像哪种算子效果最佳，及其原因。

3. 请尝试使用区域生长算法对沙漠图像进行分割，将具有相似属性的像素聚集在一起形成不同的区域，选择适当的种子点和相似性准则(如颜色、纹理等)，分析不同参数设置对分割结果的影响。

第9章

彩色图像处理

在数字图像处理的多彩世界中，彩色图像处理技术以其独特的魅力和广泛的应用，成为研究和实践中的热点。随着数字成像技术的发展，我们不仅能够捕捉到丰富多彩的图像，还能够通过先进的图像处理技术来增强、分析和理解这些图像。彩色图像处理技术，涉及对 RGB、CMYK 等多通道图像的数据进行操作，以实现从基本的图像增强到复杂的分析和识别。

本章旨在为学生提供一个全面的彩色图像处理技术概览，从基础理论到高级应用，涵盖了彩色模型，伪彩色处理，图像增强、平滑和锐化技术等多个方面。通过学习这些内容，学生能够掌握彩色图像处理的核心概念和关键技术，为进一步的专业学习和实际应用打下坚实的基础。

本章学习目标

◎ 理解彩色图像基础，掌握可见光波谱、人眼对颜色的感知以及 RGB 色彩模型的基本原理。

◎ 掌握彩色模型与应用，学习不同的彩色模型，并理解其在图像处理中的应用。

◎ 掌握彩色图像增强技术，包括亮度调整、对比度增强、颜色饱和度调整等方法。

◎ 学习图像平滑和锐化技术，以减少噪声和增强图像细节。

◎ 理解伪彩色处理技术，并掌握其在医学成像、遥感等领域的应用。

素质要点

◎ 批判性思维与问题解决能力：培养学生批判性分析彩色图像处理技术的能力，以及解决实际图像处理问题时的创新思维和方法。

◎ 科学研究与伦理意识：强化学生在进行科学研究和技术开发时的伦理意识，鼓励他们在图像处理实践中坚守科学诚信和履行社会责任。

9.1 彩色图像基础

可见光是电磁波谱中人眼可以感知的部分，其波长范围为 400~700 纳米(nm)，在这个范围大致可以分为几种主要颜色，按照波长从长到短依次是红色、橙色、黄色、绿色、青色、蓝色、紫色。如图 9-1 所示，红色光波长 620~750nm，这个范围稍微超出了可见光的上限，但人眼对长波长的光感知为红色。可见光的波长范围是人眼最敏感的部分，这也是为什么太阳光(白光)可以通过棱镜被分散成彩虹般的颜色，这一系列颜色合起来称为光谱。光谱的每个颜色都有其特定的波长，而人眼的视网膜上的视锥细胞对这些不同波长的光敏感，让我们能够看到丰富多彩的世界。

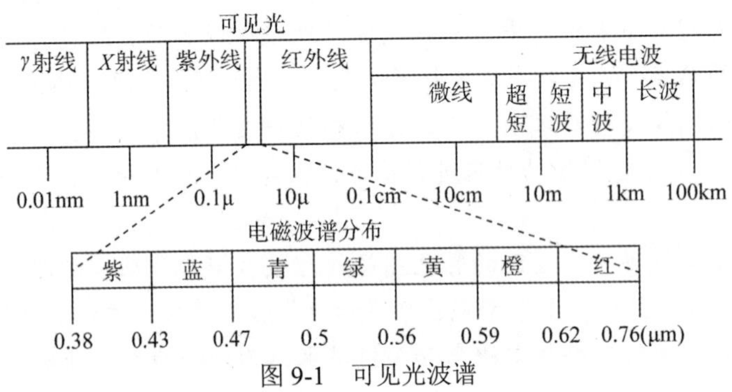

图 9-1 可见光波谱

人眼感知的可见光的电磁波波长范围为 380~760nm。当光照射物体时，一部分光线被物体吸收，一部分光线被反射后进入人眼，人体视觉系统产生对色彩的感知，也就是通常所说的颜色。当光线被物体全部吸收时，视觉系统无法感知光线的存在。当光线被物体部分反射时，光线进入人眼在视觉系统中根据可见光电磁波谱显示对应的颜色。比如，当可见光波谱在 620~760nm 时，人体视觉系统感知物体的颜色为红色。

人眼的锥状细胞是人体的彩色视觉传感器，大部分锥状细胞对红光、绿光、蓝光敏感。由红、绿、蓝三种颜色组成三原色，也称为三基色。国际照明委员会(CIE)规定红、绿、蓝三原色分别为 700nm、546.1nm、435.8nm 波长的单色光。

色彩的混合可以通过加色法(光的混合)和减色法(颜料的混合)实现。在加色法中，红、绿、蓝三种光可以混合产生其他颜色，包括白色。而在减色法中，混合颜料会吸收某些波长的光，反射其他波长的光，从而产生颜色。在 RGB 色彩空间中，任何颜色都可以通过红、绿、蓝三种颜色的不同比例混合得到，混合后得到的色彩满足配色方程：

$$C = x\mathrm{R}_{\max} + y\,\mathrm{G}_{\max} + z\mathrm{B}_{\max} \tag{9.1}$$

其中，Rmax、Gmax 、Bmax 分别是红色、绿色、蓝色最大强度时的值，x、y、z 是不小于 0 的加权系数，并且满足 $x+y+z=1$。

由三原色混合得到的色彩与光波的波长没有明确的一一对应关系。用颜色无法精确描述色彩，区分颜色需要加上描述色彩的属性。描述色彩的属性有色调、饱和度、亮度或强度。色调是用来表示观察者接收的主要颜色，是光波混合中与主波长有关的属性。色调是颜色感知中最直观的属性，它决定了我们所说的“这是什么颜色”。通常所说的一个物体的颜色就是指其色调，如蓝天、白云。饱和度与色调(颜色)的纯度有关，纯色光谱是完全饱和的，随着白光的加入饱和度逐渐降低。当白色或黑色或其他颜色掺入纯净光谱色时，饱和度就会降低。亮度是色彩的相对明暗程度，反映了可见光的强弱。亮度高的颜色看起来较亮，亮度低的颜色看起来较暗。在黑白照片中，只有亮度这一个维度的变化。另外，在彩色图像处理中经常用到色度这个属性，色度是指颜色的色调和饱和度的组合，它描述了颜色的丰富性和纯度。色度不涉及颜色的亮度或明度，只关注颜色的组成和纯度。CIE1976 色度图如图 9-2 所示。

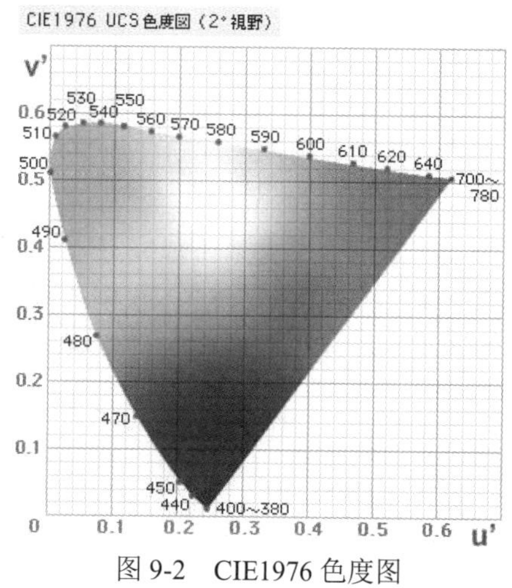

图 9-2　CIE1976 色度图

图 9-2

9.2 彩色模型

彩色模型也称彩色空间或彩色系统，通常采用坐标系描述色彩，实现对色彩规范的简化。坐标系统中的每个点表示一种颜色，常用的彩色模型有 RGB、CMY、CMYK、HSI、YUV、YCbCr、Lab 等。不同的彩色模型适用于不同的软硬件系统及不同的应用。其中，RGB 广泛应用于显示器、彩色图像编辑等领域；HSI 因适用于需要基于颜色描述的算法而常用于图像分割和特征检测；CMY 常用于纸媒等印刷出版业务，CMYK 模型增加了黑色，可以优化打印质量；YUV 常用于视频信号传输和图形压缩。

彩色模型是数字图像处理中的基础概念，按照不同的分类标准彩色模型可以分为多种类型。以下从与设备是否相关的角度和颜色感知的角度对彩色模型进行分类的介绍。

9.2.1 彩色模型分类

1. 与设备是否相关的角度分类

(1) 与设备相关的彩色模型。

① RGB 模型。RGB 模型是一种加色模型，常用于显示设备，如显示器、投影仪等。它通过红、绿、蓝三种颜色的光的叠加产生各种颜色。RGB 模型是与特定设备相关的，不同的显示设备可能有不同的 RGB 特性。

② CMYK 模型。CMYK 模型是一种减色模型，常用于印刷行业。它通过青色、品红色、黄色和黑色四种油墨的混合再现颜色。CMYK 模型也是与设备相关的，因为不同的印刷设备和油墨会产生不同的颜色效果。

③ YCbCr 和 YUV 模型。这两个模型的颜色都依赖于具体的设备或标准，需基于特定 RGB 标准(如 BT.601、BT.709)定义转换公式，颜色数值无法跨设备直接使用，需通过色彩管理校准。

(2) 与设备无关的彩色模型。

① CIE XYZ 模型。XYZ 模型是由 CIE 定义的，它是一个与设备无关的颜色模型。XYZ 模型通过三个基本的颜色刺激值(X、Y、Z)来描述颜色，其中 Y 代表亮度，X 和 Z 代表颜色的色调和饱和度。XYZ 模型是其他设备无关彩色模型的基础。

② CIELab 和 CIELUV 模型。这两个模型也是由 CIE 定义的，它们都是基于人眼对颜色的感知。Lab 模型使用 L(亮度)、a(从绿色到红色)和 b(从蓝色到黄色)三个分量来描述颜色，而 LUV 模型则使用 L(亮度)、u(色度)和 v(色调)三个分量。这些模型试图更准确地反映人眼对颜色的感知。

2. 颜色感知的角度分类

(1) 基于颜色混合的彩色模型。

RGB 和 CMYK 模型。这两个模型基于颜色的物理混合原理。RGB 模型通过光的加色混合产生颜色，而 CMYK 模型通过油墨的减色混合产生颜色。这些模型直接与显示设备和印刷设备的工作原理相关联。

(2) 基于颜色感知的彩色模型。

① HSI 和 HSV 模型。HSL 模型使用色调、饱和度和亮度三个分量描述颜色；而 HSV 模型使用色调、饱和度和值三个分量描述颜色。这两个模型均符合人眼对颜色的感知方式。

② CIELab 和 CIELUV 模型。这两个模型基于人眼对颜色的感知，试图在颜色空间中提供均匀的颜色差异。

③ YCbCr 和 YUV 模型。这两个模型属于亮度-色度分离模型，通过模仿人眼对亮度高敏感、对色度敏感度较低的特性分离亮度与色度，既保留了图像的主要结构信息也便于压缩数据量。

9.2.2 RGB 模型

RGB 模型也称 RGB 色彩空间，是常用的一种彩色信息表达方式，该彩色空间使用红、绿、蓝三原色的亮度定量表示颜色。如图 9-3 所示，在三维坐标中，RGB 模型中的红、绿、蓝三个分量(通道)表示坐标轴，这个坐标系中的每个点都代表一种特定的颜色，其中原点(0,0,0)代表黑色，而与原点距离最远的点(1,1,1)代表白色。灰色等级分布在黑白之间的连线上，其他颜色则分布在这个立方体的表面和内部。在立方体顶点上其余的点分别为二次色黄、青、品红。其余颜色坐落在立方体的表面和内部，可用三维向量标识任意颜色。

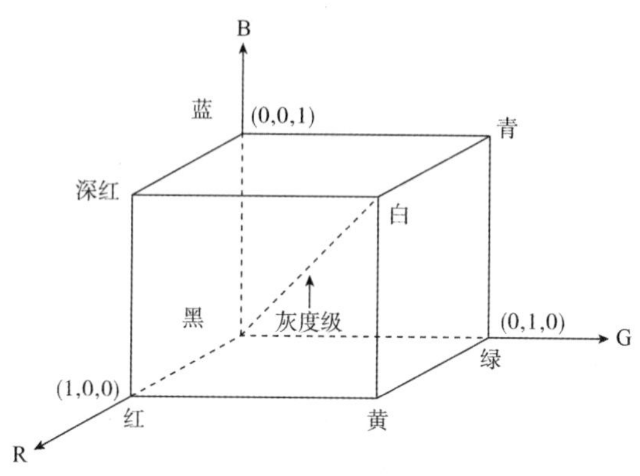

图 9-3　RGB 模型的三维坐标表示

RGB 模型属于加色混色模型，是一种以 RGB 三色光相互叠加实现混色的方法，适用于显示器、相机等主动发光设备的显示。RGB 图像中的每一个像素用 1 个字节表示，每个分量的强度等级为 256 种，存储图像的每个像素需要 3 个字节，因此 RGB 图像可表示的色彩有 224 种。24 位色彩称为真彩色。

RGB 图像的数字矩阵是一个三维矩阵，每一个像素都是一个三元组$[Z_R,Z_G,Z_B]^T$，每个分量就是一幅灰色图像，将一幅彩色图像按通道分别抽取就可得到三幅灰色图像，每一幅代表一个颜色通道的亮度信息。

在 OpenCV 库中，cv2.split 函数和 cv2.merge 函数是用于处理多通道图像的两个常用函数。采用 cv2.split 函数将多通道矩阵分解成多个单通道矩阵，通常用于将彩色图像的各个颜色通道(如 RGB)分离出来。cv2.merge 函数可将矩阵数组中各个单通道合并成一个多通道矩阵，通常用于将分离的颜色通道重新组合成彩色图像。

函数原型

- retval = cv2.split(src[, dst])

参数：

- src：输入的多通道图像。
- dst：可选参数，如果提供，它应该是一个元组，包含与 src 相同类型的图像，用于存储分离的通道。如果未提供，函数将返回一个元组。

说明：

- 输入图像必须是多通道图像，如彩色图像。
- 输出是包含各个通道的元组，顺序与输入图像的通道顺序相同。在 OpenCV 库中，彩色图像默认使用 BGR 格式，因此对于一个 BGR 图像，cv2.split()函数将返回(blue, green, red)。

函数原型：

- retval = cv2.merge(channels[, dst])

参数：

- channels：一个元组，包含单通道图像，这些图像将被合并成一个多通道图像。
- dst：可选参数，如果提供，它应该是一个与合并后的图像相同类型的图像，用于存储合并的结果。如果未提供，函数将返回一个合并后的图像。

说明：

- 输入的通道必须具有相同的尺寸和数据类型。
- 如果提供了 mask 参数，它将用于指定哪些像素被合并。在掩码中非零的像素位置将被合并，而零值的像素位置将被忽略。

示例代码如下：

```
/*************************************************************
    程序名：eg 9.1
    描　述：多通道彩色图像分离成单通道图像
*************************************************************/
import cv2
import numpy as np
import matplotlib.pyplot as plt
# 读取图像
image = cv2.imread('./Image/Peppers.png')
# 分离颜色通
B, G, R = cv2.split(image)
# 合并颜色通道，从 BGR 转换为 RGB
RGB = cv2.merge([R, G, B])
# 使用 Matplotlib 显示图像
plt.figure(figsize=(10, 4))  # 设置图像显示的大小
# 显示蓝色通道图像
plt.subplot(1, 4, 1)  # 1 行 4 列的第 1 个
plt.imshow(B, cmap='gray')  # 设置颜色映射为灰度
plt.title('Blue Channel')
plt.axis('off')  # 关闭坐标轴
# 显示绿色通道图像
plt.subplot(1, 4, 2)
plt.imshow(G, cmap='gray')
plt.title('Green Channel')
plt.axis('off')
# 显示红色通道图像
plt.subplot(1, 4, 3)
plt.imshow(R, cmap='gray')
```

```
plt.title('Red Channel')
plt.axis('off')
# 显示合并后的 RGB 图像
plt.subplot(1, 4, 4)
plt.imshow(cv2.cvtColor(RGB, cv2.COLOR_BGR2RGB))  # 将 BGR 转换为 RGB 以便正确显示
plt.title('RGB Image')
plt.axis('off')
plt.show()
```

程序说明：

程序运行结果如图 9-4 所示。这个程序通过读取一幅图像后分离其颜色通道，再将这些通道重新合并为 RGB 格式的图像，并显示每个颜色通道以及合并后的 RGB 图像。程序使用了 OpenCV 库进行图像处理，以及 Matplotlib 库来显示图像。

(a) 蓝色通道

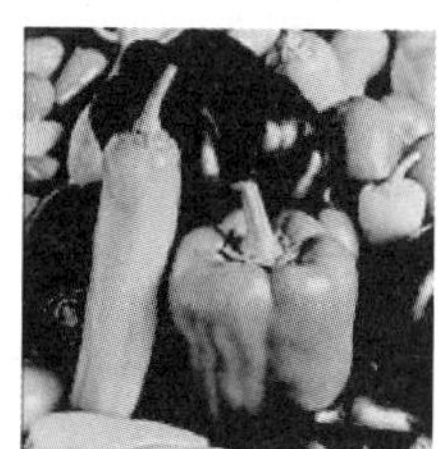

(b) 绿色通道

(c) 红色通道

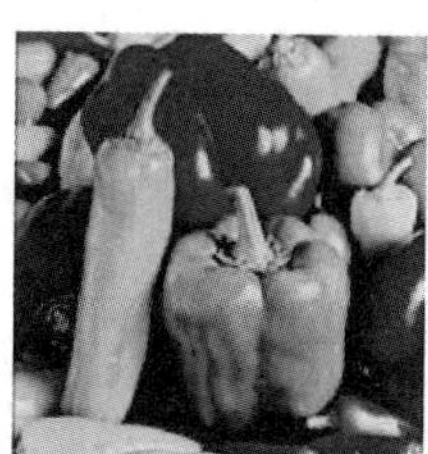

(d) RGB通道

图 9-4

图 9-4　多通道彩色图像分离成单通道图像显示

9.2.3　CMY 模型与 CMYK 模型

CMY 彩色模型由青、品红、黄色三色构成，是一种基于颜色吸收和反射原理的颜色混合模型。其余颜色以这三色按照一定的比例混合可得。CMY 模型也称为减色空间，即通过吸收光线中一些色彩来减少这些色彩的反射光，从而改变光波产生的色彩。

在 CMY 模型中，颜色是通过吸收某些波长的光并反射其他波长的光来创建的。例如，青色吸收红光并反射绿光和蓝光，品红色吸收绿光并反射红光和蓝光，黄色吸收蓝光并反射红光和绿光。当这些颜色以不同的比例混合时，它们可以产生广泛的颜色范围。例如，青色和品红色混合可以产生蓝色，青色和黄色混合可以产生绿色，品红色和黄色混合可以产生红色。在印刷中，CMY 颜色是通过在纸张上叠加不同密度的彩色网点来实现的。网点的大小和密度决定了颜色的深浅和混合效果。

CMY 颜色空间可以表示为一个三维空间，其中每个轴代表一种颜色的量，范围通常从 0%(无墨水)到 100%(完全吸收光)。

CMY 模型主要用于印刷和出版行业，因为它可以模拟油墨在纸张上的物理混合过程。通过调整每种油墨的量，可以复制出广泛的颜色。CMY 模型可以再现的颜色范围有限，无法覆盖所有可见光颜色。特别是一些鲜艳的颜色，如荧光色，无法通过 CMY 模型再现。CMY 模型与 RGB 模型的转换关系如下：

$$[C,M,Y]=[1,1,1]^{T}-[R,G,B]^{T} \tag{9.2}$$

在 CMY 模型中，理论上通过混合最大比例的青色、品红色和黄色可以产生黑色。然而，实际上这种混合产生的是一种深棕色，而不是纯黑色。因此，在印刷中通常添加黑色[Key,K 以区分于 RGB 模型中的蓝色]油墨来改进颜色的暗度和对比度，这就形成了 CMYK 模型。

CMYK 颜色模型是一种减色模型，广泛应用于印刷和出版行业。它基于青色、品红色、黄色和黑色四种油墨的颜色混合原理。青色是 CMYK 模型中的第一种原色，它吸收红光并反射绿光和蓝光；品红色是第二种原色，它吸收绿光并反射红光和蓝光；黄色是第三种原色，它吸收蓝光并反射红光和绿光；黑色油墨用于增加暗度和对比度，因为它吸收所有颜色的光。

CMYK 模型的工作原理是通过叠加不同比例的四种油墨再现彩色图像。在印刷过程中，纸张上的油墨网点大小和密度的变化共同作用，形成我们所看到的颜色。这种颜色混合方式是减色的，因为颜色的产生是通过吸收特定波长的光并反射其他波长的光来实现的。

CMYK 模型的挑战在于它不容易直接与人类视觉感知相匹配，且不同设备和材料的印刷结果可能会有显著差异。因此，色彩管理在 CMYK 印刷中非常重要，它涉及色彩校正、色彩配置文件的使用，以及在不同设备和材料之间保持颜色一致性的过程。

9.2.4 HSI 模型和 HSV 模型

尽管 RGB 模型在数字显示技术和图像处理中广泛使用，但它在模拟人类视觉感知方面受限，人眼无法精确区分 RGB 三个通道。通常用色调、饱和度、亮度三个属性精确描述一幅彩色图像的彩色信息，这种图像的描述属性符合人的视觉系统对彩色图像的感知。HSI 和 HSV 是两种广泛使用的颜色模型，它们都旨在以一种更符合人类视觉感知的方式描述颜色。

HSI 模型由美国色彩学家孟塞尔(H.A.Munseu)于 1915 年提出，它反映了人的视觉系统感知彩色的方式，即以色调、饱和度和亮度三种基本特征量来感知颜色。这种模型在图像处理和分析中常用在需要模拟人类视觉感知的应用中。

HSI 模型，是一种基于人类视觉感知的颜色表示方法。它由三个主要的组成部分即色调、饱和度和亮度构成。

色调(H)是描述颜色种类的属性，它定义了颜色的波长，是颜色的基本特征，如红色、黄色或蓝色。在 HSI 模型中，色调通常用角度来表示，范围为 0°~360°，其中红色通常定义为 0°，绿色为 120°，蓝色为 240°。

饱和度(S)表示颜色的纯度，即颜色中灰色成分的多少。饱和度越高，颜色越纯净；饱和度越低，颜色越接近灰色。在 HSI 模型中，饱和度是从颜色空间的中心(灰色点)到颜色点的距离。

亮度(I)或称强度，表示颜色明暗程度，它与颜色的强度有关。亮度的变化影响人眼对颜色的感知，亮度越高，颜色看起来越亮。

HSI 模型的建立基于两个重要的事实：I 分量与图像的彩色信息无关，H 和 S 分量与人感受颜色的方式紧密相关。这些特点使得 HSI 模型非常适合彩色特性检测与分析。HSI 模型可以消去彩色图像中的亮度分量的影响，从而使得基于彩色描述的图像处理方法更加直观和自然。

如图 9-5 所示，在 HSI 模型的双六棱锥表示中，*I* 分量是强度轴，*H* 分量的角度范围为[0，2π]，*S* 分量是彩色空间任一点距 *I* 轴的距离。当强度 *I*=0 时，色调 H 和饱和度 S 无定义；当 *S*=0 时，色调 H 无定义。

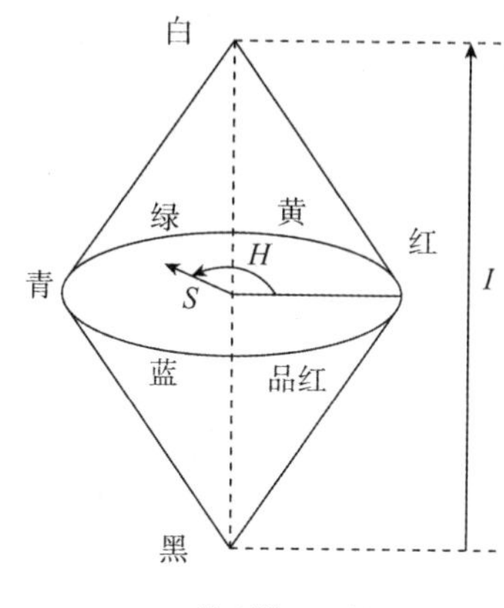

(a) HSI模型的双六棱锥表示

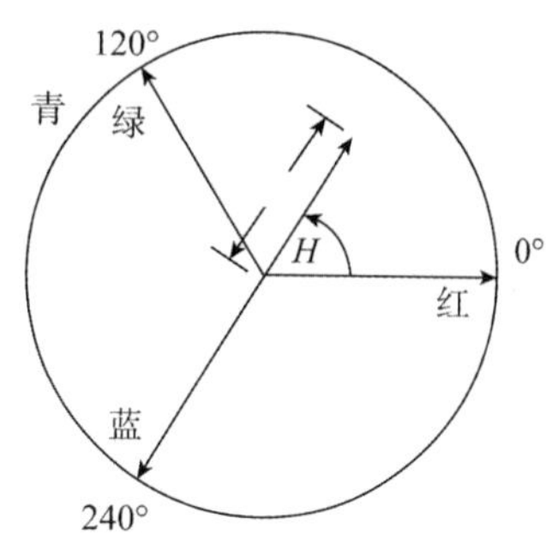

(b) HSI模型的双六棱锥横截面

图 9-5　HSI 模型的双六棱锥表示及横截面

RGB 与 HSI 模型可以相互转换，RGB 模型转为 HSI 模型是一个非线性变换。对于已知在[0,1]范围内的 *R*、*G*、*B* 三个分量，则存在以下关系：

$$I=\frac{1}{3}(R+G+B) \tag{9.3}$$

$$S=1-\frac{3}{(R+G+B)}[\min(R,G,B)] \tag{9.4}$$

$$H=\begin{cases}\theta, G \geqslant B\\ 2\pi-\theta, G<B\end{cases} \tag{9.5}$$

其中，

$$\theta=\cos^{-1}\frac{(R-G)+(R-B)}{2\sqrt{(R-G)^2+(R-B)(G-B)}} \tag{9.6}$$

若已知 HSI 模型的三个分量为[0,1]，RGB 的值也为[0,1]，从 HSI 转换到 RGB，根据色调值分情况讨论：

(1) 当$0 \leqslant H \leqslant 2\pi/3$时，

$$B=I(1-S) \tag{9.7}$$

$$R = I\left[1 + \frac{S\cos H}{\cos(\frac{\pi}{3} - H)}\right] \tag{9.8}$$

$$G = 3I - (B + R) \tag{9.9}$$

(2) 当$\frac{2\pi}{3} \leqslant H \leqslant \frac{4\pi}{3}$时，

$$H = H - \frac{2\pi}{3} \tag{9.10}$$

$$R = I(1 - S) \tag{9.11}$$

$$G = I\left[1 + \frac{S\cos H}{\cos(\frac{\pi}{3} - H)}\right] \tag{9.12}$$

$$B = 3I - (R + G) \tag{9.13}$$

(3) 当$\frac{4\pi}{3} \leqslant H \leqslant 2\pi$时，

$$H = H - \frac{4\pi}{3} \tag{9.14}$$

$$G = I(1 - S) \tag{9.15}$$

$$B = I\left[1 + \frac{S\cos H}{\cos(\frac{\pi}{3} - H)}\right] \tag{9.16}$$

$$R = 3I - \left(G + B\right) \tag{9.17}$$

HSV 模型，是一种直观的颜色表示方法。HSV 模型由三个分量即色调、饱和度和明度组成。

(1) 色调(H)。色调表示颜色的种类，它是一个角度值，通常范围为 0°~360°。在这个范围内，红色对应于 0°或 360°，绿色对应于 120°，蓝色对应于 240°。色调描述了颜色在色轮上的位置，反映了颜色的基本属性，如红色、橙色、黄色等。

(2) 饱和度(S)。饱和度表示颜色的纯度，范围为 0.0~1.0。当饱和度为 0 时，颜色为灰色；当饱和度为 1 时，颜色最纯。饱和度描述了颜色中灰色成分的多少，饱和度越高，颜色越鲜艳。

(3) 明度(V)。明度表示颜色的亮度，范围为 0.0(黑色)~1.0(白色)。明度描述了颜色的明亮程度，与颜色的强度有关。明度的变化影响颜色的亮暗，但不影响颜色的色调和饱和度。

HSV 模型的原理是基于人眼对颜色的直观感知，它将颜色的三个基本属性——色调、饱和度和明度——作为坐标轴，形成了一个圆柱坐标系中的圆锥形子集。如图 9-6 所示，在这个模型中，色调由绕垂直轴的旋转角度确定，饱和度由圆锥顶面的半径确定，而明度则由圆锥的高度确定。这种表示方法使得对颜色的操作更加直观和自然，如调整饱和度可以实现图像的黑白化或者颜色的加深。

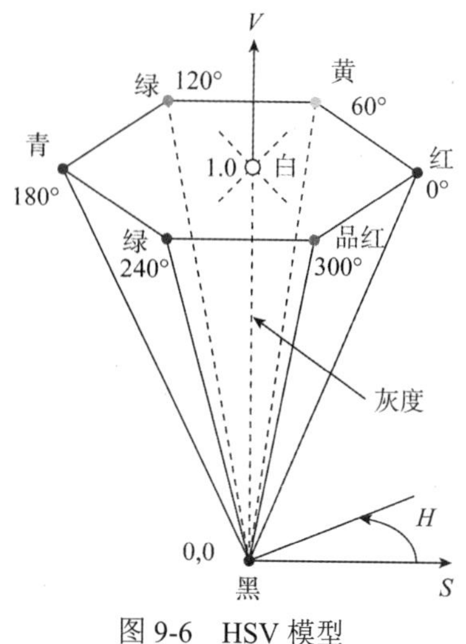

图 9-6 HSV 模型

在实际应用中，HSV 模型常用于图像处理、计算机视觉和艺术设计等领域。例如，在图像处理中，通过调整 HSV 值可以改变图像的颜色效果，实现颜色过滤、颜色替换等功能。在艺术设计中，HSV 模型可以帮助设计师更直观地选择和搭配颜色。

9.2.5 CIELab 模型

CIELab 彩色模型，简称 Lab 模型，是一种基于人眼的视觉感知的颜色表示方法。它是由 CIE 在 1931 年制定的一种测定颜色的国际标准，并于 1976 年被改进和正式命名。Lab 模型弥补了 RGB 和 CMYK 两种色彩模式的不足，是一种与设备无关的颜色模型，也是一种基于人的生理特征的颜色模型。

Lab 模型由亮度(L)、a 通道、b 通道三个要素组成。亮度是表示颜色的明暗程度，取值范围通常为 0(黑色)~100(白色)。a 通道表示颜色从绿色到红色的范围，取值范围是[−128, 127]。*a* 值小于 0 时表示绿色，接近 0 时表示中性色，大于 0 时表示红色。b 通道表示颜色从蓝色到黄色的范围，取值范围也是[−128, 127]。*b* 值小于 0 时表示蓝色，接近 0 时表示中性色，大于 0 时表示黄色。

Lab 模型常应用在需要精确控制颜色和对比度的图像处理过程中，由于它是一个与设备无关的颜色空间，在不同设备间传输图像时，Lab 模型可以保持颜色的一致性。此外，Lab 模型也常用于色彩校正和颜色管理，因为它允许对亮度和颜色分量进行独立的调整，而不会影响到图像的其他部分。

9.2.6 YCbCr 模型和 YUV 模型

YCbCr 和 YUV 模型都是将亮度信息与色度信息分开来表示的彩色模型。这种分离使得它们在图像和视频压缩中非常有用，因为人眼对亮度的变化比对色度的变化更敏感。

YCbCr 模型由 *Y*、Cb、Cr 三个分量组成。*Y* 表示亮度分量，表示图像的明亮程度，取值范围通常为 0~255(8 位表示)或 0~1(浮点数表示)。Cb 是蓝色色度分量，表示蓝色与黄色的差异，取值范围通常为-128~127(8 位表示)或-0.5~0.5(浮点数表示)。Cr 是红色色度分量，表示红色与绿色的差异，取值范围与 Cb 相同。

YUV 模型由 *Y*、*U*、*V* 三个分量组成，其中 *Y* 表示亮度分量，与 YCbCr 中的 *Y* 分量类似，表示图像的明亮程度。*U* 表示色度分量，通常表示蓝色与黄色的差异，取值范围通常为-128~127。*V* 表示色度分量，通常表示红色与绿色的差异，取值范围与 *U* 分量类似。

YCbCr 和 YUV 色彩空间广泛应用于数字图像处理、视频压缩、彩色电视广播等领域。它们通过分离亮度和色度信息，允许对色度信息进行子采样，从而减少数据量而不显著影响图像质量。总的来说，YCbCr 和 YUV 色彩空间的原理是基于人眼对亮度和色度的感知特性，通过有效的数据压缩和颜色编码，为图像和视频的处理、存储和传输提供了一种高效的解决方案。

在数字图像处理中，cv2.cvtColor 模型转换函数用于将图像从一个颜色空间转换到另一个颜色空间。这种转换对于执行特定的图像处理任务非常有用，因为不同的颜色空间强调图像的不同属性。以下对 OpenCV 库中 cv2.cvtColor 函数进行详细说明，cv2.cvtColor 函数原型及参数说明已在 4.1.3 小节介绍，在此不再赘述。以下补充介绍 cv2.cvtColor 常见的颜色空间转换代码：

常见的颜色空间转换代码

- cv2.COLOR_BGR2RGB：将 BGR 颜色空间转换为 RGB 颜色空间。
- cv2.COLOR_RGB2BGR：将 RGB 颜色空间转换为 BGR 颜色空间。
- cv2.COLOR_BGR2GRAY：将 BGR 颜色空间转换为灰度图像。
- cv2.COLOR_RGB2GRAY：将 RGB 颜色空间转换为灰度图像。
- cv2.COLOR_BGR2HSV：将 BGR 颜色空间转换为 HSV 颜色空间。
- cv2.COLOR_RGB2HSV：将 RGB 颜色空间转换为 HSV 颜色空间。
- cv2.COLOR_BGR2LAB：将 BGR 颜色空间转换为 LAB 颜色空间。
- cv2.COLOR_RGB2LAB：将 RGB 颜色空间转换为 LAB 颜色空间。
- cv2.COLOR_BGR2YCrCb：将 BGR 颜色空间转换为 YCrCb 颜色空间。
- cv2.COLOR_RGB2YCrCb：将 RGB 颜色空间转换为 YCrCb 颜色空间。

注意：

- 当使用 cv2.cvtColor 函数时，必须确保输入的图像是有效的，否则会抛出错误。
- 不同的颜色空间转换可能对图像的通道数和数据类型有特定的要求，因此在进行转换之前，需要确保输入图像满足这些要求。

使用 cv2.convertScaleAbs 函数将 HSV、LAB、YCrCb 图像转换为 8 位图像。这是因为这些色彩空间的通道值可能不是 8 位的，而 Matplotlib 需要 8 位图像正确显示。这个函数将图像数据缩放到 0~255 的范围，并转换为无符号 8 位整数。

cv2.convertScaleAbs 函数是 OpenCV 库中用于对图像进行线性变换并转换数据类型

的实用函数，它通常用于增强图像的对比度、调整图像亮度以及数据类型转换。cv2.convertScaleAbs 函数原型及参数说明已在 3.1.1 小节介绍，在此不再赘述。

示例代码如下：

```
/*************************************************************
    程序名：eg 9.2
    描  述：彩色模型转换
*************************************************************/
import cv2
import matplotlib.pyplot as plt

# 读取图片
image = cv2.imread('./Image/Boats.png')
if image is None:
    print("Error: Image not found.")
    exit()

# 将 BGR 图片转换为不同的色彩空间
rgb_image = cv2.cvtColor(image, cv2.COLOR_BGR2RGB)
hsv_image = cv2.cvtColor(image, cv2.COLOR_BGR2HSV)
lab_image = cv2.cvtColor(image, cv2.COLOR_BGR2Lab)
ycrcb_image = cv2.cvtColor(image, cv2.COLOR_BGR2YCrCb)

# 将 HSV, LAB, YCrCb 图像转换为 8 位图像以便显示
hsv_image_8bit = cv2.convertScaleAbs(hsv_image)
lab_image_8bit = cv2.convertScaleAbs(lab_image)
ycrcb_image_8bit = cv2.convertScaleAbs(ycrcb_image)

# 使用 Matplotlib 显示图像
plt.figure(figsize=(12, 8))

# 显示 RGB 图像
plt.subplot(2, 2, 1)
plt.imshow(rgb_image)
plt.title('RGB image')
plt.axis('off')

# 显示 HSV 图像
plt.subplot(2, 2, 2)
plt.imshow(hsv_image_8bit)
plt.title('HSV image')
```

```
plt.axis('off')

# 显示 LAB 图像
plt.subplot(2, 2, 3)
plt.imshow(lab_image_8bit)
plt.title('LAB image')
plt.axis('off')

# 显示 YCrCb 图像
plt.subplot(2, 2, 4)
plt.imshow(ycrcb_image_8bit)
plt.title('YCrCb image')
plt.axis('off')

# 显示所有图像
plt.show()
```

程序说明：

程序运行结果如图 9-7 所示。这个程序读取一幅图像后将该图像从 BGR 颜色空间转换为 RGB、HSV、LAB 和 YCrCb 四种不同的彩色空间，再通过 Matplotlib 库显示这些转换后的图像。

图 9-7

(a) RGB图像

(b) HSV图像

(c) LAB图像

(d) YCrCb图像

图 9-7　模型转换输出结果

示例代码如下：

```
/****************************************************************
    程序名：eg 9.3
    描  述：使用掩膜提取图像特定区域
****************************************************************/
import cv2
import numpy as np
import matplotlib.pyplot as plt
# 读取图像
image = cv2.imread("./Image/Baboon.png')
if image is None:
    print("Error: Image not found.")
    exit()

# 将 BGR 图像转换为 HSV 颜色空间
hsv = cv2.cvtColor(image, cv2.COLOR_BGR2HSV)
# 定义 HSV 中蓝色的阈值范围
lower_blue = np.array([110, 50, 50])
upper_blue = np.array([130, 255, 255])
# 根据阈值构建掩模，提取蓝色区域
mask = cv2.inRange(hsv, lower_blue, upper_blue)
# 对原图像和掩模进行位运算，得到只包含蓝色区域的图像
blue_region = cv2.bitwise_and(image, image, mask=mask)
# 将 BGR 图像转换为 RGB 图像
image_rgb = cv2.cvtColor(image, cv2.COLOR_BGR2RGB)
blue_region_rgb = cv2.cvtColor(blue_region, cv2.COLOR_BGR2RGB)
# 将掩模转换为三通道图像，以便使用 Matplotlib 显示
mask_3channel = cv2.cvtColor(mask, cv2.COLOR_GRAY2BGR)
# 使用 Matplotlib 显示图像
plt.figure(figsize=(12, 4))
# 显示原图像
plt.subplot(1, 3, 1)
plt.imshow(image_rgb)
plt.title('Original Image')
plt.axis('off')
# 显示掩模图像
plt.subplot(1, 3, 2)
plt.imshow(mask_3channel)
plt.title('Mask')
plt.axis('off')
# 显示蓝色区域图像
plt.subplot(1, 3, 3)
plt.imshow(blue_region_rgb)
plt.title('Blue Region')
plt.axis('off')
# 显示所有图像
plt.show()
```

程序说明：

程序运行结果如图 9-8 所示。程序从给定的彩色图像中提取蓝色区域。先读取一张 BGR 图像，并将其转换为 HSV 颜色空间以便更容易地识别颜色。通过设定 HSV 颜色空间中蓝色的阈值范围，创建一个掩模来隔离图像中的蓝色部分。程序将掩模应用于原图像，以提取蓝色区域。程序最后使用 Matplotlib 库展示原始图像、掩模和提取的蓝色区域，以便于比较和分析。

图 9-8

(a) 原始图像

(b) 掩模图像

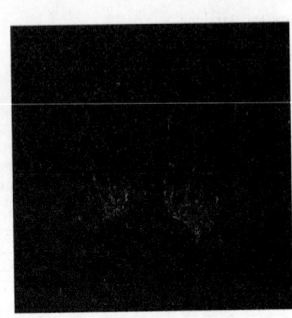

(c) 蓝色区域图像

图 9-8　使用掩模提取图像蓝色区域

9.3 伪彩色处理

9.3.1　伪彩色图像处理基础

灰色图像是一个单通道分量的图像，无法根据图像的色彩提取图像特征，单通道灰色图像无法满足要求，这时可以通过在机器上附加某种色彩来区分图像。采用这种技术生成的图像为伪彩色图像。

伪彩色图像处理是一种将单色(灰度)图像转换为彩色图像的技术，它在多个领域有广泛的应用。除了将灰度图像转换为伪彩色图像，伪彩色图像处理的其他应用还包括以下方面。

(1) 医学图像处理。在核磁共振和计算机断层扫描等医学成像技术中，伪彩色处理可以帮助医生更清晰地区分不同的组织类型，从而更准确地分析和识别病变。

(2) 摄影和艺术。伪彩色处理可以用于增强黑白照片或绘画的视觉效果，通过添加颜色来增加图片的表现力和艺术感。

(3) 遥感图像处理。在遥感领域，伪彩色处理用于将不同地物类型映射为不同的颜色，以便于地物识别和监测。例如，在植被监测中，可以使用不同的颜色表示不同类型的植被。

(4) 热成像和红外图像处理。在热成像和红外图像处理中，伪彩色处理可以将不同温度的区域映射为不同的颜色，这有助于更容易地进行温度分析和目标检测。

(5) 计算机图形学。在计算机图形学中，伪彩色处理用于增强图像的视觉效果，通过给不同的对象或特征添加不同的颜色，可以更清晰地展现物体之间的关系和结构。

伪彩色处理的实现方法多样，包括密度分割法、灰度级-彩色变换法、频域滤波法等。这些方法通过颜色映射表(Color Look-Up Table，CLUT)来实现。伪彩色处理就是将灰度值映射到彩色空间中的点，从而生成伪彩色图像。这种技术可以提高图像内容的可辨识度，使得人们能够更直观地理解图像中的信息和细节。

CLUT 是一种在数字图像处理中常用的技术，它通过一个预定义的颜色列表将一组颜色映射到另一组颜色。如图 9-9 所示，CLUT 本质上是一个表格，其中的每个条目都包含了一个特定的颜色值，用于替换输入图像中的相应像素颜色。

CLUT 的应用非常广泛，常用于图像调色和色彩校正、视频游戏和计算机图形、遥感图像处理、热成像和红外图像处理等。比如，在热成像和红外图像处理中，CLUT 可以将不同温度的区域映射为不同的颜色，实现更容易的温度分析和目标检测。

CLUT 的工作原理是将输入颜色与查找表中的条目进行比较，并替换为相应的输出颜色。这个过程可以精确控制颜色的修改和变换，实现高度定制化的色彩效果。用户可以创建自己的 CLUT，以实现自定义的色彩转换，许多流行的图像编辑软件如 Adobe Photoshop、GIMP 等都支持 CLUT 功能。

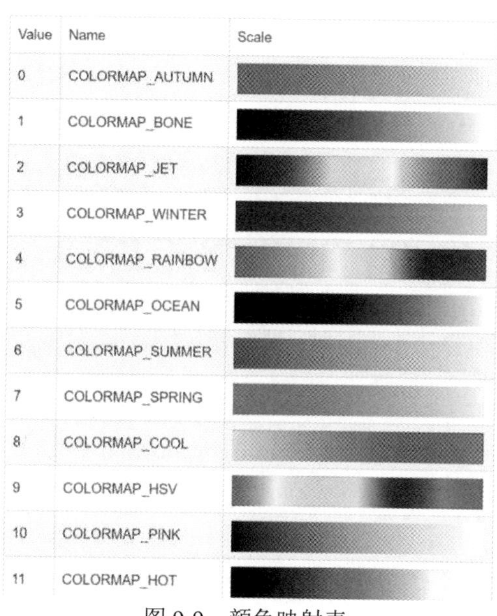

Value	Name	Scale
0	COLORMAP_AUTUMN	
1	COLORMAP_BONE	
2	COLORMAP_JET	
3	COLORMAP_WINTER	
4	COLORMAP_RAINBOW	
5	COLORMAP_OCEAN	
6	COLORMAP_SUMMER	
7	COLORMAP_SPRING	
8	COLORMAP_COOL	
9	COLORMAP_HSV	
10	COLORMAP_PINK	
11	COLORMAP_HOT	

图 9-9　颜色映射表

图 9-9

9.3.2　灰度级到彩色变换

在 OpenCV 库中，cv2.applyColorMap 函数用于将灰度图像转换为伪彩色图像。这个函数适合于增强图像的视觉效果，尤其是在处理医学图像、卫星图像、热成像等单色图像时，通过伪彩色处理可以更清晰地识别不同的特征和细节。

cv2.applyColorMap 函数通过应用一个颜色映射表来转换图像的像素值。这个颜色映射表定义了灰度值到颜色值的映射关系，使得原本的灰度图像被转换成彩色图像，从而增强了图像的视觉效果。

函数的作用是将输入图像 src 根据颜色映射表 colormap 进行颜色映射，生成伪彩色图像 dst。如果输入图像是灰度图，那么颜色映射表会根据灰度值将其转换为对应的彩色图像；如果输入图像已经是彩色图，颜色映射表会改变其颜色。

需要注意的是，cv2.applyColorMap 函数在内部会处理图像的数据类型和通道数，以确保输出图像 dst 与颜色映射表 colormap 的类型一致。

函数原型

dst = cv2.applyColorMap(src, colormap[, dst])

参数说明

- src：输入图像，可以是灰度图(单通道)或彩色图(三通道)，数据类型为 CV_8UC1 或 CV_8UC3。
- colormap：应用的颜色映射表。OpenCV 提供了多种预定义的颜色映射表，如 cv2.COLORMAP_JET、cv2.COLORMAP_HSV 等，也可以使用自定义的颜色映射表。
- dst：输出图像，是应用颜色映射表后的彩色图像。其类型与 colormap 相同，尺寸与 src 相同。如果未指定 dst，则函数会自动创建一个输出图像。

示例代码如下：

```
/*************************************************************
程序名：eg 9.4
描　述：灰色图像转化成伪彩色图像
*************************************************************/
import cv2
import matplotlib.pyplot as plt
def apply_pseudo_color(image, colormap):
    # 将图像转换为灰度
    gray_image = cv2.cvtColor(image, cv2.COLOR_BGR2GRAY)

    # 应用伪彩色调整
    pseudo_color_image = cv2.applyColorMap(gray_image, colormap)

    return pseudo_color_image
# 读取图像
image = cv2.imread('./Image/07.png')

# 定义不同的伪彩色映射
colormaps = [
    cv2.COLORMAP_JET,
    cv2.COLORMAP_RAINBOW,
    cv2.COLORMAP_OCEAN,
    cv2.COLORMAP_SUMMER,
```

```
    cv2.COLORMAP_SPRING,
    cv2.COLORMAP_WINTER,
    cv2.COLORMAP_COOL,
    cv2.COLORMAP_HSV,
    cv2.COLORMAP_PINK
]

# 定义色彩映射名称
colormap_names = [
    'JET', 'RAINBOW', 'OCEAN', 'SUMMER', 'SPRING',
    'WINTER', 'COOL', 'HSV', 'PINK'
]

# 应用不同的伪彩色处理
pseudo_color_images = [apply_pseudo_color(image, cmap) for cmap in colormaps]

# 使用 Matplotlib 显示图像
plt.figure(figsize=(9, 12))

for i, (pseudo_color_image, name) in enumerate(zip(pseudo_color_images, colormap_names)):
    plt.subplot(3, 3, i + 1)  # 创建 3×3 的子图网格
    plt.imshow(pseudo_color_image)
    plt.title(name)
    plt.axis('off')

# 显示所有图像
plt.show()
```

程序说明：

程序运行结果如图 9-10 所示。这个程序应用不同的伪彩色映射到一幅灰度图像上，并展示每种映射的效果。程序使用了 OpenCV 库进行图像处理，以及 Matplotlib 库显示处理后的图像。程序读取一幅图像并定义了一个列表，包含不同的 OpenCV 预设伪彩色映射，以及对应的颜色映射名称列表。使用列表推导式对每个颜色映射应用 apply_pseudo_color 函数，生成一个包含所有伪彩色图像的列表。使用 Matplotlib 创建一个图像显示窗口，显示每个伪彩色图像。

图 9-10

图 9-10　灰色图像转化成伪彩色图像效果

9.4 全彩色图像处理

9.4.1　全彩色图像处理基础

全彩色图像处理研究方法分为两大类：第一类是分别处理每一分量图像，再将分别处理过的分量图像合成为彩色图像。第二类是直接对彩色像素进行处理。可以用标准的灰度图像处理方法分别处理彩色图像的每一分量。但是，单独的彩色分量的处理结果并不总等同于在彩色向量空间的直接处理。要使每一彩色分量处理和基于向量的处理等同，必须满足两个条件：一是处理必须对向量和标量都可用，二是对向量每一分量的操作对于其他分量必须是独立的。

9.4.2　彩色图像增强

彩色图像增强是指通过各种技术改善彩色图像的视觉效果，使其适合人眼观察或进一步的图像分析处理。这种增强可以针对图像的亮度、对比度、颜色饱和度等多个方面。常见的彩色图像增强技术有亮度调整、对比度增强、颜色饱和度调整、伪彩色增强、直方图匹配、局部增强等。彩色图像增强的目的是提高图像的美观度、提高图像的可读性或为进一步的图像分析任务(如特征提取、目标识别等)提供更好的输入。在实际应用中，图像增强技术的选择和参数调整需要根据具体的图像内容和增强目标确定。

cv2.addWeighted 函数可用于对两幅图像进行加权合成，这个函数常用在图像融合、图像处理和计算机视觉中，尤其是在需要将两幅图像按照不同的透明度合并时。cv2.addWeighted 函数原型及参数说明已在 3.2.1 小节介绍，在此不再赘述。

示例代码如下：

```
/************************************************************
    程序名：eg 9.5
    描　述：彩色图像增强，对亮度分量进行增强处理
************************************************************/
import cv2
import numpy as np
import matplotlib.pyplot as plt

def enhance_brightness(image_path):
    # 读取图像
    image = cv2.imread(image_path)
    if image is None:
        print("图像文件读取失败，请检查路径")
        return

    # 将图像从 BGR 转换到 RGB
    image_rgb = cv2.cvtColor(image, cv2.COLOR_BGR2RGB)

    # 将 RGB 转换到 HSV
    h, s, i = cv2.split(cv2.cvtColor(image_rgb, cv2.COLOR_RGB2HSV))

    # 对亮度分量进行增强处理
    i_enhanced = cv2.addWeighted(i, 1.5, np.zeros(i.shape, i.dtype), 0, 0)
    i_enhanced[i_enhanced > 255] = 255

    # 合并增强后的 HSV 通道
    hsi_enhanced = cv2.merge([h, s, i_enhanced])

    # 将增强后的 HSV 转换回 RGB
    image_enhanced_rgb = cv2.cvtColor(hsi_enhanced, cv2.COLOR_HSV2RGB)

    # 显示原始图像和增强后的图像
    plt.figure(figsize=(10, 5))

    plt.subplot(1, 2, 1)
```

```
    plt.imshow(image_rgb)
    plt.title('Original Image')
    plt.axis('off')

    plt.subplot(1, 2, 2)
    plt.imshow(image_enhanced_rgb)
    plt.title('Brightness Enhanced Image')
    plt.axis('off')

    plt.show()

# 使用函数
enhance_brightness('./Image/3096.png')
```

程序说明：

程序运行结果如图 9-11 所示。这个程序展示了 HSV 颜色空间在图像处理中的应用，特别是如何通过调整亮度通道来增强图像的视觉效果。程序中的亮度增强是通过将亮度值乘以一个常数来实现的，这可能会导致某些区域过度曝光。图像处理中还有更复杂的亮度增强技术，如直方图均衡化或自适应直方图均衡化。程序中的 cv2.addWeighted 函数用于增强亮度，是一个简单有效的方法。

图 9-11

(a) 原始图像

(b) 亮度增强图像

图 9-11　彩色图像 *H* 分量增强处理效果

示例代码如下：

```
/***************************************************************
    程序名：eg 9.6
    描　述：彩色图像增强，对 RGB 每个通道进行增强处理
***************************************************************/
import cv2
import numpy as np
import matplotlib.pyplot as plt

def enhance_rgb(image_path):
```

```
    # 读取图像
    image = cv2.imread(image_path)
    if image is None:
        print("图像文件读取失败，请检查路径")
        return

    # 将图像从 BGR 转换到 RGB
    image_rgb = cv2.cvtColor(image, cv2.COLOR_BGR2RGB)

    # 分离 RGB 通道
    red, green, blue = image_rgb[:,:,0], image_rgb[:,:,1], image_rgb[:,:,2]

    # 对每个通道进行增强处理
    # 增强红色通道
    red_enhanced = cv2.addWeighted(red, 1.2, np.zeros(red.shape, red.dtype), 0, 0)
    red_enhanced[red_enhanced > 255] = 255

    # 增强绿色通道
    green_enhanced = cv2.addWeighted(green, 1.2, np.zeros(green.shape, green.dtype), 0, 0)
    green_enhanced[green_enhanced > 255] = 255

    # 增强蓝色通道
    blue_enhanced = cv2.addWeighted(blue, 1.2, np.zeros(blue.shape, blue.dtype), 0, 0)
    blue_enhanced[blue_enhanced > 255] = 255

    # 合并增强后的通道
    image_enhanced = cv2.merge([red_enhanced, green_enhanced, blue_enhanced])

    # 使用 Matplotlib 显示原始图像和增强后的图像
    plt.figure(figsize=(10, 5))

    plt.subplot(1, 2, 1)
    plt.imshow(image_rgb)
    plt.title('Original Image')
    plt.axis('off')

    plt.subplot(1, 2, 2)
    plt.imshow(image_enhanced)
    plt.title('Enhanced Image')
    plt.axis('off')

    plt.show()

# 使用函数
enhance_rgb('./Image/kodim21.png')
```

程序说明：

程序运行结果如图 9-12 所示。这个程序的目的是增强图像的 RGB 通道，以提升图像的整体亮度和色彩饱和度。程序展示了如何对图像的每个颜色通道进行单独的亮度增强，并且通过 Matplotlib 显示处理前后的图像。在实际应用中，可能需要根据图像的内容和处理目的选择合适的增强倍数。在这个程序中，所有通道都使用了相同的增强倍数 1.2，但在不同的图像上可能需要不同的倍数。该程序中的亮度增强是通过将像素值乘以一个常数来实现的，这可能会导致某些区域过度曝光。

图 9-12

(a) 原始图像

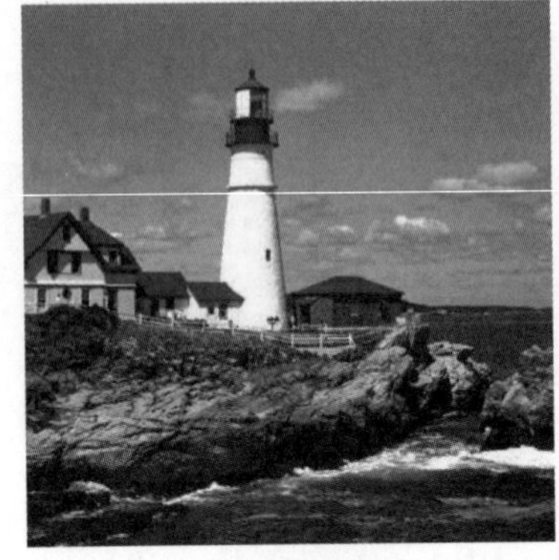

(b) 增强的图像

图 9-12 彩色图像 RGB 三分量增强处理效果

在图像处理中还有更复杂的图像增强技术，如直方图均衡化。直方图均衡化是一种常用的图像增强技术，用于改善图像的对比度，当图像的可用数据由于背景和前景的光照不均匀而变得模糊时，直方图均衡化尤为适用。虽然最常用的是针对亮度通道(如 HSV 模型中的 V 通道或 HSL 模型中的 L 通道进行均衡化)，但其他通道也可以通过直方图均衡化来增强图像的视觉效果。

cv2.equalizeHist 函数用来进行直方图均衡化。它通过重新分配图像的像素值，使得整幅图像的直方图分布更加均匀，从而增强图像的对比度。cv2.equalizeHist 函数原型及参数说明已在 5.2.3 小节详细介绍，在此不再赘述。对于彩色图像，cv2.equalizeHist 函数不能直接使用，因为它只接受单通道图像。通常的做法是对彩色图像的每个颜色通道(红、绿、蓝)分别进行直方图均衡化，然后将它们合并回去。

示例代码如下：

```
/**************************************************************
程序名：eg 9.7
描　述：彩色图像直方图处理
**************************************************************/
import cv2
import numpy as np
import matplotlib.pyplot as plt

# 读取图像
image_path = './Image/Airplane.png'
image_bgr = cv2.imread(image_path)
if image_bgr is None:
    print("图像文件读取失败，请检查路径")
```

```
        exit()

# 将 BGR 图像转换为 HSV 图像
hsv = cv2.cvtColor(image_bgr, cv2.COLOR_BGR2HSV)
h, s, v = cv2.split(hsv)

# 对 V 通道进行直方图均衡化
v_equalized = cv2.equalizeHist(v)

# 重新组合 HSV 通道
hsv_equalized = cv2.merge([h, s, v_equalized])

# 将 HSV 图像转换回 BGR 图像
image_bgr_equalized = cv2.cvtColor(hsv_equalized, cv2.COLOR_HSV2BGR)

# 使用 Matplotlib 显示结果
plt.figure(figsize=(12, 6))

# 显示原始 BGR 图像
plt.subplot(221)
plt.imshow(cv2.cvtColor(image_bgr, cv2.COLOR_BGR2RGB))
plt.title('Original BGR Image')
plt.axis('off')

# 显示直方图均衡化后的 BGR 图像
plt.subplot(222)
plt.imshow(cv2.cvtColor(image_bgr_equalized, cv2.COLOR_BGR2RGB))
plt.title('BGR Image After Equalization')
plt.axis('off')

# 显示原始 V 通道的直方图
plt.subplot(223)
plt.hist(v.ravel(), 256, [0, 256])
plt.title('Original V Channel Histogram')

# 显示均衡化后的 V 通道的直方图
plt.subplot(224)
plt.hist(v_equalized.ravel(), 256, [0, 256])
plt.title('Equalized V Channel Histogram')

plt.tight_layout()
plt.show()
```

程序说明：

程序运行结果如图 9-13 所示。这个程序的目的是读取一幅图像，将其从 BGR 模型转换到 HSV 模型，然后对 HSV 中的亮度通道进行直方图均衡化，以增强图像的对比度。最后，程序将处理后的 HSV 图像转换回 BGR 模型，并使用 Matplotlib 库显示原始图像、处理后的图像以及原始和均衡化后的亮度通道直方图，如图 9-13 所示。

图 9-13

(a) BGR原始图像

(b) 直方图均衡化后的BGR图像

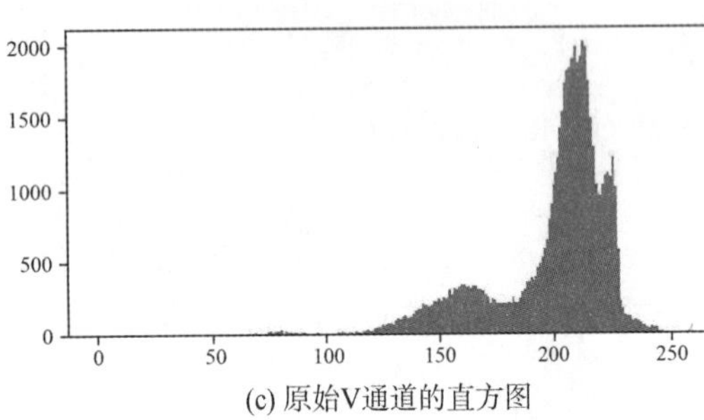

(c) 原始V通道的直方图

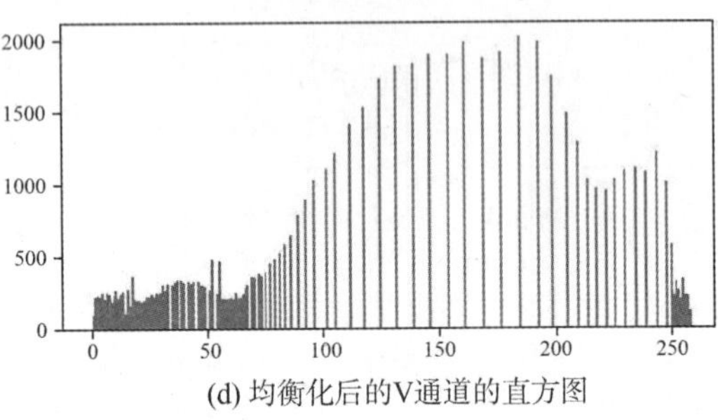

(d) 均衡化后的V通道的直方图

图 9-13　彩色图像直方图处理效果

示例代码如下：

```
/*****************************************************************
    程序名：eg 9.8
    描　述：彩色图像直方图匹配
*****************************************************************/
import cv2
import numpy as np
import matplotlib.pyplot as plt

def calculate_cdf(hist):
    # 计算累积分布函数(CDF)
    cdf = hist.cumsum()
    cdf_normalized = cdf / cdf.max()
    return cdf_normalized

def histogram_matching(src_cdf, dst_cdf):
    # 直方图匹配
    matching = np.zeros_like(src_cdf, dtype=np.uint8)
    # 计算直方图匹配的映射
    for i in np.arange(len(src_cdf)):
        index = np.argmin(np.abs(dst_cdf - src_cdf[i]))
        matching[i] = index
    return matching

def plot_histogram(image, title, position):
```

```
    # 计算直方图
    hist = cv2.calcHist([image], [0], None, [256], [0, 256])
    plt.plot(hist, color='red')
    plt.title(title)
    plt.xlim([0, 256])

# 读取源图像和目标图像
src_img = cv2.imread('./Image/Airplane.png')
dst_img = cv2.imread('./Image/Hourse.png')

# 确保图像已加载
if src_img is None or dst_img is None:
    print("Error loading images!")
    exit()

# 将图像转换到 HSV 空间
hsv_src = cv2.cvtColor(src_img, cv2.COLOR_BGR2HSV)
hsv_dst = cv2.cvtColor(dst_img, cv2.COLOR_BGR2HSV)

# 分离 HSV 通道
h_src, s_src, v_src = cv2.split(hsv_src)
h_dst, s_dst, v_dst = cv2.split(hsv_dst)

# 计算直方图
h_hist_src = cv2.calcHist([h_src], [0], None, [256], [0, 256])
s_hist_src = cv2.calcHist([s_src], [0], None, [256], [0, 256])
v_hist_src = cv2.calcHist([v_src], [0], None, [256], [0, 256])

h_hist_dst = cv2.calcHist([h_dst], [0], None, [256], [0, 256])
s_hist_dst = cv2.calcHist([s_dst], [0], None, [256], [0, 256])
v_hist_dst = cv2.calcHist([v_dst], [0], None, [256], [0, 256])

# 计算累积分布函数(CDF)
h_cdf_src = calculate_cdf(h_hist_src)
s_cdf_src = calculate_cdf(s_hist_src)
v_cdf_src = calculate_cdf(v_hist_src)

h_cdf_dst = calculate_cdf(h_hist_dst)
s_cdf_dst = calculate_cdf(s_hist_dst)
v_cdf_dst = calculate_cdf(v_hist_dst)

# 直方图匹配
h_matching = histogram_matching(h_cdf_src, h_cdf_dst)
s_matching = histogram_matching(s_cdf_src, s_cdf_dst)
v_matching = histogram_matching(v_cdf_src, v_cdf_dst)

# 应用匹配
def apply_matching(channel, matching_array):
```

```
        result_channel = np.zeros_like(channel)
        for i, val in enumerate(matching_array):
            result_channel[channel == i] = val
        return result_channel

matched_h = apply_matching(h_src, h_matching)
matched_s = apply_matching(s_src, s_matching)
matched_v = apply_matching(v_src, v_matching)

matched_hsv = cv2.merge((matched_h, matched_s, matched_v))

# 将匹配后的 HSV 图像转换回 BGR 格式
matched_img = cv2.cvtColor(matched_hsv, cv2.COLOR_HSV2BGR)

# 使用 Matplotlib 显示结果
plt.figure(figsize=(15, 10))

# 显示源图像
plt.subplot(231)
plt.imshow(cv2.cvtColor(src_img, cv2.COLOR_BGR2RGB))
plt.title('Source Image')
plt.axis('off')

# 显示目标图像
plt.subplot(232)
plt.imshow(cv2.cvtColor(dst_img, cv2.COLOR_BGR2RGB))
plt.title('Destination Image')
plt.axis('off')

# 显示匹配后的图像
plt.subplot(233)
plt.imshow(cv2.cvtColor(matched_img, cv2.COLOR_BGR2RGB))
plt.title('Matched Image')
plt.axis('off')

# 显示源图像直方图
plt.subplot(234)
plot_histogram(src_img, 'Source Image Histogram', (234, 1))

# 显示目标图像直方图
plt.subplot(235)
plot_histogram(dst_img, 'Destination Image Histogram', (235, 1))

# 显示匹配后图像直方图
plt.subplot(236)
plot_histogram(matched_img, 'Matched Image Histogram', (236, 1))

plt.tight_layout()
```

```
plt.show()
```

程序说明：

程序运行结果如图 9-14 所示。这个程序的目的是实现彩色图像的直方图匹配，也称为直方图规定化。直方图匹配是一种图像处理技术，用于将一幅图像的直方图变换为另一幅图像的直方图，使得两幅图像在亮度和对比度上具有相似的分布。彩色图像直方图匹配通常用于图像增强、风格转换或颜色校正。

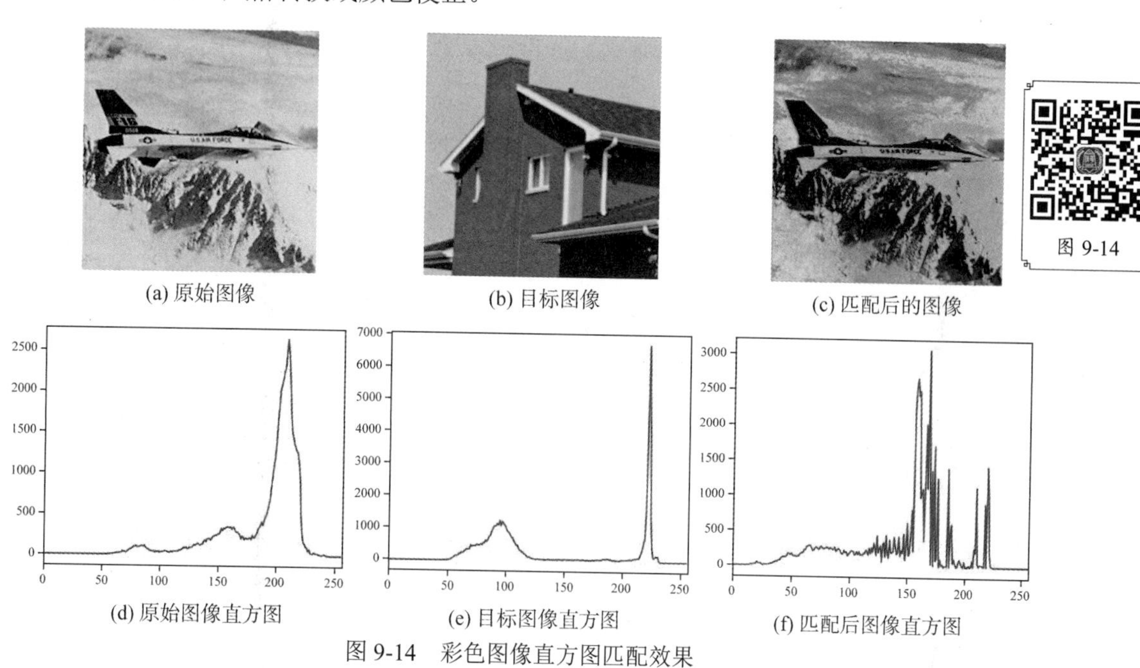

(a) 原始图像　(b) 目标图像　(c) 匹配后的图像

(d) 原始图像直方图　(e) 目标图像直方图　(f) 匹配后图像直方图

图 9-14　彩色图像直方图匹配效果

9.4.3 彩色图像平滑

在数字图像处理领域，平滑是一种基本的技术，用于减少图像噪声和细节，从而使图像看起来更加柔和。这种方法尤其适用于需要图像预处理的场合，如图像分析、特征提取，这种方法也通常作为更复杂图像处理算法的第一步。平滑处理通常通过将每个像素值替换为其邻域内像素值的统计量(如平均值或中值)来实现。本小节将介绍一种常用的平滑技术——均值滤波，它通过取周围像素的平均值来平滑图像。下面将通过一个 Python 程序，使用 OpenCV 库来实现这一技术，并展示如何在彩色图像的每个颜色通道上应用均值滤波，以达到整体平滑的效果。通过这个实践示例，学生将能够直观地理解均值滤波的工作原理及其在彩色图像处理中的应用。

示例代码如下：

```
/*************************************************************
    程序名：eg 9.9
    描  述：彩色图像平滑处理
*************************************************************/
import cv2
```

```
import numpy as np
import matplotlib.pyplot as plt

# 读取图像
image_path = './Image/lena.png'  # 确保路径正确
image_bgr = cv2.imread(image_path)
if image_bgr is None:
    print("图像文件读取失败，请检查路径")
    exit()

# 将 BGR 图像转换为 RGB 图像
image_rgb = cv2.cvtColor(image_bgr, cv2.COLOR_BGR2RGB)

# 定义滤波器的大小
kernel_size = (5, 5)

# 分离 RGB 通道
blue, green, red = cv2.split(image_rgb)

# 对每个通道进行均值滤波
smoothed_blue = cv2.blur(blue, kernel_size)
smoothed_green = cv2.blur(green, kernel_size)
smoothed_red = cv2.blur(red, kernel_size)

# 合并滤波后的通道
smoothed_image_rgb = cv2.merge((smoothed_blue, smoothed_green, smoothed_red))

# 使用 Matplotlib 显示结果
plt.figure(figsize=(5, 10))

# 显示原始 RGB 图像
plt.subplot(421)
plt.imshow(image_rgb)
plt.title('Original RGB Image')
plt.axis('off')

# 显示平滑后的 RGB 图像
plt.subplot(422)
plt.imshow(smoothed_image_rgb)
plt.title('Smoothed RGB Image')
```

```
plt.axis('off')

# 显示原始蓝色通道
plt.subplot(423)
plt.imshow(blue, cmap='gray')
plt.title('Original Blue Channel')
plt.axis('off')

# 显示平滑后的蓝色通道
plt.subplot(424)
plt.imshow(smoothed_blue, cmap='gray')
plt.title('Smoothed Blue Channel')
plt.axis('off')

# 显示原始绿色通道
plt.subplot(425)
plt.imshow(green, cmap='gray')
plt.title('Original Green Channel')
plt.axis('off')

# 显示平滑后的绿色通道
plt.subplot(426)
plt.imshow(smoothed_green, cmap='gray')
plt.title('Smoothed Green Channel')
plt.axis('off')

# 显示原始红色通道
plt.subplot(427)
plt.imshow(red, cmap='gray')
plt.title('Original Red Channel')
plt.axis('off')

# 显示平滑后的红色通道
plt.subplot(428)
plt.imshow(smoothed_red, cmap='gray')
plt.title('Smoothed Red Channel')
plt.axis('off')

plt.tight_layout()
plt.show()
```

程序说明：

程序运行结果如图 9-15 所示。程序读取一幅彩色图像后进行均值滤波处理，以平滑图像并减少噪声。程序使用了 OpenCV 库进行图像处理，先转换图像格式后再对每个颜色通道应用 5×5 的均值滤波器。滤波后的通道重新合并生成平滑后的图像，并使用 Matplotlib 库来显示处理前后的图像及其各个颜色通道。

图 9-15

(a) RGB原始图像　(b) 平滑后的RGB图像　(c) 原始蓝色通道　(d) 平滑后的蓝色通道

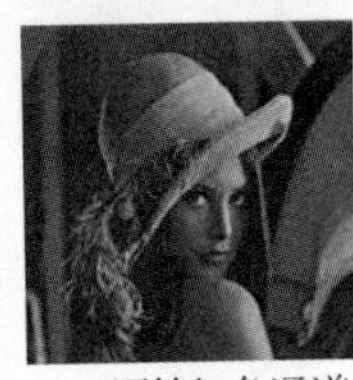

(e) 原始绿色通道　(f) 平滑后的绿色通道　(g) 原始红色通道　(h) 平滑后的红色通道

图 9-15　彩色图像平滑处理效果

9.4.4　彩色图像锐化

彩色图像锐化的目的在于增强图像中的边缘和细节、纠正模糊，使图像看起来更加清晰和鲜明。这一处理过程对于改善图像的视觉质量尤为重要，尤其在图像的存储、传输或显示过程中可能出现模糊或失真时。在文本图像或需要识别特定特征的应用中，锐化可以提高图像的可读性和识别率。

图像锐化的原理主要基于微分作用，通过增强图像的高频成分突出边缘和细节。在数字图像中，边缘和轮廓通常位于灰度突变的地方，因此锐化算法的实现通常涉及图像灰度的变化度量，这可以通过建立向量与数量之间的映射关系来实现，不同的映射关系对应不同的微分算子。

Laplacian 算子、Sobel 算子和 Roberts 算子都是图像处理中常用的算子，它们在图像锐化、边缘检测等方面有着广泛的应用。

cv2.Laplacian 函数是 OpenCV 库中的一个函数，用于对图像进行拉普拉斯边缘检测。拉普拉斯算子是一个二阶导数算子，它可以突出图像中的快速变化区域(如边缘)，但也可能增强噪声。因此，拉普拉斯算子通常与平滑滤波器结合使用，以减少噪声的影响。

函数原型

dst = cv2.Laplacian(src, ddepth[, dst[, ksize[, scale[, delta[, borderType]]]]])

参数说明：

- src：输入图像，可以是灰度图(单通道)或彩色图(三通道)，数据类型为 CV_8UC1 或 CV_8UC3。
- ddepth：输出图像的深度，通常为 cv2.CV_16S 或 cv2.CV_64F，因为拉普拉斯算子可能会产生负值。

- dst：输出图像，它与输入图像具有相同的尺寸和类型。如果未指定，函数将自动分配内存。
- ksize：滤波器的大小。它必须是正数和奇数，若为零，则使用 3×3 的核。
- scale：缩放因子，用于缩放拉普拉斯算子的结果。默认值为 1。
- delta：加到结果上的值。默认值为 0。
- borderType：像素外推方法。默认值为 cv2.BORDER_DEFAULT。

返回值：

- dst：输出图像，存储拉普拉斯算子的结果。

示例代码如下：

```
/******************************************************************
    程序名：eg 9.10
    描  述：使用拉普拉斯算子锐化彩色图像
******************************************************************/
import cv2
import numpy as np
import matplotlib.pyplot as plt

# 读取图像
image_path = './Image/lena.png'
image_bgr = cv2.imread(image_path)
if image_bgr is None:
    print("图像文件读取失败，请检查路径")
    exit()

# 将 BGR 图像转换为 RGB 图像
image_rgb = cv2.cvtColor(image_bgr, cv2.COLOR_BGR2RGB)

# 定义滤波器的大小
kernel_size = (3, 3)

# 分离 RGB 通道
blue, green, red = cv2.split(image_rgb)

# 对每个通道进行拉普拉斯滤波
laplacian_blue = cv2.Laplacian(blue, ddepth=cv2.CV_64F, ksize=kernel_size[0])
laplacian_green = cv2.Laplacian(green, ddepth=cv2.CV_64F, ksize=kernel_size[0])
laplacian_red = cv2.Laplacian(red, ddepth=cv2.CV_64F, ksize=kernel_size[0])

# 将拉普拉斯滤波结果转换回 uint8
laplacian_blue = cv2.convertScaleAbs(laplacian_blue)
laplacian_green = cv2.convertScaleAbs(laplacian_green)
laplacian_red = cv2.convertScaleAbs(laplacian_red)

```

```
# 合并滤波后的通道
laplacian_image_rgb = cv2.merge((laplacian_blue, laplacian_green, laplacian_red))

# 锐化后的图像 = 原图像 + 拉普拉斯图像
sharpened_image_rgb = cv2.addWeighted(image_rgb, 1.5, laplacian_image_rgb, -0.5, 0)

# 使用 Matplotlib 显示结果
plt.figure(figsize=(15, 10))

# 显示原始 RGB 图像
plt.subplot(231)
plt.imshow(image_rgb)
plt.title('Original RGB Image')
plt.axis('off')

# 显示拉普拉斯滤波后的蓝色通道
plt.subplot(232)
plt.imshow(laplacian_blue, cmap='gray')
plt.title('Laplacian Blue Channel')
plt.axis('off')

# 显示拉普拉斯滤波后的绿色通道
plt.subplot(233)
plt.imshow(laplacian_green, cmap='gray')
plt.title('Laplacian Green Channel')
plt.axis('off')

# 显示拉普拉斯滤波后的红色通道
plt.subplot(234)
plt.imshow(laplacian_red, cmap='gray')
plt.title('Laplacian Red Channel')
plt.axis('off')

# 显示锐化后的 RGB 图像
plt.subplot(235)
plt.imshow(sharpened_image_rgb)
plt.title('Sharpened RGB Image')
plt.axis('off')

plt.tight_layout()
plt.show()
```

程序说明：

程序运行结果如图 9-16 所示。这个程序使用拉普拉斯算子增强图像的边缘和细节，使图像看起来更加清晰。程序读取图像后对分离的 RGB 通道应用拉普拉斯滤波器以增强边缘，处理后的通道重新合并，与原图像结合以提升锐度。

(a) RGB原始图像

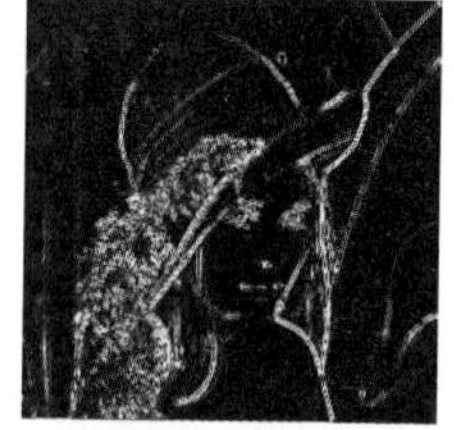

(b) 拉普拉斯蓝色通道

(c) 拉普拉斯绿色通道

图 9-16

(d) 拉普拉斯红色通道

(e) 锐化后的RGB图像

图 9-16　使用拉普拉斯算子锐化彩色图像的效果

cv2.Sobel 函数是 OpenCV 库中的一个函数，它用于对图像进行 Sobel 边缘检测。Sobel 算子是一种流行的一阶导数算子，用于检测图像中的边缘。它通过计算图像亮度的空间梯度实现边缘检测，同时对噪声具有一定的抑制作用。cv2.Sobel 函数原型及参数说明已在 8.2.2 小节详细介绍，在此不再赘述。

cv2.magnitude 函数是 OpenCV 库中用于计算两个数组的逐元素欧几里得范数(向量的模)的函数。在图像处理中，这个函数通常用来结合两个方向上的梯度图像(如通过 Sobel 算子得到的 x 和 y 方向的梯度图像)来计算图像中每个像素点的梯度幅度。该函数计算每个对应像素点的梯度幅度，计算公式为

$$\text{magnitude}(x, y) = \sqrt{x^2 + y^2} \tag{9.18}$$

函数原型

- dst=cv2.magnitude(dx, dy[, dst])

参数说明：

- dx：x 方向上的梯度图像，必须是一个浮点型的单通道数组。
- dy：y 方向上的梯度图像，必须与 dx 具有相同的尺寸和类型。

返回值：

- dst：输出图像。它也是一个浮点型的单通道数组，其尺寸与输入数组相同。

示例代码如下：

```
/***************************************************************
    程序名：eg 9.11
    描　述：使用 Sobel 算子锐化彩色图像
***************************************************************/
import cv2
```

```
import numpy as np
import matplotlib.pyplot as plt

# 读取图像
image_path = './Image/lena.png'
image_bgr = cv2.imread(image_path)
if image_bgr is None:
    print("图像文件读取失败，请检查路径")
    exit()

# 将 BGR 图像转换为 RGB 图像
image_rgb = cv2.cvtColor(image_bgr, cv2.COLOR_BGR2RGB)

# 定义 Sobel 算子的核大小
kernel_size = 3

# 分离 RGB 通道
blue, green, red = cv2.split(image_rgb)

# 对每个通道进行 Sobel 滤波
sobel_blue_x = cv2.Sobel(blue, cv2.CV_64F, 1, 0, ksize=kernel_size)
sobel_blue_y = cv2.Sobel(blue, cv2.CV_64F, 0, 1, ksize=kernel_size)
sobel_green_x = cv2.Sobel(green, cv2.CV_64F, 1, 0, ksize=kernel_size)
sobel_green_y = cv2.Sobel(green, cv2.CV_64F, 0, 1, ksize=kernel_size)
sobel_red_x = cv2.Sobel(red, cv2.CV_64F, 1, 0, ksize=kernel_size)
sobel_red_y = cv2.Sobel(red, cv2.CV_64F, 0, 1, ksize=kernel_size)

# 计算每个通道的梯度幅度
gradient_magnitude_blue = cv2.magnitude(sobel_blue_x, sobel_blue_y)
gradient_magnitude_green = cv2.magnitude(sobel_green_x, sobel_green_y)
gradient_magnitude_red = cv2.magnitude(sobel_red_x, sobel_red_y)

# 将梯度幅度转换回 uint8
gradient_magnitude_blue = cv2.convertScaleAbs(gradient_magnitude_blue)
gradient_magnitude_green = cv2.convertScaleAbs(gradient_magnitude_green)
gradient_magnitude_red = cv2.convertScaleAbs(gradient_magnitude_red)

# 合并锐化后的通道
sharpened_image_rgb = cv2.merge((gradient_magnitude_blue, gradient_magnitude_green, gradient_magnitude_red))

# 使用 Matplotlib 显示结果
plt.figure(figsize=(15, 5))

# 显示原始 RGB 图像
plt.subplot(121)
plt.imshow(image_rgb)
plt.title('Original RGB Image')
```

```
plt.axis('off')

# 显示锐化后的 RGB 图像
plt.subplot(122)
plt.imshow(sharpened_image_rgb)
plt.title('Sharpened RGB Image')
plt.axis('off')

plt.tight_layout()
plt.show()
```

程序说明：

程序运行结果如图 9-17 所示。程序读取图像后对 RGB 的每个通道应用 Sobel 算子检测边缘。通过计算梯度幅度并转换为 uint8 格式，使用 Matplotlib 显示原始图像和锐化后的图像。

(a) RGB原始图像

(b) 锐化后的RGB图像

图 9-17　使用 Sobel 算子锐化彩色图像的效果

图 9-17

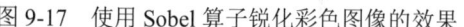

【扩展阅读】
中国著名感光材料
专家邹竞院士

9.5 思考练习

1. 编写一个 Python 程序，读取一幅指定路径的彩色图像，将其从 RGB 颜色空间转换为 HSV 颜色空间，并显示转换前后的图像。

2. 编写一个 Python 程序，对一幅指定路径的灰度图像进行直方图均衡化处理，并显示原始图像和均衡化后的图像。

3. 编写一个 Python 程序，将一幅指定路径的灰度图像转换为伪彩色图像，并显示转换前后的图像。

4. 编写一个 Python 程序，将一幅指定路径的灰度图像转换为伪彩色图像(使用 cv2.COLORMAP_JET 颜色映射表)，并显示转换前后的图像。

5. 编写一个 Python 程序，使用 HSV 颜色空间对一幅指定路径的彩色图像进行颜色分割，提取红色区域，并显示原始图像和分割后的图像。

第 10 章

图像表示与描述

图像表示与描述是数字图像处理和计算机视觉领域的基础。本章将深入探讨图像表示的原理和方法，并详细介绍使用 Python 编程实现图像的颜色特征、纹理特征、边界特征和区域特征的计算方法。

本章学习目标

◎ 理解数字图像的数值表示和结构。

◎ 学习从图像中提取颜色、纹理、边界和区域特征，并探讨其在图像分析中的作用。

◎ 分析颜色矩、颜色直方图以及纹理特征，如 GLCM 和 LBP 在图像分类、识别和分割中的应用。

◎ 掌握链码和傅里叶描述等边界特征提取技术，以及区域特征在对象识别和图像分割中的应用。

◎ 学习 Hu 不变矩等特征在图像匹配中的应用，并通过编程实践加深理解。

素质要点

◎ 分析与解决问题的能力：培养学生分析图像数据、识别关键特征，并运用这些特征解决实际图像处理问题的能力。

◎ 创新与实践精神：鼓励学生通过编程实践探索图像特征提取技术，激发创新思维，将理论知识应用于实际问题的解决中。

◎ 科研态度与团队合作：通过学习蒋筑英教授的科研精神，培养学生的科学态度和团队合作意识，为其未来的科研和职业生涯发展打下坚实基础。

在数字图像处理领域，图像表示与描述构成了理解、分析和操作图像的基础。图像表示涉及将图像转换为计算机可以处理的数值形式，而图像描述则关注于从这些数值数据中提取有意义的信息和特征。这些特征不仅捕捉了图像的视觉内容，还揭示了图像的内在属性，为后续的图像分析和处理提供了关键的输入。

10.1 图像表示描述的作用及应用场景

10.1.1 图像表示与描述的作用

1. 特征提取

图像表示与描述使计算机能够识别和量化图像中的关键元素，如颜色、纹理、边界和区域。这些特征是图像分析的基石，用于模式识别、对象检测和场景理解。

2. 数据压缩

通过提取图像的代表性特征，可以有效地压缩图像数据，减少存储和传输所需的资源，同时保留图像的核心信息。

3. 图像增强

图像描述可以帮助识别图像中的不足之处，如对比度不足或噪声干扰，从而应用相应的增强技术，改善图像质量。

4. 基于内容的检索

在大量图像数据库中，基于图像特征的描述可以加速图像检索过程，使用户能够快速找到具有特定特征的图像。

5. 机器学习和人工智能

图像特征是训练机器学习模型和深度学习网络的基础，这些模型和网络在计算机视觉任务中发挥着重要作用。

10.1.2 图像表示描述的应用场景

1. 医学成像

在医学成像中，图像描述可以帮助医生检测和诊断疾病，通过分析图像特征来识别异常组织。

2. 卫星图像分析

在遥感领域，图像描述用于土地覆盖分类、环境监测和资源管理。

3. 安全监控

在安全监控系统中，图像描述用于人员或车辆的实时检测和跟踪，提高安全防范能力。

4. 工业检测

在制造业，图像描述用于自动化检测产品缺陷，提高生产质量和效率。

10.2 颜色描述

在数字图像处理中，颜色描述是理解和分析图像内容的重要手段。颜色特征是图像表示中的重要组成部分，它描述了图像中的颜色信息。常见的颜色特征包括颜色矩、颜色直方图和颜色集。颜色特征在图像分类和识别中有着广泛的应用。例如，颜色矩可以用于图像纹理的分析，颜色直方图可以用于图像内容的快速比较和检索，颜色集可以用于图像的高效表示和比较。本节将详细讲述如何从图像中提取颜色特征，以及这些特征在图像分类和识别中的应用。

10.2.1 颜色矩

颜色矩是图像颜色分布的统计量，它是从图像的颜色直方图中派生出来的。颜色矩能够提供图像颜色分布的形状、位置和分散度等信息。颜色矩包括均值、方差、偏度和峰度。

(1) 均值(Mean)。颜色均值提供了图像主色调的信息，是颜色分布的中心位置。

(2) 方差(Variance) 。颜色方差描述了颜色分布的离散程度，方差越大，颜色分布越分散。

(3) 偏度(Skewness) 。颜色偏度描述了颜色分布的不对称性。

(4) 峰度(Kurtosis) 。颜色峰度描述了颜色分布的尖锐度或平坦度。

颜色矩的计算公式如下。

$$\text{均值：}\mu=\frac{1}{N}\sum_{i=1}^{N}I(\mathrm{i}) \tag{10.1}$$

$$\text{方差：}\sigma^2=\frac{1}{N}\sum_{i=1}^{N}(I(i)-\mu)^2 \tag{10.2}$$

$$\text{偏度：}\gamma_1=\frac{1}{N}\sum_{i=1}^{N}\left(\frac{I(i)-\mu}{\sigma}\right)^3 \tag{10.3}$$

$$\text{峰度：}\gamma_2=\frac{1}{N}\sum_{i=1}^{N}\left(\frac{I(i)-\mu}{\sigma}\right)^4 \tag{10.4}$$

其中，$I(i)$是颜色直方图中第i个颜色的强度值，N是颜色直方图的总像素数。

示例代码如下：

```
/*****************************************************************
    程序名：eg 10.1
    描  述：计算颜色矩与颜色直方图
*****************************************************************/
import cv2
import numpy as np
import matplotlib.pyplot as plt
from scipy.stats import skew, kurtosis

# 读取图像
image = cv2.imread('./Image/Peppers.png')
if image is None:
    print("图像文件读取失败，请检查路径")
    exit()

# 将 BGR 图像转换为 RGB 图像
image_rgb = cv2.cvtColor(image, cv2.COLOR_BGR2RGB)

# 计算颜色直方图
chans = cv2.split(image_rgb)
colors = ('b', 'g', 'r')
hists = [cv2.calcHist([chan], [0], None, [256], [0, 256]).flatten() for chan in chans]

# 计算颜色矩
means = [np.mean(hist) for hist in hists]
vars = [np.var(hist, dtype=np.float64) for hist in hists]
skews = [skew(hist) for hist in hists]
kurts = [kurtosis(hist) for hist in hists]

# 打印颜色矩的结果
for i, color in enumerate(colors):
    print(f"{color} - Mean: {means[i]:.2f}, Var: {vars[i]:.2f}, Skew: {skews[i]:.2f}, Kurtosis: {kurts[i]:.2f}")

# 绘制颜色直方图
plt.figure(figsize=(12, 4))
for i, color in enumerate(colors):
    plt.subplot(1, 3, i + 1)
    plt.plot(hists[i])
    plt.title(color)
    plt.xlim([0, 256])
```

```
        plt.ylim([0, np.max(hists[i]) + 10])  # 设置 y 轴上限为最大值加 10

plt.tight_layout()
plt.show()
```

程序说明：

程序使用 Python 语言结合 OpenCV 和 Matplotlib 库对图像进行颜色直方图分析。程序先读取了一幅图像[图 10-1(a)]，并将其从 BGR 颜色空间转换为 RGB 颜色空间，再计算 RGB 三个颜色通道的直方图，并进一步计算每个直方图的均值、方差、偏度和峰度，这些统计量描述了颜色分布的特征。如图 10-1(b)、图 10-1(c)所示，程序运行后绘制并显示了每个颜色通道的直方图，并打印出相应的颜色矩，为图像的颜色特性提供了定量分析。

(a) 原始图像

```
b - Mean: 256.00, Var: 54483.99, Skew: 0.67, Kurtosis: -0.48
g - Mean: 256.00, Var: 64353.07, Skew: 7.31, Kurtosis: 85.63
r - Mean: 256.00, Var: 106883.88, Skew: 2.82, Kurtosis: 13.48
```

(b) 颜色矩

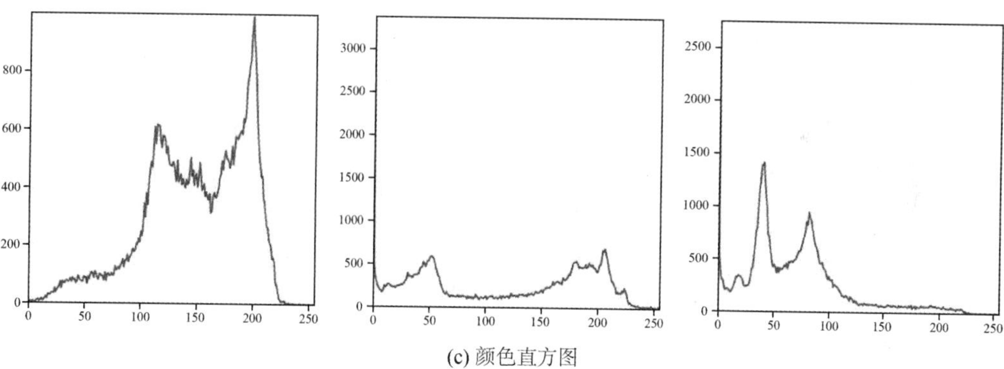

(c) 颜色直方图

图 10-1 计算并显示颜色直方图与颜色矩

10.2.2 颜色直方图

颜色直方图是图像中颜色分布的图形表示，它显示了图像中每种颜色的频率。颜色直方图是图像处理中基本的颜色特征之一，广泛应用于图像分割、目标识别和图像检索。下面简要介绍颜色直方图的计算、均衡化和匹配。

(1) 直方图计算。颜色直方图的计算涉及统计图像中每种颜色的像素数量。

(2) 直方图均衡化。直方图均衡化是一种增强图像对比度的技术，通过调整图像的直方图分布来实现。

(3) 直方图匹配。直方图匹配用于调整一幅图像的直方图以匹配另一幅图像的直方图，常用于图像合成和颜色校正。

示例代码如下：

```
/*************************************************************
程序名：eg 10.2
描　述：计算颜色直方图，统计不同颜色强度级别的像素个数
*************************************************************/
import cv2
import numpy as np
import matplotlib.pyplot as plt

# 读取图像
image = cv2.imread('./Image/Barbara.png')
image_rgb = cv2.cvtColor(image, cv2.COLOR_BGR2RGB)

# 计算颜色直方图
chans = cv2.split(image_rgb)
colors = ('b', 'g', 'r')
for (chan, color) in zip(chans, colors):
    hist = cv2.calcHist([chan], [0], None, [256], [0, 256])
    plt.plot(hist, color=color)
    plt.xlim([0, 256])

plt.title('Color Histogram')
plt.show()
```

程序说明：

程序使用 OpenCV 和 Matplotlib 库来分析图像的颜色分布。程序读取一张图片，如图10-2(a)所示，将其颜色从 BGR 转换为 RGB 格式，并分别提取 R、G、B 三个通道。然后，对每个通道计算直方图，即统计每个颜色强度级别的像素数，并通过绘图直观展示。程序运行结果如图 10-2(b) 所示。

(a) 原始图像

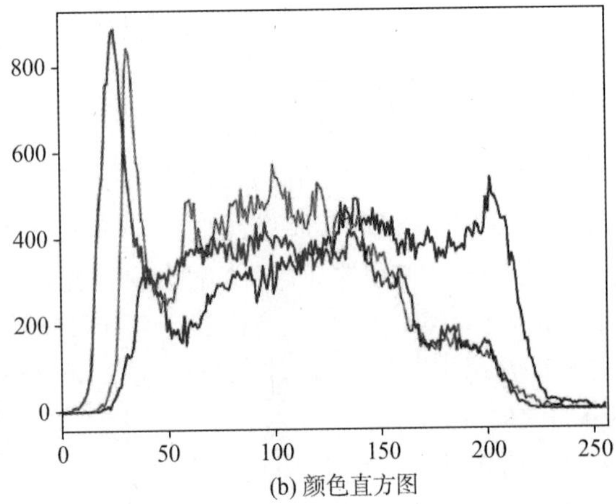

(b) 颜色直方图

图 10-2　统计 R、G、B 不同强度级别的像素个数

10.2.3 颜色集

颜色集是从图像中提取的一组代表性颜色，它们能够描述图像的主要颜色特征。颜色集的提取通常基于聚类算法，如 K-means 聚类。

(1) K-means 聚类。K-means 聚类算法用于将图像的颜色空间划分为 K 个簇，每个簇的中心点代表一种颜色。

(2) 颜色索引。颜色索引是一种基于颜色集的图像检索技术，它通过比较图像的颜色集检索相似的图像。

示例代码如下：

```
/**************************************************************
    程序名：eg 10.3
    描　述：K-means 聚类图像颜色，显示原始与聚类效果
**************************************************************/
import cv2
import numpy as np
import matplotlib.pyplot as plt


def apply_kmeans(image_path, k=3):
    # 读取图像并转换为浮点数
    image = cv2.imread(image_path)
    image = np.float32(image) / 255.0  # 归一化颜色值

    # 将图像转换为 2D 数组，每行是一个像素，每列是一个颜色通道
    w, h, d = image.shape
    image_array = image.reshape((w * h, d))

    # 定义终止条件和聚类参数
    criteria = (cv2.TERM_CRITERIA_EPS + cv2.TERM_CRITERIA_MAX_ITER, 10, 1.0)
    flags = cv2.KMEANS_RANDOM_CENTERS

    # 应用 K-means 聚类
    compactness, labels, centers = cv2.kmeans(image_array, k, None, criteria, 10, flags)

    # 将图像转换回 uint8 类型
    centers = np.uint8(centers * 255)
    segmented_image = centers[labels.flatten()]
    segmented_image = segmented_image.reshape((w, h, d))

    return segmented_image
```

```

# 图像路径
image_path = './Image/image_17.tif'

# 应用 K-means 聚类
k = 16  # 可以选择不同的 k 值
segmented_image = apply_kmeans(image_path, k)

# 显示原始图像和聚类后的图像
plt.figure(figsize=(10, 5))
plt.subplot(1, 2, 1)
plt.imshow(cv2.imread(image_path,))
plt.title('Original Image')
plt.axis('off')

plt.subplot(1, 2, 2)
plt.imshow(segmented_image)
plt.title(f'K-means Segmented Image (k={k})')
plt.axis('off')

plt.show()
```

程序说明：

程序演示了如何利用 K-means 聚类算法对数字图像进行颜色聚类处理。首先，通过 cv2.imread 函数读取图像，并将其数据类型转换为浮点数进行归一化处理，以适应 K-means 算法的输入要求。接着，将图像重塑为二维数组，以像素点为行，颜色通道为列。通过设定聚类终止条件和随机初始化中心点，使用 OpenCV 库的 cv2.kmeans 函数对图像颜色进行 K-means 聚类。聚类完成后，将中心点颜色应用到每个像素，并将效果图像重塑回原始维度。最后，使用 matplotlib 库展示原始图像与聚类后的图像，直观地比较聚类效果，程序运行结果如图 10-3 所示。

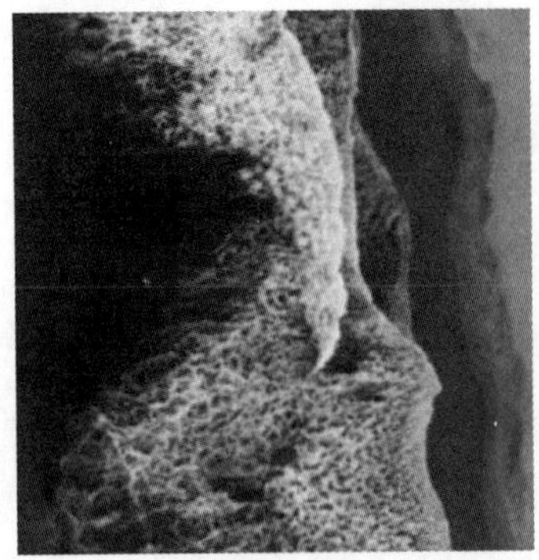

(a) 原始图像

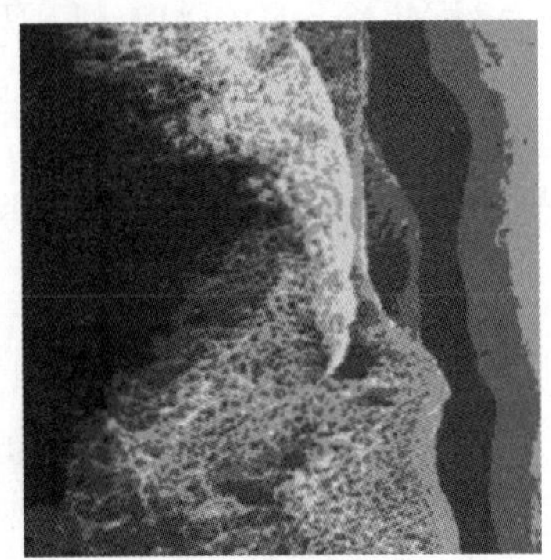

(b) K均值分割图像(k=16)

图 10-3　K-means 聚类图像颜色，显示原始和聚类效果

10.3 纹理描述

纹理是图像中重复出现的模式，它在图像分析中是一个重要的视觉特征。纹理特征在图像分析中常应用于纹理分类、纹理分割、图像检索和目标识别。本节将详细介绍纹理特征的概念，包括矩分析法、灰度差分统计、灰度共生矩阵和局部二值模式，以及这些特征在图像分析中的应用。

10.3.1 矩分析法

矩分析法是一种基于统计理论的特征提取方法，通过计算图像的矩来描述图像的纹理特征。矩是图像灰度直方图的加权和，可以提供关于图像纹理分布的信息。

1. 定义

矩分析法中的矩是图像灰度直方图的统计参数，它们描述了图像灰度分布的形状、位置和分散程度。常见的矩有如下几种。

(1) 零阶矩(Mean)，指图像的平均灰度值，反映了图像的整体亮度。

(2) 一阶矩(First Order Moment)，指图像灰度的平均位置，与图像的对比度有关。

(3) 二阶矩(Variance)，指图像灰度的方差，描述了图像灰度值的分散程度。

(4) 三阶矩(Skewness)，指图像灰度分布的偏斜度，反映了图像灰度分布的不对称性。

(5) 四阶矩(Kurtosis)，指图像灰度分布的峰度，描述了图像灰度分布的尖锐程度。

2. 计算方法

矩的计算公式如下。

零阶矩：
$$\mu_0 = \sum_{i=0}^{L-1} p(i)\cdot i \tag{10.5}$$

一阶矩：
$$\mu_1 = \sum_{i=0}^{L-1} p(i)\cdot i^1 \tag{10.6}$$

二阶矩：
$$\mu_2 = \sum_{i=0}^{L-1} p(i)\cdot (i-\mu_0)^2 \tag{10.7}$$

三阶矩：
$$\mu_3 = \sum_{i=0}^{L-1} p(i)\cdot (i-\mu_0)^3 \tag{10.8}$$

四阶矩：
$$\mu_4 = \sum_{I=0}^{L-1} p(i)\cdot (i-\mu_0)^4 \tag{10.9}$$

其中，$p(i)$是灰度级i的概率，L是灰度级的数量。

3. 应用

矩分析法在纹理描述中的应用包括纹理分类、纹理分割和纹理分析。这些矩可以作为纹理特征向量的一部分，用于训练分类器或在特征空间中进行聚类。

10.3.2 灰度差分统计

1. 定义

灰度差分统计是一种基于图像灰度级差异的纹理分析方法，它通过计算图像中相邻像素之间的灰度差描述图像的纹理特征。

灰度差分统计利用图像中像素之间的灰度差异来捕捉纹理信息。这种方法的关键在于计算灰度级之间的差异，这些差异可以反映图像的局部变化和纹理结构。

2. 计算方法

灰度差分统计的计算涉及以下步骤。

(1) 灰度差分计算。对于图像中的每个像素，计算其与邻域像素之间的灰度差。

(2) 统计特征提取。从灰度差分中提取统计特征，如平均差分、差分的方差、最大差分和最小差分等。

3. 应用

灰度差分统计在纹理描述中的应用包括纹理边缘检测、纹理特征提取和纹理分类。这些统计特征可以作为纹理分析的输入，帮助识别和区分不同的纹理类型。

示例代码如下：

```
/*************************************************************
    程序名：eg 10.4
    描  述：计算和可视化灰度图像的纹理特征
*************************************************************/
import cv2
import numpy as np
from scipy.stats import skew, kurtosis
import matplotlib.pyplot as plt

# 读取图像
image_path = './Image/land.png'
image = cv2.imread(image_path, cv2.IMREAD_GRAYSCALE)

# 检查图像是否读取成功
if image is None:
    print("图像文件读取失败，请检查路径")
    exit()

# 计算图像的矩
hist = cv2.calcHist([image], [0], None, [256], [0, 256]).flatten()
mean = np.mean(hist)
var = np.var(hist)
skewness = skew(hist)
kurtosis_value = kurtosis(hist)
```

```python

# 计算灰度差分统计
diff_row = np.diff(image, axis=0).flatten()
diff_col = np.diff(image, axis=1).flatten()
diff = np.concatenate((diff_row, diff_col))
mean_diff = np.mean(diff)
var_diff = np.var(diff)

# 打印特征
print("Mean (Moment):", mean)
print("Variance (Moment):", var)
print("Skewness (Moment):", skewness)
print("Kurtosis (Moment):", kurtosis_value)
print("Mean Difference:", mean_diff)
print("Variance Difference:", var_diff)
# 绘制灰度直方图、灰度差分图和原始图像
plt.figure(figsize=(15, 5))

# 显示原始图像
plt.subplot(1, 3, 1)
plt.imshow(image, cmap='gray')
plt.title('Original Image')
plt.axis('off')

# 绘制灰度直方图
plt.subplot(1, 3, 2)
plt.plot(hist)
plt.title('Grayscale Histogram')
plt.xlim([0, 256])

# 绘制灰度差分图
plt.subplot(1, 3, 3)
plt.hist(diff, bins=256, range=(0, 256))
plt.title('Difference Histogram')
plt.xlim([0, 256])

plt.tight_layout()
plt.show()
```

程序说明：

程序通过计算和可视化纹理特征分析灰度图像。首先读取图像并验证其有效性，然后计算图像的直方图及其统计矩(均值、方差、偏度、峰度)，这些矩提供了图像纹理分布的定量描述。程序进一步计算图像的灰度差分，捕捉局部纹理变化，最后展示原始图像、灰度直方

图和差分直方图，为图像纹理分析提供直观的视觉参考。程序运行结果如图 10-4 所示。

```
Mean (Moment): 745.58203
Variance (Moment): 4386506.0
Skewness (Moment): 3.7710254192352295
Kurtosis (Moment): 14.009922
Mean Difference: 82.30404553856495
Variance Difference: 13320.553466661686
```

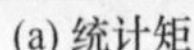

(a) 统计矩

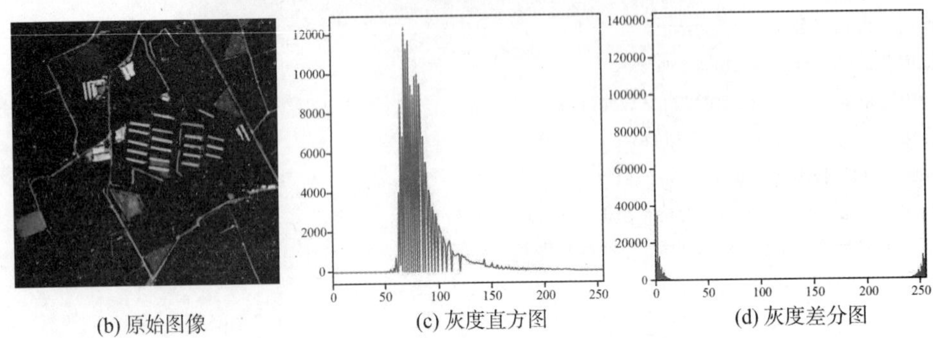

(b) 原始图像　　(c) 灰度直方图　　(d) 灰度差分图

图 10-4　计算和可视化灰度图像的纹理特征

10.3.3　灰度共生矩阵

1. 定义

灰度共生矩阵(GLCM)是一种统计方法，用于描述图像中像素的空间关系。它通过计算图像中像素对的灰度值和它们的相对位置来捕捉纹理信息。

2. 参数

GLCM 的计算依赖于四个参数：距离(d)、角度(θ)，以及两个像素值(i，j)。

3. 特征提取

从 GLCM 中可以提取多种特征，如能量、对比度、均匀性和熵等，这些特征反映了纹理的不同属性。

10.3.4　局部二值模式

1. 局部二值模式的定义

局部二值模式(Local Binary Pattern，LBP)是一种纹理描述符，它通过比较像素与其邻域的灰度值来捕捉局部纹理信息。

LBP 通过比较每个像素与其邻域像素的灰度值来构建一个二进制模式。这个模式可以捕捉图像的局部纹理信息。LBP 的基本思想是：对于图像中的每个像素，将其邻域内的像素值与其进行比较，如果邻域像素值大于或等于中心像素值，则赋予二进制值 1，否则赋予 0。

2. 局部二值模式的计算步骤

(1) 选择邻域。为每个像素选择一个邻域，邻域的大小由参数 *P*(邻域中的采样点数)和 *R*(邻域的半径)决定。通常，邻域内的采样点均匀分布在以中心像素为圆心的圆周上。

(2) 比较灰度值。对于每个像素，将其邻域内的每个采样点与中心像素的灰度值进行比较。如果采样点的灰度值大于或等于中心像素的灰度值，则在二进制模式中记录 1，否则记录 0。

(3) 构建 LBP 值。将上述比较得到的二进制模式转换为十进制数，这个数值就是该像素的 LBP 值。

3. 局部二值模式变体

(1) 均匀 LBP。为了减少 LBP 值的数量，提高计算效率，提出了均匀 LBP 的概念。均匀 LBP 只考虑那些在二进制模式中 0 到 1 的转换次数为 0、1 或 2 的模式，这样可以显著减少不同模式的数量。

(2) 旋转不变 LBP。在计算 LBP 值时考虑模式的旋转，可以使得 LBP 对图像的旋转具有一定的不变性。

(3) 多尺度 LBP。在不同的尺度上计算 LBP，可以捕捉不同大小的纹理特征。

local_binary_pattern 函数是 scikit-image 库中的一个函数，用于计算图像的 LBP。以下是该函数原型及其参数说明。

函数原型

local_binary_pattern(image, P, R, method='default', indices=None, symmetric=False, rotate=True)

参数说明：

- image：输入的灰度图像，必须是二维的。
- *P*：邻域中的点数。*P* 个点在邻域中均匀分布，形成一个圆。例如，*P*=8 表示邻域中有 8 个采样点。
- *R*：邻域的半径。*R* 是从中心像素到邻域中点的距离。这个参数决定了邻域的大小。
- Method：LBP 的计算方法。默认值为 default，表示使用传统的 LBP 方法。还可以选择 uniform 或 var，它们分别表示计算均匀 LBP 和变体 LBP。

default：传统的 LBP 方法，计算每个像素的二进制模式。

uniform：计算均匀 LBP，只考虑那些在二进制模式中转换次数为 0、1 或 2 的变化。

var：计算变体 LBP，考虑所有可能的二进制模式。

- indices：邻域中点的坐标。如果提供，它应该是一个形状为(*P*, 2)的数组，其中包含相对于中心像素的坐标。如果不提供，它将自动生成。
- symmetric：布尔值，表示是否使用对称 LBP。如果设置为 True，则会计算对称 LBP，这可以减少不同旋转下相同纹理的 LBP 值的差异。
- rotate：布尔值，表示是否考虑旋转不变性。如果设置为 True，则会考虑旋转不变性，使得在旋转下相同的纹理模式产生相同的 LBP 值。

返回值：

- 函数返回一个与输入图像大小相同的二维数组，其中每个元素是对应像素的 LBP 值。

示例代码如下：

```
/*************************************************************
    程序名：eg 10.5
    描  述：利用 LBP 进行纹理分割
*************************************************************/
import cv2
import numpy as np
from skimage.feature import local_binary_pattern
import matplotlib.pyplot as plt

def segment_image_by_texture(image_path):
    # 读取图像
    image = cv2.imread('./Image/Peppers.png', cv2.IMREAD_GRAYSCALE)
    if image is None:
        print("Could not open or find the image.")
        return

    # 计算 LBP 特征
    lbp_image = local_binary_pattern(image, P=8, R=1, method="uniform")

    # 将 LBP 图像转换为 8 位图像以便显示
    lbp_image_8bit = (lbp_image / np.max(lbp_image)) * 255

    # 应用阈值来分割图像
    _, thresholded_image = cv2.threshold(lbp_image_8bit, 128, 255, cv2.THRESH_BINARY)

    # 使用形态学操作去除噪声
    kernel = np.ones((3, 3), np.uint8)
    cleaned_image = cv2.morphologyEx(thresholded_image, cv2.MORPH_BLACKHAT, kernel, iterations=3)

    # 使用 matplotlib 显示原始图像和分割结果
    plt.figure(figsize=(9, 9))

    plt.subplot(221)
    plt.imshow(image, cmap='gray')
    plt.title('Original Image')

    plt.subplot(222)
    plt.imshow(lbp_image_8bit, cmap='gray')
    plt.title('LBP Image')
```

```

    plt.subplot(223)
    plt.imshow(thresholded_image, cmap='gray')
    plt.title('Thresholded Image')

    plt.subplot(224)
    plt.imshow(cleaned_image, cmap='gray')
    plt.title('Cleaned Image')

    plt.tight_layout()
    plt.show()

# 调用函数，传入图像路径
segment_image_by_texture('path_to_your_image.png')
```

程序说明：

程序利用 LBP 算法对图像进行纹理分割。首先读取灰度图像；然后计算 LBP 特征图，并将其标准化到 8 位；接着通过阈值操作将图像二值化；最后应用形态学操作去除噪声。程序运行结果显示了原始图像、LBP 图像、阈值化图像和去噪后的图像，以直观展示纹理分割效果，程序运行结果如图 10-5 所示。

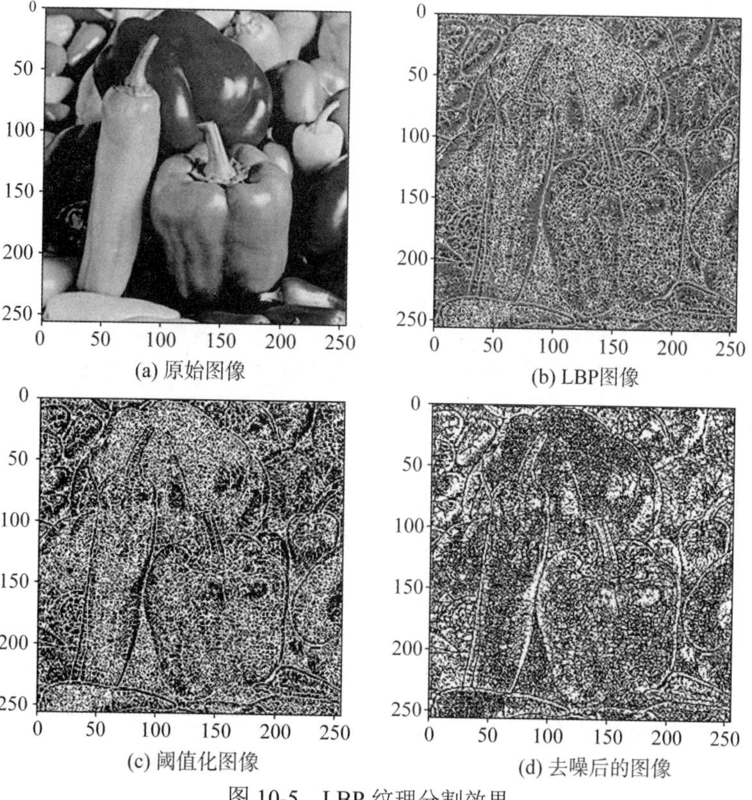

图 10-5　LBP 纹理分割效果

10.4 边界描述

边界描述是图像分析中用于识别和提取图像中对象轮廓信息的技术。在数字图像处理中，边界描述不仅有助于对象的识别和分割，还能够提供关于对象形状和结构的详细信息。边界特征可以用于多种应用，包括图像分割、对象识别和场景理解。本节将介绍链码描述和傅里叶描述的原理，以及傅里叶描述在图像处理中的应用。

10.4.1 链码描述

1. 链码的定义

链码(Chain Code)是一种用于描述图像中边界或轮廓的紧凑形式的方法。它通过一系列数字代码来表示边界上每一段线段的方向。它将边界上的每个像素点的方向与前一个像素点相比较，并将这个相对方向用一个数值代码表示。这些代码通常取值为 0~7，对应 8 个基本方向(0°, 45°, 90°, 135°, 180°, 225°, 270°, 315°)。假设有一个边界点序列，从起点开始，每个点相对应前一个点的方向可以表示为右(R)、右上(RU)、上(U)、左上(LU)、左(L)、左下(LD)、下(D)、右下(RD)。这些方向可以用链码表示为 1, 2, 3, 4, 5, 6, 7, 0。

2. 链码计算步骤

(1) 确定起点。选择边界上的一个点作为起点。

(2) 确定方向。对于边界上的每个后续点，确定它相对应前一个点的方向。

(3) 分配链码。根据方向分配相应的链码值。

(4) 形成链码序列。将所有点的链码值按顺序排列，形成链码序列。

3. 链码分类

(1) 常用链码。常用链码按照中心像素点邻接方向个数的不同，可以分为 4-连通链码和 8-连通链码两大类。

① 4-连通链码：使用 4 个方向(0°, 90°, 180°, 270°)的链码，适用于二值图像。

② 8-连通链码：使用 8 个方向(0°, 45°, 90°, 135°, 180°, 225°, 270°, 315°)的链码，适用于灰度或彩色图像。

(2) 归一化链码。归一化链码是指将链码序列中的代码转换为一个固定的长度，通常是 2π 的倍数，以便于处理和比较。例如，可以将 8 个方向的链码转换为 0~7 的序列，然后转换为 0~ 2π/8 弧度的角度表示。

(3) 差分链码。差分链码是另一种链码表示方法，它不仅考虑了边界点的方向，还考虑了边界点的位置变化。差分链码通过计算相邻点之间的水平和垂直距离差分来表示边界，通常用于更精确地描述边界的形状。

10.4.2 傅里叶描述

傅里叶描述是一种基于频域分析的边界特征提取方法，它利用傅里叶变换将图像从空间域转换到频率域，从而分析图像的频率成分。在边界描述中，傅里叶描述可以帮助识别图像中的周期性模式和边界特征。

1. 傅里叶变换基础

傅里叶变换是一种数学工具，它能够将函数或信号从时域或空间域转换到频域。对于图像而言，傅里叶变换可以揭示图像中不同频率的分量，这些分量代表了图像中的不同模式和特征。

(1) 一维傅里叶变换。对于一维信号，傅里叶变换可以表示为

$$F(u)=\int_{-\infty}^{\infty} f(x)e^{-2\pi iux}\mathrm{d}x \tag{10.10}$$

其中，$f(x)$ 是原始信号，$F(u)$ 是其频域表示。

(2) 二维傅里叶变换。对于二维图像，傅里叶变换可以表示为

$$F(u,v)=\iint_{-\infty}^{\infty} f(x,y)e^{-2\pi i(ux+vy)}\mathrm{d}x\mathrm{d}y \tag{10.11}$$

其中，$f(x,y)$ 是原始图像，$F(u,v)$ 是其频域表示。

2. 傅里叶变换在图像处理中的应用

(1) 频谱分析。通过计算图像的傅里叶变换，可以得到图像的频谱，它显示了图像中不同频率成分的分布情况。

(2) 频率滤波。在频率域中，可以对图像进行滤波处理，如低通滤波、高通滤波等，以增强或抑制特定频率的成分。

(3) 边缘检测。傅里叶变换可以用来检测图像中的边缘和轮廓，因为边缘通常对应于高频成分。

3. 傅里叶描述的计算步骤

(1) 图像预处理。对图像进行必要的预处理，如灰度化、噪声去除等。

(2) 傅里叶变换。使用快速傅里叶变换(FFT)算法计算图像的傅里叶变换。

(3) 频谱分析。分析图像的频谱，识别主要频率成分。

(4) 特征提取。根据频谱分析结果，提取边界和轮廓特征。

(5) 傅里叶逆变换。如果需要，可以进行傅里叶逆变换以恢复图像。

4. 傅里叶描述的优缺点

傅里叶描述的优点：能够提供图像的全局信息，适用于分析周期性模式和边界特征；在图像压缩、滤波和边缘检测等领域有广泛应用。

傅里叶描述的缺点：对噪声敏感，且不适用于非线性和非平稳信号的处理；不能提供关于频率成分的具体位置信息。

示例代码如下：

```
/***********************************************************
程序名：eg 10.6
描　述：傅里叶描述边界特征提取
***********************************************************/
import cv2
import numpy as np
import matplotlib.pyplot as plt

# 读取图像
image = cv2.imread('./Image/test049.png', cv2.IMREAD_GRAYSCALE)
if image is None:
    raise ValueError("Could not open or find the image.")

# 显示原始图像
plt.figure(figsize=(10, 8))
plt.subplot(221), plt.imshow(image, cmap='gray')
plt.title('Original Image'), plt.xticks([]), plt.yticks([])

# 图像预处理：噪声去除
# 使用高斯滤波去除噪声
blurred = cv2.GaussianBlur(image, (5, 5), 0)

# 傅里叶变换
# 将图像转换为复数格式
f = np.fft.fft2(blurred)
# 将零频分量移到频谱中心
fshift = np.fft.fftshift(f)

# 计算幅度谱
magnitude_spectrum = 20 * np.log(np.abs(fshift))

# 频谱分析
plt.subplot(222), plt.imshow(magnitude_spectrum, cmap='gray')
plt.title('Magnitude Spectrum'), plt.xticks([]), plt.yticks([])

# 特征提取：提取边界和轮廓特征
# 创建掩码以提取低频成分
rows, cols = blurred.shape
crow, ccol = rows // 2, cols // 2
mask = np.zeros((rows, cols), np.uint8)
r = 30  # 半径为 30 的圆
center = [crow, ccol]
x, y = np.ogrid[:rows, :cols]
mask_area = (x-center[0]) ** 2 + (y-center[1]) ** 2 <= r*r
mask[mask_area] = 1
```

```

# 应用掩码并进行傅里叶逆变换
fshift = fshift * mask
f_ishift = np.fft.ifftshift(fshift)
img_back = np.fft.ifft2(f_ishift)
img_back = np.abs(img_back)

# 显示傅里叶逆变换后的图像
plt.subplot(223), plt.imshow(img_back, cmap='gray')
plt.title('Image after Inverse FFT'), plt.xticks([]), plt.yticks([])

# 显示滤波后的图像
plt.subplot(224), plt.imshow(blurred, cmap='gray')
plt.title('Blurred Image'), plt.xticks([]), plt.yticks([])
plt.show()
```

程序说明：

程序通过傅里叶变换方法提取和分析图像的边界特征。首先，程序读取一幅灰度图像，并使用高斯滤波进行噪声去除以准备图像数据。随后，程序利用快速傅里叶变换将图像从空间域转换到频域，并计算幅度谱以展示频率成分。通过创建一个圆形掩码，程序提取图像的低频成分，这些成分与图像的边界和轮廓密切相关。接着，程序应用掩码并执行傅里叶逆变换以重建图像，突出显示边界特征。最后，程序绘制并显示原始图像、幅度谱图像、傅里叶逆变换后的图像和滤波后的图像，运行结果如图 10-6 所示。

(a) 原始图像

(b) 幅度谱图像

(c) 傅里叶逆变换后的图像

(d) 滤波后的图像

图 10-6　傅里叶描述边界特征提取结果

10.5 区域描述

区域描述是图像分析中的一个重要组成部分，它涉及对图像中特定区域的属性进行量化和描述。这些特征对于图像分割、对象识别、场景理解等任务至关重要。本节将介绍区域特征，包括区域的形状、大小和纹理属性，以及这些特征在图像分割和对象识别中的应用。

10.5.1 几何特征

1. 区域形状特征

区域的形状特征描述了区域的几何形态，可以帮助我们理解区域的外观和结构。

(1) 区域边界形状特征。区域边界形状特征包括边界的平滑度、复杂度和规则性。常用的描述符有边界长度、凹凸度和曲率。

(2) 区域对称性。区域对称性描述区域关于某个轴的对称程度，如水平、垂直或对角线对称性。

(3) 区域凸包和凹包。凸包是包含区域的最小凸形状，而凹包是区域的最大凹形状。这些特征可以用来描述区域的紧凑性和复杂性。

2. 区域大小特征

区域的大小特征提供了关于区域空间范围的信息。

(1) 面积和周长。区域的面积和周长是最基本的大小特征，它们可以用来衡量区域的大小和边界长度。

(2) 半径和直径。最小外接圆的半径和最大内切圆的直径可以描述区域的尺度。

(3) 矩和不变量。区域的矩可以用来计算区域的质心、主轴长度和方向等不变量特征。

3. 区域纹理特征

区域的纹理特征描述了区域内的纹理模式，这些特征有利于识别具有特定纹理的区域。

(1) 灰度共生矩阵。灰度共生矩阵通过计算区域内像素对的灰度值和相对位置，可以提取纹理的能量、对比度、均匀性和熵等特征。

(2) 局部二值模式。局部二值模式通过比较像素与其邻域的灰度值捕捉局部纹理信息。

(3) 频域特征。频域特征，如傅里叶描述符，可以用来分析区域的纹理频率和方向信息。

4. 区域特征的应用

区域特征在图像分割和对象识别中有多种应用。

(1) 图像分割。区域特征可以帮助识别和分离图像中的不同区域，如基于阈值的分割、区域生长和分水岭算法。

(2) 对象识别。在对象识别任务中，区域特征可以作为特征向量，用于训练分类器以识别和分类不同的对象。

(3) 场景理解。在高级的计算机视觉任务中，区域特征有助于理解场景的结构和内容，如场景分类和对象检测。

示例代码如下：

```
/***************************************************************
程序名：eg 10.7
描　述：检测与显示图像轮廓
***************************************************************/
import cv2
import numpy as np
import matplotlib.pyplot as plt

# 读取图像
image_path = './Image/fly.jpg'
image = cv2.imread(image_path, cv2.IMREAD_GRAYSCALE)

# 检查图像是否读取成功
if image is None:
    print("图像文件读取失败，请检查路径")
    exit()

# 图像预处理
image = cv2.GaussianBlur(image, (5, 5), 0)

# 自适应阈值二值化
thresh = cv2.adaptiveThreshold(image, 255, cv2.ADAPTIVE_THRESH_GAUSSIAN_C, cv2.THRESH_BINARY, 11, 2)

# 寻找轮廓
contours, _ = cv2.findContours(thresh, cv2.RETR_EXTERNAL, cv2.CHAIN_APPROX_SIMPLE)

# 绘制原始图像和轮廓
plt.figure(figsize=(12, 6))

# 绘制原始图像
plt.subplot(1, 2, 1)
plt.imshow(image, cmap='gray')
plt.title('Original Image')
plt.axis('off')

# 绘制二值化图像和轮廓
plt.subplot(1, 2, 2)
```

```
plt.imshow(thresh, cmap='gray')
for index, contour in enumerate(contours):
    cv2.drawContours(thresh, [contour], -1, (0, 255, 0), 2)  # 绘制轮廓，绿色
plt.title('Contours')
plt.axis('off')

plt.tight_layout()
plt.show()
```

程序说明：

程序先读取图像并将其转换为灰度图像，再对图像进行高斯模糊处理，以减少噪声。然后使用自适应阈值方法进行二值化处理，并使用 cv2.findContours 函数寻找二值图中的所有轮廓，再使用 matplotlib 库显示原始的灰度图像和处理后的二值图像。在处理后的图像中，使用 cv2.drawContours 函数绘制所有找到的轮廓。每个轮廓都用绿色线条绘制，以便于观察。最后，使用 plt.tight_layout 函数确保图像的布局合适。如图 10-7 所示，程序运行后即可看到原始图像和处理后的图像，以及在处理后的图像上绘制的轮廓。

(a) 原始图像

(b) 二值化图像轮廓

图 10-7　检测与显示图像轮廓

示例代码如下：

```
/**************************************************************
程序名：eg 10.8
描　述：识别并描述形状
**************************************************************/
import cv2
import numpy as np

# 获取轮廓边界、绘制边界包围盒、形状描述
def get_contours(img_dil, img):
    contours, hierarchy = cv2.findContours(img_dil, cv2.RETR_EXTERNAL, cv2.CHAIN_APPROX_SIMPLE)
    con_poly = [None] * len(contours)
    bound_rect = [None] * len(contours)
```

```
    
    for i, contour in enumerate(contours):
        area = cv2.contourArea(contour)
        if area > 1000:  # 过滤那些面积特别小的轮廓，消除噪声
            peri = cv2.arcLength(contour, True)
            approx = cv2.approxPolyDP(contour, 0.02 * peri, True)
            con_poly[i] = approx
            bound_rect[i] = cv2.boundingRect(approx)

            obj_cor = len(approx)
            if obj_cor == 3:
                object_type = "Tri"  # 三角形
            elif obj_cor == 4:
                asp_ratio = float(bound_rect[i][2]) / float(bound_rect[i][3])
                if asp_ratio > 0.95 and asp_ratio < 1.05:
                    object_type = "Square"  # 正方形
                else:
                    object_type = "Rect"  # 矩形
            else:
                object_type = "Circle"  # 圆形

            cv2.drawContours(img, [approx], -1, (255, 0, 255), 2)  # 绘制轮廓
            cv2.rectangle(img, (bound_rect[i][0], bound_rect[i][1]), (bound_rect[i][0] + bound_rect[i][2], bound_rect[i][1] + bound_rect[i][3]), (0, 255, 0), 2)  # 绘制边界包围盒
            cv2.putText(img, object_type, (bound_rect[i][0], bound_rect[i][1] - 5), cv2.FONT_HERSHEY_PLAIN, 1, (0, 69, 255), 2)  # 绘制形状描述

# 主函数
def main():
    path = "./Image/shape.png"
    img = cv2.imread(path)
    if img is None:
        print("图像文件读取失败，请检查路径")
        return

    img_gray = cv2.cvtColor(img, cv2.COLOR_BGR2GRAY)
    img_blur = cv2.GaussianBlur(img_gray, (3, 3), 3)
    img_canny = cv2.Canny(img_blur, 25, 75)
    kernel = cv2.getStructuringElement(cv2.MORPH_RECT, (3, 3))
    img_dil = cv2.dilate(img_canny, kernel, iterations=1)

    get_contours(img_dil, img)

```

```
        cv2.imshow("Image", img)
        cv2.waitKey(0)
        cv2.destroyAllWindows()

if __name__ == "__main__":
        main()
```

程序说明：

程序的作用是识别和描述图像中的不同形状。程序首先读取一张图像[图 10-8(a)]，然后将其转换为灰度图，应用高斯模糊以减少噪声，接着使用 Canny 边缘检测算法识别图像中的边缘。之后，通过膨胀操作增强边缘，利用 OpenCV 库的轮廓查找功能提取轮廓，并根据轮廓的几何特性(如面积、周长和顶点数)判断形状类型(如三角形、正方形、矩形或圆形)。最后，程序在原始图像上绘制轮廓、边界框，并标注形状类型，使用 OpenCV 库窗口显示处理后的图像，程序运行结果如图 10-8(b)所示。

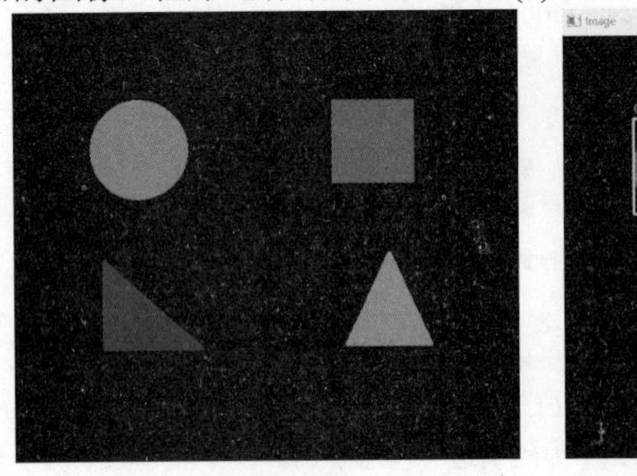

(a) 原始图像　　(b) 识别图形及名称

图 10-8　识别并描述形状

10.5.2　不变矩

不变矩是在图像变换(如旋转、缩放、平移)下保持不变的矩，常用于模式识别和图像匹配。

(1) Hu 不变矩。Hu 不变矩是一组七个矩，它们对图像的旋转、缩放和平移保持不变。计算公式涉及多个矩的组合，具体公式较为复杂，通常涉及矩的乘积和求和。

(2) Zernike 矩。Zernike 矩基于 Zernike 多项式，这些多项式在单位圆上定义，并且对图像的旋转保持不变，但对缩放和平移不保持不变。

(3) Legendre 矩。Legendre 矩基于 Legendre 多项式，这些多项式在区间[−1,1][−1,1]上定义。它们对图像的旋转保持不变，但对缩放和平移不保持不变。

不变矩的主要优点是它们在图像变换下的不变性，这使得它们在图像识别和匹配中非常有用。不变矩可以作为图像的特征向量，用于训练分类器或在特征空间中进行聚类。

区域描述中的矩和不变矩在图像分析中有多种应用，包括：①图像分类。使用矩作为特征向量进行图像分类。②目标识别。使用不变矩识别和匹配图像中的目标。③图像检索。

使用矩特征进行图像数据库检索。

示例代码如下：

```
/**************************************************************
程序名：eg 10.9
描　述：图像轮廓匹配，计算 Hu 不变矩
**************************************************************/
import cv2
import numpy as np

# 读取两幅图像
img1 = cv2.imread('./Image/4359.jpg', 0)
img2 = cv2.imread('./Image1/9-1.png', 0)

# 查找轮廓
contours1, _ = cv2.findContours(img1, cv2.RETR_EXTERNAL, cv2.CHAIN_APPROX_SIMPLE)
contours2, _ = cv2.findContours(img2, cv2.RETR_EXTERNAL, cv2.CHAIN_APPROX_SIMPLE)

# 对于每个轮廓，计算 Hu 不变矩并进行匹配
for contour in contours1:
    M = cv2.moments(contour)
    huMoments1 = cv2.HuMoments(M)

    for contourB in contours2:
        M = cv2.moments(contourB)
        huMoments2 = cv2.HuMoments(M)

        # 计算两个 Hu 不变矩之间的距离
        distance = cv2.matchShapes(huMoments1, huMoments2, 1, 0)

        if distance < 5.0:  # 阈值可以根据需要调整
            print("找到匹配的轮廓")
            # 可以在这里添加代码来处理匹配的轮廓，如绘制边界框等

# 显示图像
cv2.imshow('Image', img1)
cv2.waitKey(0)
cv2.destroyAllWindows()
```

程序说明：

程序使用 OpenCV 库比较两幅图像中的轮廓，通过计算 Hu 不变矩识别形状相似性。

程序先读取两幅图像[图 10-9(a)、图 10-9(b)]并提取轮廓，然后计算每个轮廓的 Hu 不变矩。接着，程序比较两幅图像中轮廓的 Hu 不变矩，若距离小于设定阈值，则认为轮廓匹配。程序运行结果如图 10-9(c)所示。

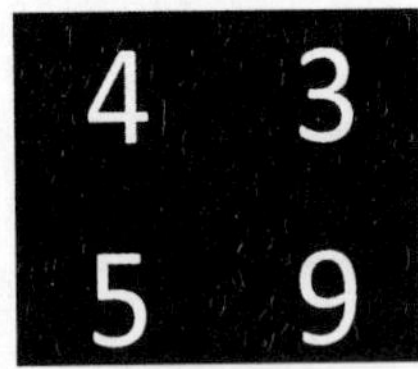

(a) 原始图像 1

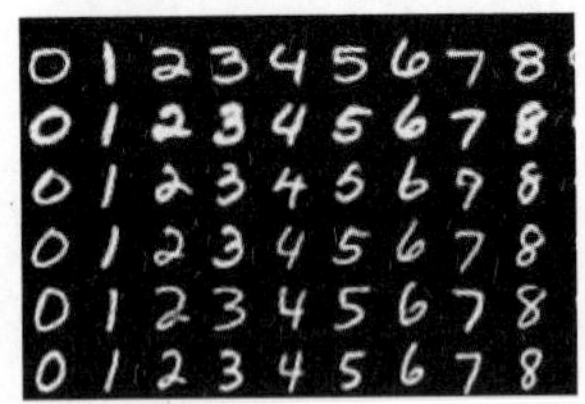

(b) 原始图像 2

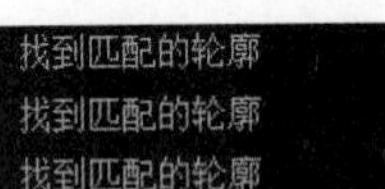

(c) 轮廓匹配结果

图 10-9 图像轮廓匹配

【扩展阅读】
中国彩色电视和彩色图像技术领域杰出科学家蒋筑英

10.6 思考练习

1. 编写一个 Python 程序，加载一幅灰度图像，并计算其灰度共生矩阵。然后，从灰度共生矩阵中提取对比度、均匀性、能量和熵等特征，并打印这些特征值。

2. 编写一个 Python 程序，对一幅图像应用 LBP 算法，并计算其 LBP 直方图。

3. 编写一个 Python 程序，使用 OpenCV 库对给定的图像进行轮廓检测，并计算每个轮廓的边界长度、面积和周长。程序应能够识别并显示轮廓最多的区域。

4. 编写一个 Python 程序，使用 OpenCV 库对给定图像中的各个对象进行形状识别和分类。程序应能够识别出图像中的圆形、矩形、正方形和三角形，并在图像上标注它们。

参 考 文 献

[1] 冈萨雷斯，伍兹. 数字图像处理[M].4 版. 阮秋琦，阮宇智，译.北京：电子工业出版社，2020.

[2] 岳亚伟.数字图像处理与 Python 实现[M]. 北京：人民邮电出版社，2020.

[3] 罗刚. OpenCV 入门与技术实践[M]. 北京：清华大学出版社，2023.

[4] 黄杉. 数字图像处理：基于 OpenCV-Python[M]. 北京：电子工业出版社，2023.

[5] 侯俊，杨晖. 数字图像处理教程：OPENCV 版[M]. 北京：机械工业出版社，2024.

[6] 蔡体健，刘伟. 数字图像处理：基于 Python[M]. 北京：机械工业出版社. 2022.

[7] 明日科技. Python OpenCV 从入门到精通[M]. 北京：清华大学出版社，2021.

[8] 朱文伟，李建英. OpenCV 4. 5 计算机视觉开发实战：基于 Python[M]. 北京：清华大学出版社，2022.

[9] 扶松柏. 图像识别技术与实战：OpenCV+dlib+Keras+Sklearn+TensorFlow[M]. 北京：清华大学出版社，2022.

[10] 禹晶，肖创柏，廖庆敏. 数字图像处理[M]. 北京：清华大学出版社，2022.

[11] REMI G, TA VT, NICOLAS P. Robust superpixels using color and contour features along linear path[J]. Computer Vision and Image Understanding, 170：1-13 [DOI：10.1016/J.CVIU.].